M. Hiller

# Mechanische Systeme

Eine Einführung
in die analytische Mechanik
und Systemdynamik

Mit 51 Abbildungen

Springer-Verlag
Berlin Heidelberg NewYork Tokyo
1983

Dr.-Ing. habil. M. HILLER
Privatdozent
Institut A für Mechanik, Universität Stuttgart
Pfaffenwaldring 9
7000 Stuttgart 80



CIP-Kurztitelaufnahme der Deutschen Bibliothek
Hiller, Manfred: Mechanische Systeme:
e. Einf. in d. analyt. Mechanik u. Systemdynamik/M. Hiller. –
Berlin; Heidelberg; New York; Tokyo: Springer, 1983.

ISBN-13:978-3-540-12521-1          e-ISBN-13:978-3-642-82073-1
DOI: 10.1007/978-3-642-82073-1





2060/3020-543210

# Vorwort

Mit Beginn der siebziger Jahre wurde an der Universität Stuttgart der Studiengang Technische Kybernetik eingerichtet, mit der Absicht, im Bereich der ingenieurwissenschaftlichen Grundlagen eine modernen Anforderungen gerecht werdende Ausbildung anzubieten. Gleichzeitig sollte die Möglichkeit geschaffen werden, durch ein entsprechendes Vorlesungsangebot diese Kenntnisse in unterschiedlichen Bereichen anzuwenden, so daß der Studiengang Technische Kybernetik dadurch einen interdisziplinären Charakter erhalten hat. Die Anwendungen liegen hauptsächlich auf den Gebieten des Maschinenbaus, der Verfahrenstechnik, der Luft- und Raumfahrt, der Elektrotechnik, der Verkehrstechnik, der biomedizinischen Technik und der Wirtschaftswissenschaften.

Eine tragende Säule im Studiengang Technische Kybernetik bilden die Vorlesungen Dynamik Technischer Systeme I und II, die sich zum einen mit mechanischen Systemen, zum anderen mit thermischen bzw. chemischen Systemen beschäftigen. Die Vorlesung Dynamik Technischer Systeme I verbindet klassische Verfahren der analytischen Mechanik mit modernen Fragestellungen der Systemdynamik und wurde bis zum Jahre 1978 von Prof. Dr. rer. nat. Peter Sagirow gehalten. Anschließend habe ich die Vorlesung übernommen und weiter ausgebaut. Für die Einarbeitung in dieses Fachgebiet stand mir das frühere Vorlesungsmanuskript von Prof. Sagirow zur Verfügung. Dafür möchte ich ihm an dieser Stelle meinen besonderen Dank aussprechen.

Aus der Vorlesung Dynamik Technischer Systeme I ist anschließend das vorliegende Buch entstanden. Es wendet sich in erster Linie an Studenten des Hauptdiploms in den Bereichen Technische Kybernetik, Maschinenbau, Verfahrenstechnik und Luft- und Raumfahrttechnik, und es werden Kenntnisse in Mathematik und Mechanik auf dem Niveau des Vorexamens vorausgesetzt. Das Buch wendet sich aber auch an Ingenieure und Wissenschaftler, die mit seiner Hilfe in der Lage sein sollen,

sich in das Gebiet der analytischen Mechanik und Systemdynamik ein-
zuarbeiten. Dazu dienen auch die teilweise sehr ausführlichen Beispiele.

Für die sorgfältige Erstellung des Manuskriptes möchte ich mich bei
Frau Renate Schenk bedanken. Mein Dank gilt auch Frau Sieglinde Hiller für ihre beim Anfertigen der Abbildungen bewiesene Geduld. Herrn
Prof. Dr. Arnold Kistner danke ich für die gründliche Durchsicht des
Manuskriptes. Außerdem möchte ich in meinen Dank auch die Kollegin-
nen und Kollegen des Institutes A für Mechanik der Universität Stuttgart einschließen, die durch ihr Entgegenkommen zum Gelingen dieses
Buches beigetragen haben. Schließlich möchte ich mich bei den Mitar-
beitern des Springer-Verlags für ihre Geduld und die angenehme Zu-
sammenarbeit bedanken.

Stuttgart, im April 1983                         Manfred Hiller

# Inhaltsverzeichnis

# 1 Einführung und Übersicht

Das vorliegende Buch ist aus der Absicht entstanden, moderne Methoden
der Systemtheorie mit klassischen Methoden der analytischen Mechanik zu
verbinden. Während die klassische Mechanik ihre wesentliche Aufgabe darin sieht, mechanische Vorgänge in der Natur zu deuten und zu erklären,
hat sich die Systemtheorie aus der Frage nach der aktiven Gestaltung und
Beeinflussung von Systemen entwickelt. Durch Kombination von Methoden der
analytischen Mechanik mit Methoden der Systemtheorie kann im Bereich der
theoretischen Grundlagen der Ingenieurwissenschaften ein Werkzeug zur Behandlung heute typischer Fragestellungen zur Verfügung gestellt werden.
In diesem Zusammenhang ist es notwendig, zuerst den Systembegriff kurz
zu erläutern; besonders da er in der Umgangssprache inzwischen auch in
vielfältiger und meist unpräziser Weise verwendet wird.

## 1.1 Systembegriff

Der Begriff *System* wird immer dort verwendet, wo es um die Formulierung
komplizierter und oft schwer zu durchschauender Vorgänge geht. Dabei ist
häufig ein Zusammenwirken unterschiedlicher Disziplinen (Physik, Chemie,
Biologie, Wirtschaftswissenschaften, Soziologie) zu beobachten. Im folgenden soll ein System definiert werden als eine Menge von Elementen
(Teile, Komponenten), die sich gegenseitig beeinflussen (Wechselwirkung),
auf die Einflüsse von außen einwirken (Eingänge) und die Wirkungen nach
außen abgeben (Ausgänge). Symbolisch dargestellt:

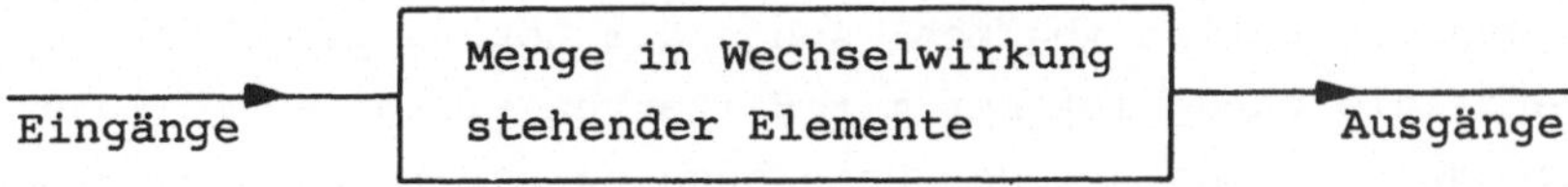


Zu den wichtigsten Eigenschaften eines Systems gehört daher seine Verän-
derlichkeit (Bewegung) und seine Beeinflußbarkeit (Steuerbarkeit) durch
eine passende Wahl der Eingänge (Kräfte). In Anlehnung an die klassische
Mechanik wird der Zusammenhang zwischen den Einflüssen auf das System und

den Änderungen des Systems als *Dynamik der Systeme* oder *Systemdynamik* bezeichnet. Gleichzeitig ist damit schon angedeutet, daß sich die Betrachtungen in erster Linie auf mechanische Systeme erstrecken sollen.


## 1.2  Aufgaben der Systemdynamik

Mit der Untersuchung der Dynamik von Systemen lassen sich vier Hauptaufgaben verbinden:

### Aufgabe I - Modellbildung:

Sie dient der Aufstellung mathematischer Beziehungen, welche das Verhalten des Systems beschreiben. Die entstehenden Systemgleichungen oder Bewegungsgleichungen sind im allgemeinen Differentialgleichungen. So beschreibt z.B. die Differentialgleichung

$$\ddot{\phi} + \frac{g}{l}\sin\phi = 0$$

die ebene Bewegung eines mathematischen Pendels.

Die Modellbildung ist stets mit Idealisierungen und Abstraktionen verbunden. Stellvertretend seien die Begriffe Massenpunkt, starrer Körper, ideales Gas genannt. Je nach Grad der Idealisierung sind verschiedene Modelle desselben Systems möglich. Ein Auto läßt sich als Massenpunkt, als starrer Körper mit vier Rädern, aber auch als kompliziertes Mehrkörpersystem modellieren. Man stellt fest: Je genauer das Modell die Realität beschreibt, desto komplizierter sind die Bewegungsgleichungen.

### Aufgabe II - Modelluntersuchung:

Die Untersuchung des Modells dient der Erforschung der Systemeigenschaften. Die vollständige Lösung dieser Aufgabe wäre erreicht, wenn man die expliziten Lösungen der Bewegungsgleichungen angeben könnte. Dies ist jedoch nur in wenigen Fällen möglich: schon die Lösung der oben angegebenen einfachen Pendelgleichung ist nur mit Hilfe von elliptischen Funktionen möglich. Deswegen ist man bei der Untersuchung des Modells meist auf indirekte Verfahren, wie die Verfahren zur Stabilitätsuntersuchung oder auf Näherungslösungen durch Linearisierung des Systems angewiesen.

<u>Aufgabe III - Wahl der steuernden Eingänge:</u>

Die Eingänge des Systems müssen so gewählt werden, daß die gewünschte
Einflußnahme möglich ist. Die Auslegung der Ruder eines Flugzeuges, sowie
die Festlegung ihrer Wirkungsweise hat so zu erfolgen, daß die geforder-
ten Flugzustände des Flugzeuges realisiert werden können.

<u>Aufgabe IV - Simulation des Systemverhaltens:</u>

Die Überprüfung des Systemverhaltens kann mit Hilfe einer Simulation auf
einem Rechner durchgeführt werden. Dabei lassen sich Aussagen über die
Stärken und Schwächen des gewählten Modells, sowie über die Wirksamkeit
der Steuerungen gewinnen. Gegebenenfalls muß die Untersuchung mit einem
differenzierteren Modell und neu gewählten Steuerungen wiederholt werden.

Für die Lösung der formulierten Aufgaben sind unterschiedliche Disziplinen zuständig:

Aufgabe    I:  Physik, Chemie, Biologie, Wirtschaftswissenschaften, So-
               ziologie.

Aufgabe   II:  Mathematik.

Aufgabe  III:  Steuerungstechnik, Regelungstechnik.

Aufgabe   IV:  Simulationstechnik, Rechentechnik.

Die Systemdynamik ist demnach eine interdisziplinäre Wissenschaft, die
aber heute als Ganzes verstanden und betrieben wird.


## 1.3 Übersicht


In dem im vorhergehenden Abschnitt formulierten Aufgabenkatalog stehen
die beiden ersten Aufgaben: *Modellbildung* und *Modelluntersuchung* in unmittelbarem Zusammenhang. Sie werden Gegenstand des vorliegenden Buches
sein. Da die Behandlung dieser Aufgaben gleichzeitig die Voraussetzung
für die Behandlung der sich anschließenden Frage der aktiven Beeinflussung eines Systems, d.h. also der Aufgabenstellung der Steuerungs- und
Regelungstechnik bildet, wird der Zusammenhang mit den gesteuerten Systemen an verschiedenen Stellen des Buches hergestellt.

Der Inhalt des Buches läßt sich - entsprechend den beiden zentralen Fragestellungen - in zwei Teile untergliedern: Die Kapitel 2, 3 und 4 be-

schäftigen sich mit Fragen der Modellbildung, während die Kapitel 6, 7
und 8 der Modelluntersuchung gewidmet sind. Die Verbindung zwischen
beiden Teilen bildet Kapitel 5.

Auf der Basis des Massenpunktes werden in Kapitel 2 mechanische Systeme
mit endlich vielen Freiheitsgraden eingeführt. Daraus lassen sich sofort
mit Hilfe von Bindungen starre Körper und Körpersysteme modellieren. Über
die Fundamentalgleichung der Mechanik können danach - neben einigen wichtigen mechanischen Grundgesetzen - auf einfache Weise die LAGRANGEschen
Gleichungen erster Art hergeleitet werden.

Im nachfolgenden Kapitel 3 beschränken sich die Betrachtungen auf holonome Systeme, für die - über die Begriffe Freiheitsgrad und verallgemeinerte Koordinate - die LAGRANGEschen Gleichungen zweiter Art aufgestellt
werden. Im Gegensatz zu den LAGRANGEschen Gleichungen erster Art wird
hier die Zahl der notwendigen Bewegungsgleichungen auf die Zahl der Freiheitsgrade des Systems reduziert. In engem Zusammenhang mit den LAGRANGE-
schen Gleichungen zweiter Art stehen auch die an dieser Stelle behandel-
ten kanonischen Gleichungen von HAMILTON. Schließlich werden in diesem
Kapitel die für die Praxis wichtigen Drehbewegungen starrer Körper untersucht und an Beispielen erläutert.

Für die Behandlung nichtholonomer Systeme, die Gegenstand von Kapitel 4
sind, müssen die Bewegungsgleichungen in modifizierter Form aufgestellt
werden. Dies ist einerseits durch eine erweiterte Form der LAGRANGEschen
Gleichungen zweiter Art möglich; andererseits erhält man durch Einführung
der Beschleunigungsenergie und des Begriffes der Pseudogeschwindigkeit
die Gleichungen von APPELL, bei denen die Zahl der Gleichungen wieder der
Zahl der Freiheitsgrade des Systems entspricht. Verteilt auf die Kapitel
2, 3 und 4 werden schließlich einige wichtige mechanische Prinzipien an-
gesprochen.

In Kapitel 5 werden die Bewegungsgleichungen - wie in der Systemtheorie
üblich - in ein System von Differentialgleichungen erster Ordnung umgeformt. Diese Darstellung ist sehr allgemein, da sich auch nichtmechani-
sche dynamische Vorgänge auf diese Form bringen lassen. Außerdem wird
durch diese Schreibweise der Übergang von der klassischen Mechanik zur
Systemdynamik hergestellt. Von besonderer Wichtigkeit sind die an dieser
Stelle wiedergegebenen Überlegungen zur Linearisierung der im allgemeinen
nichtlinearen Systeme: Im Rahmen der Untersuchung gesteuerter Systeme geben die linearisierten Systemgleichungen ersten Aufschluß über das Sy-

stemverhalten bei kleinen Abweichungen von der Sollage. Auf der anderen
Seite zeichnet sich ein gesteuertes System mit gut gewählten Steuerungen
dadurch aus, daß die Abweichungen von der Sollage klein bleiben. Daher
sollen in den folgenden Kapiteln nur noch lineare Systeme behandelt werden. Hierzu stellt die Systemtheorie eine große Zahl von erprobten Untersuchungsmethoden zur Verfügung, die durch numerische Verfahren zur Lösung
konkreter Probleme ergänzt werden.

Die Untersuchung linearer zeitinvarianter Systeme führt auf besonders
einfache und übersichtliche Ergebnisse. So läßt sich die Lösung linearer
zeitinvarianter Systeme, die Gegenstand von Kapitel 6 ist, mit Hilfe der
Fundamentalmatrix im ungesteuerten und im gesteuerten Fall in geschlosse-
ner Form angeben. Durch Transformation des Systems auf Normalkoordinaten
kann die Auswirkung mehrfacher Eigenwerte auf das Systemverhalten anschaulich gedeutet und erklärt werden.

Beschränkt man sich auf die Untersuchung des Stabilitätsverhaltens linearer zeitinvarianter Systeme (Kapitel 7), so sind dafür die charakteristische Gleichung bzw. die Eigenwerte des Systems ausschlaggebend. Daraus
lassen sich Stabilitätskriterien gewinnen, sowie Aussagen über Stabili-
tätsgebiete, u.ä.. Gleichzeitig können aus dem Stabilitätsverhalten des
linearen Systems gewisse Folgerungen für das Stabilitätsverhalten des
zugehörigen nichtlinearen Systems gezogen werden. In engem Zusammenhang
mit diesen Aussagen stehen die sich anschließenden qualitativen Betrachtungen linearer Systeme. Der dort eingeführte Begriff der Strukturstabilität wird am Beispiel von Systemen zweiter Ordnung erläutert und veranschaulicht.

In den Kapiteln 6 und 7 wurden Verfahren zur Lösung und Stabilitätsprüfung allgemeiner linearer zeitinvarianter Systeme angegeben. Beschränkt
man sich auf die Betrachtung mechanischer Systeme, so lassen sich weniger
allgemein gültige, dafür aber effektivere Verfahren aufstellen. Die Überlegungen in Kapitel 8 konzentrieren sich dabei auf lineare holonome Systeme. Durch Darstellung der Bewegungsgleichungen in Form einer Matrizen-
differentialgleichung zweiter Ordnung können die einzelnen Glieder als
unterschiedliche Kräftearten physikalisch gedeutet werden. Daraus lassen
sich dann in Abhängigkeit vom Auftreten der verschiedenen Kräftearten,
wobei sich deren Auswirkung auf das Systemverhalten in gewissen Matri-
zeneigenschaften ausdrückt, eine Reihe von Stabilitätsaussagen formulieren.

# 2 Mechanische Systeme mit endlich vielen Freiheitsgraden

## 2.1 Betrachtetes System und Bezeichnungen

Den Überlegungen des folgenden Kapitels soll der Begriff des *Massen-punktes* zugrunde gelegt werden. Darunter versteht man einen Körper, dessen räumliche Ausdehnung bei der Beschreibung seiner Bewegung vernachlässigt werden kann. Betrachtet man ein System von $N$ Massenpunkten mit den Massen $m_i$, so ist in einem kartesischen Koordinatensystem $x,y,z$ die Lage der Massen des Systems gekennzeichnet durch die Ortsvektoren

$$\underline{r}_i = \begin{bmatrix} x_i \\ y_i \\ z_i \end{bmatrix} = (x_i, y_i, z_i)^* \quad , \tag{2.1}$$

und die Geschwindigkeit durch die Geschwindigkeitsvektoren

$$\underline{v}_i = \frac{d\underline{r}_i}{dt} = \dot{\underline{r}}_i = (\dot{x}_i, \dot{y}_i, \dot{z}_i)^* \quad , \qquad i = 1,\ldots,N \quad . \tag{2.2}$$

Die Beschleunigung des Systems ist dann:

$$\underline{b}_i = \frac{d\underline{v}_i}{dt} = \frac{d^2\underline{r}_i}{dt^2} = \ddot{\underline{r}}_i = (\ddot{x}_i, \ddot{y}_i, \ddot{z}_i)^* \quad , \quad i = 1,\ldots,N \quad . \tag{2.3}$$

Zur Abkürzung werden folgende Bezeichnungen verwendet:

$$(x_1,\ldots,z_N) = (x_1,y_1,z_1;x_2,y_2,z_2;\ldots;x_N,y_N,z_N) \quad ,$$

$$(\dot{x}_1,\ldots,\dot{z}_N) = (\dot{x}_1,\dot{y}_1,\dot{z}_1;\dot{x}_2,\dot{y}_2,\dot{z}_2;\ldots;\dot{x}_N,\dot{y}_N,\dot{z}_N) \quad .$$

## 2.2 Bindungen

Können die Vektoren $\underline{r}_i$, $\underline{v}_i$ beliebige Werte annehmen, so spricht man von einem *freien mechanischen System*. Gewöhnlich liegen aber *Bindungen* vor; man spricht dann von einem *gebundenen mechanischen System*. Die auftretenden Bindungen lassen sich klassifizieren, und man unterscheidet:

>　geometrische Bindungen
>　kinematische Bindungen
>
>　zweiseitige Bindungen
>　einseitige Bindungen
>
>　skleronome Bindungen
>　rheonome Bindungen
>
>　holonome Bindungen
>　nichtholonome Bindungen

Bei konkreten Beispielen treten immer Kombinationen dieser Bindungen auf.

### 2.2.1　Geometrische Bindungen

Die geometrischen Bindungen *beschränken die Lage* des Systems durch Bedingungen der Form

$$f(x_1,\ldots,z_N) = 0 \qquad \text{zweiseitige Bindungen,} \qquad (2.4)$$

$$\left.\begin{array}{l} f(x_1,\ldots,z_N) \leq 0 \\[2ex] f(x_1,\ldots,z_N) \geq 0 \end{array}\right\} \quad \text{einseitige Bindungen.} \qquad (2.5)$$

Bei einseitiger Bindung $f \leq 0$ bzw. $f \geq 0$ kann das System die Bindung verlassen (Bild 2.1). Die Bewegung setzt sich dann zusammen aus einer gebundenen Bewegung mit der zweiseitigen Bindung $f = 0$ und einer freien Bewegung ohne Bindung. Da die Behandlung der freien Bewegungen sehr einfach ist, sollen im folgenden nur Bewegungen mit zweiseitigen Bindungen betrachtet werden.

Stab　m　　　Faden　m　　　m　Ablösung　l

$$x^2 + y^2 = \ell^2 \qquad\qquad x^2 + y^2 \leq \ell^2 \qquad\qquad x^2 + y^2 \geq \ell^2$$

zweiseitige Bindung　　　einseitige Bindung　　　einseitige Bindung

Bild 2.1　Beispiele zu geometrischen Bindungen

<u>Beispiel 2.1</u>: Rollen eines Rades ohne Gleiten auf einer Schiene. Bei Rollen ohne Gleiten ist der Momentanpol  D  in Ruhe (Bild 2.2):

$$v_D = 0 \quad .$$

Für das Massenzentrum  C  ergeben sich hieraus die im folgenden Abschnitt näher betrachteten kinematischen Bindungen:

$$\dot{x}_C = a\omega \quad ,$$

$$\dot{y}_C = 0 \quad .$$

Durch Integration erhält man für  C  die geometrischen Bindungen:

$$x_C = a\omega t \quad ,$$

$$y_C = a \quad ,$$

bzw.

$$f_1 \equiv x_C - a\omega t = 0 \quad ,$$

$$f_2 \equiv y_C - a = 0 \quad . \blacksquare$$

Folgerung: Integrierbare kinematische Bindungen sind geometrischen Bindungen äquivalent.

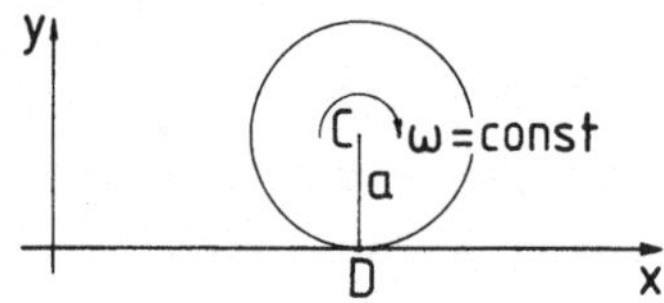


Bild 2.2   Rollen eines Rades auf einer Schiene

Nun braucht eine kinematische Bindung keinesfalls immer integrierbar zu sein. So sind z.B. die kinematischen Bindungen beim Rollen auf einer Ebene nicht integrierbar (siehe Kapitel 4). Weiter unten wird hierzu ein einfacheres Beispiel angegeben.

Eine zweiseitige geometrische Bindung bedeutet, daß sich das System auf einer vorgeschriebenen Fläche (Hyperfläche) bewegt, z.B. auf der Kugel: $x^2 + y^2 + z^2 = l^2$  (Raumpendel).

Ist die Fläche (Hyperfläche) für alle Zeiten fest, so heißt die Bindung *skleronom* (aus dem Griechischen: skleros nomos = starres Gesetz):

$$f(x_1,\ldots,z_N) = 0 \quad . \tag{2.6}$$

Ist die Fläche (Hyperfläche) zeitlich veränderlich, so heißt die Bindung
*rheonom* (aus dem Griechischen: rheo = fließen):

$$f(t,x_1,\ldots,z_N) = 0 \quad . \tag{2.7}$$

Als Beispiele für rheonome Bindungen seien genannt: Die Bewegung auf
einer bewegten Wasseroberfläche; ein Pendel mit variabler Länge.


## 2.2.2  Kinematische Bindungen

Die kinematischen Bindungen *beschränken die Geschwindigkeit* des Systems
durch Bedingungen der Form:

$$\phi(x_1,\ldots,z_N,\ \dot{x}_1,\ldots,\dot{z}_N) \ = 0 \quad , \quad \text{skleronome kinematische} \atop \text{Bindung} \tag{2.8}$$

$$\phi(t,x_1,\ldots,z_N,\ \dot{x}_1,\ldots,\dot{z}_N) = 0 \quad , \quad \text{rheonome kinematische} \atop \text{Bindung} \tag{2.9}$$

Die in der Praxis auftretenden kinematischen Bindungen sind linear in
den Geschwindigkeiten:

$$\phi \equiv \sum_{i=1}^{N} \left[ a_i(x_1,\ldots,z_N)\dot{x}_i + b_i(x_1,\ldots,z_N)\dot{y}_i + c_i(x_1,\ldots,z_N)\dot{z}_i \right]$$
$$+ d(x_1,\ldots,z_N) = 0 \quad . \tag{2.10}$$

Dabei können die Koeffizienten $a_i$, $b_i$, $c_i$, d auch von der Zeit t abhängen; dann ist die Bindung rheonom.

<u>Beispiel 2.2:</u> Ein Massenpunkt m bewegt sich in der xy-Ebene stets auf
den Punkt O zu, der sich seinerseits mit konstanter Geschwindigkeit b
auf der x-Achse bewegt (Verfolgerproblem).

Nach Bild 2.3 folgt aus der Ähnlichkeit der Dreiecke:

$$\frac{-\dot{y}}{\dot{x}} = \frac{y}{a+bt-x} \quad .$$

Daraus erhält man die rheonome kinematische Bindung:

$$\phi \equiv y\dot{x} + (a+bt-x)\dot{y} = 0 \quad . \tag{2.11}$$

Wäre diese Bindung integrierbar, so müßte es eine Beziehung

$$f(t,x,y) = 0 \tag{2.12}$$

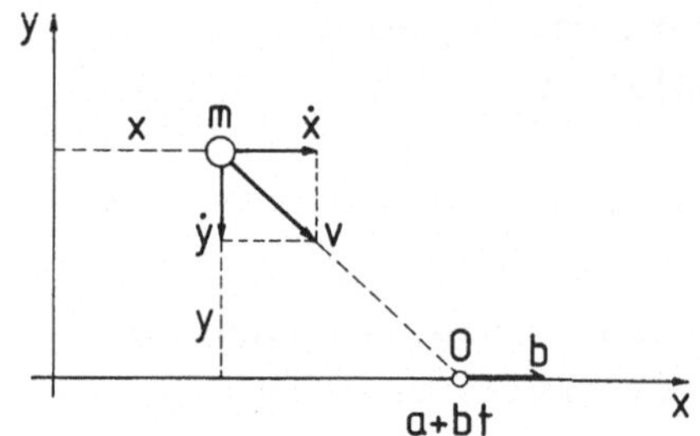


Bild 2.3   Verfolgerproblem

geben, deren totale Ableitung der Bindung  $\phi = 0$  proportional ist. Damit gilt aber

$$\frac{\partial f}{\partial t} + \frac{\partial f}{\partial x}\dot{x} + \frac{\partial f}{\partial y}\dot{y} = 0 \quad . \tag{2.13}$$

Der Vergleich von (2.11) und (2.13) zeigt, daß dies nur möglich ist für

$$\frac{\partial f}{\partial t} = 0 \quad ,$$

d.h.  f  dürfte nicht explizit von  t  abhängen. Dies ist aber nur für
b = 0  (ruhender Zielpunkt  0) möglich. Die vorliegende rheonome kinematische Bindung (2.11) ist nicht integrierbar. ∎


## 2.2.3   Holonome und nichtholonome Bindungen

Da die integrierbaren kinematischen Bindungen den geometrischen Bindungen äquivalent sind, erscheint folgende auf HERTZ (1894) zurückgehende
Klassifikation sinnvoll:

holonome Bindungen ≡ geometrische Bindungen
                        + integrierbare kinematische Bindungen

nichtholonome Bindungen ≡ nicht integrierbare kinematische
                        Bindungen

Das Wort *holonom* ist wieder griechischen Ursprungs (holos nomos = ganzes
(integrales) Gesetz). Systeme, deren sämtliche Bindungen holonom sind,
werden als *holonome Systeme* bezeichnet. Wenn mindestens eine der Bindungen des Systems nichtholonom ist, spricht man von einem *nichtholonomen
System*.

Bemerkung: Eine geometrische Bindung beinhaltet gleichzeitig eine Einschränkung für die Geschwindigkeit (bei Bewegungen auf einer Fläche liegt
der Geschwindigkeitsvektor stets in der Tangentialebene!). Eine kinematische Bindung braucht die Lage nicht einzuschränken, z.B. kann ein
gleitfrei rollendes Rad auf einer Ebene aus jeder Lage in jede andere
gebracht werden, ohne die kinematischen Bindungen zu verletzen.

## 2.3  Freiheitsgrade und virtuelle Verschiebungen

Gegeben ist ein System von

    N  Massenpunkten,

mit

    g  geometrischen Bindungen,
    k  kinematischen Bindungen.

Dann ist die Anzahl der Freiheitsgrade definiert durch:

$$n = 3N - g - k \quad . \tag{2.14}$$

<u>Beispiel 2.3:</u> Modellierung eines starren Körpers als Tetraeder aus vier
Massenpunkten. Mit $N = 4$, $g = 6$, $k = 0$ ist $n = 6$ . Ein starrer Körper hat also höchstens sechs Freiheitsgrade. ∎

<u>Beispiel 2.4:</u> Ebene Bewegung eines Massenpunktes.
Freie Bewegung: $N = 1$, $g = 1$, $k = 0$, $n = 2$ .
Gebundene Bewegung (z.B. Pendel): $N = 1$, $g = 2$, $k = 0$, $n = 1$ . ∎

Infinitesimale Verschiebungen des Systems, die mit den skleronomen und
den rheonomen – aber zum betrachteten Zeitpunkt "erstarrten" – Bindungen
verträglich sind, heißen *virtuelle Verschiebungen*.

Bei einer *skleronomen* geometrischen Bindung

$$f(x,y,z) = 0 \tag{2.15}$$

liegen alle virtuellen Verschiebungen  $\delta x$, $\delta y$, $\delta z$  in der Tangentialebene

$$\frac{\partial f}{\partial x}\delta x + \frac{\partial f}{\partial y}\delta y + \frac{\partial f}{\partial z}\delta z = 0 \quad . \tag{2.16}$$

Als Beispiel sei die Bewegung auf einer Kugel genannt.

Bei einer *rheonomen* Bindung

$$f(t,x,y,z) = 0 \tag{2.17}$$

entsprechen die virtuellen Verschiebungen den mit der "erstarrten" Bindung verträglichen Verschiebungen, bei denen die Zeit also nicht variiert wird. Man erhält wieder:

$$\frac{\partial f}{\partial x}\delta x + \frac{\partial f}{\partial y}\delta y + \frac{\partial f}{\partial z}\delta z = 0 \quad . \tag{2.18}$$

Der Unterschied zwischen möglicher Verschiebung und virtueller Verschiebung läßt sich am Beispiel der Bewegung eines Massenpunktes auf einer bewegten schiefen Ebene veranschaulichen (Bild 2.4).

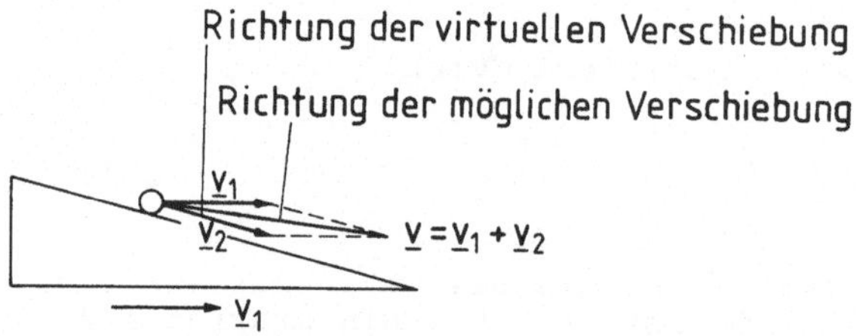


Bild 2.4   Zur virtuellen Verschiebung

Mit (2.16) bzw. (2.18) gilt für

      skleronome Systeme: virtuelle Verschiebung
                     $\equiv$ mögliche Verschiebung,

      rheonome Systeme:   virtuelle Verschiebung
                     $\equiv$ mögliche Verschiebung bei festgehaltener Zeit.

Entsprechend liegen die Verhältnisse bei kinematischen Bindungen. Der Bindung

$$\sum_{i=1}^{N} (a_i \dot{x}_i + b_i \dot{y}_i + c_i \dot{z}_i) + d = 0 \tag{2.10}$$

entsprechen virtuelle Verschiebungen, die durch folgende Beziehung miteinander verknüpft sind:

$$\sum_{i=1}^{N} (a_i \delta x_i + b_i \delta y_i + c_i \delta z_i) = 0 \quad . \tag{2.19}$$

Man rechnet mit den virtuellen Verschiebungen so wie mit den Differentialen und man bezeichnet

$$\delta \underline{r} = (\delta x, \delta y, \delta z) \quad . \tag{2.20}$$

Ein freies System hat 3N *unabhängige* virtuelle Verschiebungen. Bei einem gebundenen System geht durch jede auftretende Bindung eine unabhängige virtuelle Verschiebung verloren.

<u>Beispiel 2.5:</u> Aus der Bindung

$$f(x,y,z) = 0$$

folgt für den Zusammenhang der virtuellen Verschiebungen:

$$\frac{\partial f}{\partial x}\delta x + \frac{\partial f}{\partial y}\delta y + \frac{\partial f}{\partial z}\delta z = 0 \quad ,$$

d.h. nur zwei der Verschiebungen $\delta x$, $\delta y$, $\delta z$ sind unabhängig. ∎

Bei g geometrischen und k kinematischen Bindungen ist die Anzahl der unabhängigen virtuellen Verschiebungen gleich $3N - g - k$ , also gilt:

*Anzahl der unabhängigen virtuellen Verschiebungen ≡ Anzahl der Freiheitsgrade n .*


## 2.4  Hauptproblem der Dynamik

### 2.4.1  <u>Eingeprägte Kräfte, Reaktionskräfte</u>

Bei einem freien System lautet der Impulssatz für jeden Massenpunkt:

$$m_i \ddot{\underline{r}}_i = \underline{F}_i \quad , \qquad i = 1,\ldots,N \quad , \tag{2.21}$$

wo $\underline{F}_i$ die gegebenen, auf den Massenpunkt wirkenden *eingeprägten Kräfte* sind.

Liegt eine Bindung vor, so ist im allgemeinen

$$m_i \ddot{\underline{r}}_i \neq \underline{F}_i \quad , \qquad i = 1,\ldots,N \quad . \tag{2.22}$$

         2 Mechanische Systeme mit endlich vielen Freiheitsgraden

Um die Beziehung (2.21) zu retten, ersetzt man die Bindungen durch eine sogenannte *Reaktionskraft* $\underline{R}_i$ und schreibt Gl. (2.21) in der Form:

$$m_i\underline{\ddot{r}}_i = \underline{F}_i + \underline{R}_i \quad , \qquad i = 1,\ldots,N \quad . \tag{2.23}$$

Beispiel 2.6: In Bild 2.5 ist dies an der ebenen Bewegung eines Massenpunktes im Schwerefeld veranschaulicht. ∎

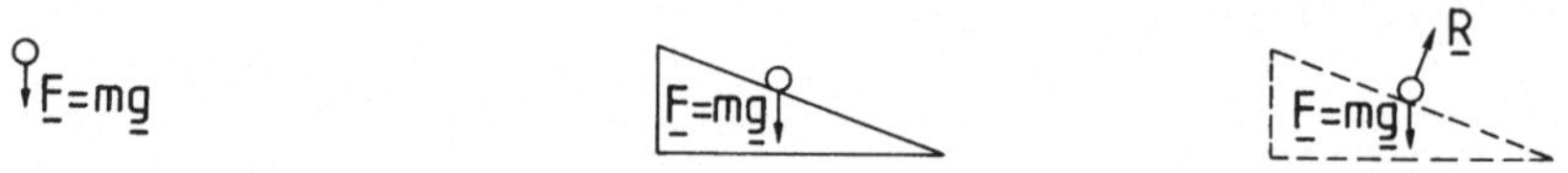

freie Bewegung          gebundene Bewegung          freie Bewegung
                                                    (Ersatzmodell)

Bild 2.5   Ersatzmodell einer gebundenen Bewegung

## 2.4.2  Bewegungsgleichungen des gebundenen Systems

Das Hauptproblem der Dynamik ist die Lösung des Systems von Bewegungsgleichungen

$$m_i\underline{\ddot{r}}_i = \underline{F}_i + \underline{R}_i \quad , \quad i = 1,\ldots,N \quad . \tag{2.24}$$

Unbekannt sind in diesem System

| | |
|---|---|
| die Komponenten der Ortsvektoren $x_i$, $y_i$, $z_i$ | 3N |
| die Komponenten der Reaktionskräfte $R_{x_i}$, $R_{y_i}$, $R_{z_i}$ | 3N |
| Anzahl | 6N |

Gegeben sind

| | |
|---|---|
| die Komponentengleichungen von (2.24) | 3N |
| die geometrischen Bindungen | g |
| die kinematischen Bindungen | k |
| Anzahl | 3N+g+k |

Zur Bestimmung der  6N  Unbekannten fehlen

$$6N - (3N + g + k) = 3N - g - k = n \tag{2.25}$$

Beziehungen.

Es fehlen also genau so viele Beziehungen wie das System Freiheitsgrade besitzt. Diese zusätzlichen Beziehungen erhält man aus der Annahme, daß die Bindungen *ideal* sind.


### 2.4.3  Ideale Bindungen

Die *idealen Bindungen* sind ein abstrakter Begriff. Eine Idealisierung der bestehenden Verhältnisse erweist sich jedoch auch für die Praxis als äußerst fruchtbar. Man sagt:

Eine Bindung wird als *ideal* bezeichnet, wenn die Arbeit der Reaktionskräfte auf beliebigen ihr entsprechenden virtuellen Verschiebungen gleich null ist:

$$\sum_{i=1}^{N} \underline{R}_i \cdot \delta \underline{r}_i = 0 \qquad (2.26)$$

bzw.

$$\sum_{i=1}^{N} (R_{x_i} \delta x_i + R_{y_i} \delta y_i + R_{z_i} \delta y_i) = 0 \quad . \qquad (2.27)$$

Da ein System mit n Freiheitsgraden genau n unabhängige virtuelle Verschiebungen $\delta q_1, \ldots, \delta q_n$ hat, können alle anderen Verschiebungen durch diese ausgedrückt werden und man erhält aus Gl. (2.27) als Bedingung für ideale Bindungen eine Beziehung der Form:

$$K_1(\ldots)\delta q_1 + K_2(\ldots)\delta q_2 + \ldots + K_n(\ldots)\delta q_n = 0 \quad . \qquad (2.28)$$

Da die Verschiebungen $\delta q_i$ unabhängig sind, folgt hieraus:

$$K_1 = 0 \quad , \quad K_2 = 0 \quad , \quad \ldots \quad , \quad K_n = 0 \quad . \qquad (2.29)$$

Das sind aber genau die fehlenden n Bedingungen für die Lösung des oben formulierten Hauptproblems der Dynamik.

<u>Beispiel 2.7:</u> Bei der Bewegung eines Massenpunktes auf einer glatten Ebene gilt (Bild 2.6a):

$$\underline{R} \cdot \delta \underline{r} = 0 \quad . \quad \blacksquare$$

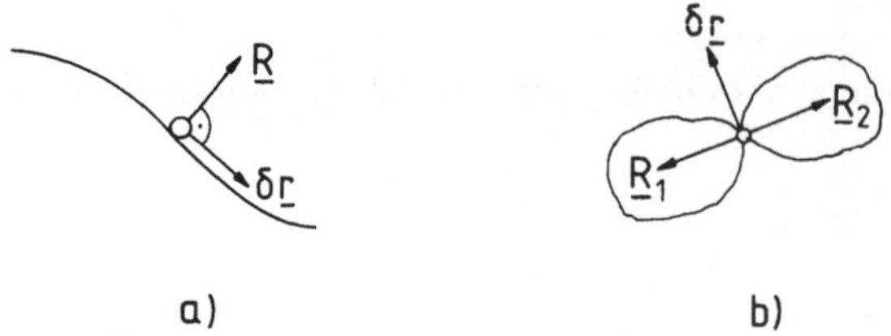

a)                              b)

Bild 2.6   Beispiele für ideale Bindungen


**Beispiel 2.8:** Bei zwei gelenkig verbundenen Körpern ist wegen $\underline{R}_1 + \underline{R}_2 = \underline{0}$ und wegen $\delta\underline{r}_1 = \delta\underline{r}_2 = \delta\underline{r}$ (Bild 2.6b):

$$(\underline{R}_1 + \underline{R}_2)\cdot\delta\underline{r} = 0 \quad . \quad \blacksquare$$

Beim starren Körper sind alle Bindungen ideal! Tritt zusätzlich noch
*Reibung* auf, so ist die Bindung nicht mehr ideal, wenn man die Reibungskraft als Reaktionskraft auffaßt. Zählt man aber nur die Normalkomponente als Reaktionskraft, während man die Reibungskraft als neue unbekannte
eingeprägte Kraft einführt, so hat man wieder ideale Bindungen. Durch
Einführung der unbekannten Reibungskräfte kommen im Gleichungssystem
neue Unbekannte hinzu. Man benötigt dann noch zusätzliche Informationen,
um die Reibungskraft zu bestimmen oder festzulegen. Aufgrund von Expe-
rimenten weiß man, daß verschiedene Arten von Reibungen existieren und
welche Art von Reibung im Einzelfall auftreten kann.

**Beispiel 2.9:** Bei der Bewegung eines Massenpunktes auf einer schiefen
Ebene ist zunächst (Bild 2.7a):

$$\underline{R}\cdot\delta\underline{r} \neq 0 \quad .$$

Für die Normalkomponente von $\underline{R}$ gilt aber (Bild 2.7b):

$$\underline{R}_n\cdot\delta\underline{r} = 0 \quad .$$

Die Reibungskraft $\underline{F}_R$ kommt als neue eingeprägte Kraft hinzu. $\blacksquare$

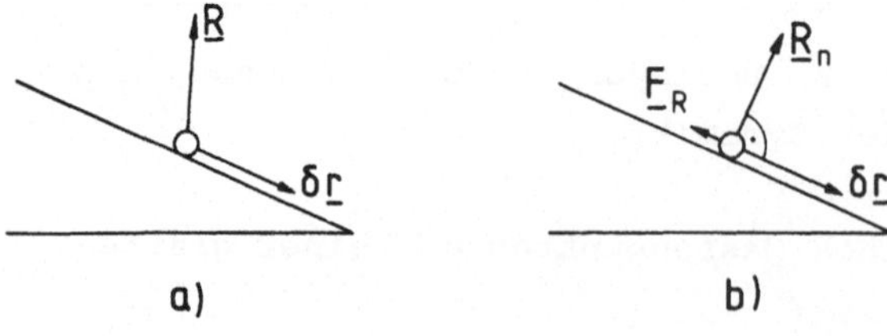

a)                              b)

Bild 2.7   Der Einfluß von Reibungskräften

## 2.5  Fundamentalgleichung der Dynamik

Mit $\underline{b}_i = \dot{\underline{v}}_i = \ddot{\underline{r}}_i$  folgt aus Gl. (2.24):

$$\underline{F}_i - m_i\underline{b}_i = -\underline{R}_i \quad , \qquad i = 1,\ldots,N \quad . \tag{2.30}$$

Da bei idealen Bindungen

$$\sum_{i=1}^{N} \underline{R}_i \cdot \delta\underline{r}_i = 0 \tag{2.26}$$

ist, folgt weiter die *Fundamentalgleichung der Dynamik:*

$$\boxed{\sum_{i=1}^{N} (\underline{F}_i - m_i\underline{b}_i)\cdot\delta\underline{r}_i = 0 \quad .} \tag{2.31}$$

> Bei der Bewegung eines mechanischen Systems mit idealen Bindun-
> gen ist die Summe der Arbeiten, die von eingeprägten Kräften
> $\underline{F}_i$ und den Trägheitskräften $-m_i\underline{b}_i$ auf beliebigen virtuellen
> Verschiebungen geleistet werden, gleich null.

Diese Aussage wird gelegentlich als das Prinzip von LAGRANGE-d'ALEMBERT
bezeichnet. Aus ihr ergeben sich, wie im folgenden zu zeigen ist, die
Gesetze der Statik, das Prinzip von d'ALEMBERT und die Gesetze der Dynamik.


## 2.6  Gesetze der Statik

### 2.6.1  Prinzip der virtuellen Verschiebungen

Die Lage $\underline{r}_i$ eines mechanischen Systems heißt eine *Gleichgewichtslage*,
wenn hierfür die Geschwindigkeiten und Beschleunigungen verschwinden:

$$\underline{v}_i = \underline{0} \quad , \quad \underline{b}_i = \underline{0} \quad , \qquad i = 1,\ldots,N \quad . \tag{2.32}$$

Aus Gl. (2.31) folgt dann das *Prinzip der virtuellen Verschiebungen*:

$$\sum_{i=1}^{N} \underline{F}_i \cdot \delta\underline{r}_i = 0 \quad . \tag{2.33}$$

> Eine mit den Bindungen verträgliche Lage ist dann und nur dann
> eine Gleichgewichtslage, wenn in ihr die Summe der Arbeiten
> der eingeprägten Kräfte auf allen virtuellen Verschiebungen
> gleich null ist.

Ansätze dieser "goldenen Regel der Mechanik" finden sich schon bei GA-
LILEI und sogar bei ARISTOTELES. Die exakte allgemeine Formulierung gab
J. BERNOULLI im Jahre 1717.


### 2.6.2  Gleichgewichtsbedingungen für den starren Körper

Da der starre Körper ein skleronomes System ist, sind die virtuellen
Verschiebungen identisch mit den möglichen Verschiebungen:

$$\delta \underline{r}_i = d\underline{r}_i = \frac{d\underline{r}_i}{dt}dt = \underline{v}_i dt \quad , \qquad i = 1,\ldots,N \quad . \tag{2.34}$$

Für einen beliebigen Bezugspunkt  O  gilt beim starren Körper:

$$\underline{v}_i = \underline{v}_o + \underline{\omega} \times \underline{r}_i \quad , \qquad\qquad i = 1,\ldots,N \quad , \tag{2.35}$$

und somit ergibt sich aus Gl. (2.33):

$$\sum_{i=1}^{N} \underline{F}_i \cdot \delta \underline{r}_i = \left[ \left(\sum_{i=1}^{N} \underline{F}_i\right) \cdot \underline{v}_o + \underline{\omega} \cdot \left(\sum_{i=1}^{N} \underline{r}_i \times \underline{F}_i\right)\right] dt \quad .$$

Aus dem Prinzip der virtuellen Verschiebungen folgt dann, daß für be-
liebige virtuelle Verschiebungen $\delta \underline{r}_i$ , d.h. für beliebige $\underline{v}_o$ und $\underline{\omega}$

$$\left(\sum_{i=1}^{N} \underline{F}_i\right) \cdot \underline{v}_o + \underline{\omega} \cdot \left(\sum_{i=1}^{N} \underline{r}_i \times \underline{F}_i\right) = 0 \tag{2.36}$$

ist. Also muß gelten:

$$\sum_{i=1}^{N} \underline{F}_i = \underline{0} \quad , \qquad \sum_{i=1}^{N} \underline{r}_i \times \underline{F}_i = \underline{0} \quad . \tag{2.37}$$

Da sich die inneren Kräfte und Momente bei der Summation aufheben, bleibt
die bekannte Feststellung: Ein starrer Körper ist dann und nur dann im
Gleichgewicht, wenn die Summe der äußeren Kräfte und die Summe der äußeren Momente gleich null sind.

<u>Beispiel 2.10:</u> Welche Kraft  F  ist notwendig, um im abgebildeten Mecha-
nismus einer gegebenen Kraft  Q  das Gleichgewicht zu halten (Bild 2.8a)?

Es muß sein:

$$F\delta x_B - Q\delta x_A = 0 \quad .$$

Wegen  $\delta x_B = 3\delta x_A$  folgt:

$$F = \frac{1}{3}Q \quad . \blacksquare$$

<u>Beispiel 2.11:</u> Vom Hebemechanismus in Bild 2.8b weiß man, daß bei einer
Umdrehung der Kurbel die Schraube um  h  steigt. Welche Kraft  P  ist
notwendig, um das Gewicht  Q  zu halten?

Es gilt:

$$Pl\delta\alpha - Q\delta s = 0 \quad .$$

Mit

$$\frac{\delta\alpha}{2\pi} = \frac{\delta s}{h}$$

folgt sofort:

$$P = \frac{1}{2\pi} \frac{h}{l}Q \quad . \blacksquare$$

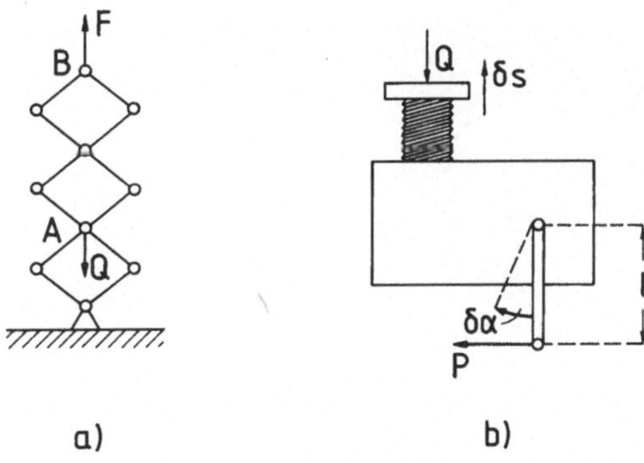


Bild 2.8   Einfache Anwendungsbeispiele zur Statik


## 2.7  Prinzip von d'ALEMBERT

Faßt man in der Fundamentalgleichung (2.31) die Glieder  "$-m_i\underline{b}_i$"  als
fiktive Trägheitskräfte auf, so läßt sich (2.31) in der Form schreiben

$$\sum_{i=1}^{N} \tilde{\underline{F}}_i \cdot \delta\underline{r}_i = 0 \quad , \tag{2.38}$$

wo mit $\tilde{\underline{F}}_i$ die Summe aus eingeprägten Kräften und Trägheitskräften bezeichnet wird. Vergleicht man diesen Ausdruck mit dem Prinzip der virtuellen Verschiebungen, so folgt das *Prinzip von d'ALEMBERT*:

> Jede Lage eines Systems während der Bewegung kann als eine
> Gleichgewichtslage aufgefaßt werden, wenn man zu den einge-
> prägten Kräften die Trägheitskräfte hinzunimmt.

Durch Einführung der Trägheitskräfte kann jedes dynamische Problem formell als ein statisches Problem behandelt werden.


## 2.8  Gesetze der Dynamik

### 2.8.1  Energiesatz für skleronome Systeme

Da bei skleronomen Systemen die virtuellen Verschiebungen $\delta\underline{r}$ identisch
mit den möglichen Verschiebungen $d\underline{r}$ sind, folgt aus der Fundamentalgleichung (2.31) insbesondere

$$\sum_{i=1}^{N} (\underline{F}_i - m_i\underline{b}_i)\cdot d\underline{r}_i = 0 \quad . \tag{2.39}$$

Nun ist aber

$$m_i\underline{b}_i\cdot d\underline{r}_i = m_i\frac{d\underline{v}_i}{dt}\cdot d\underline{r}_i = m_i\frac{d\underline{r}_i}{dt}\cdot d\underline{v}_i = \frac{1}{2}\,m_i d\underline{v}_i^2 \quad , \qquad i = 1,\ldots,N$$

und

$$\sum_{i=1}^{N} m_i\underline{b}_i\cdot d\underline{r}_i = d\left( \sum_{i=1}^{N} \frac{1}{2}m_i\underline{v}_i^2 \right) = dT \quad .$$

Dabei ist

$$T = \sum_{i=1}^{N} \frac{1}{2}m_i\underline{v}_i^2 \tag{2.40}$$

die kinetische Energie des Systems. Folglich gilt:

$$dT = \sum_{i=1}^{N} \underline{F}_i\cdot d\underline{r}_i \quad , \tag{2.41}$$

bzw.

$$T_2 - T_1 = \sum_{i=1}^{N} \int_{t_1}^{t_2} \underline{F}_i \cdot d\underline{r}_i \quad , \tag{2.42}$$

d.h. es gilt für skleronome Systeme der Energiesatz:

| Die Änderung der kinetischen Energie ist gleich der Arbeit
| der eingeprägten Kräfte.

Wenn die Bindungen nicht ideal sind, müssen die Reibungskräfte zusammen mit den eingeprägten Kräften $\underline{F}_i$ berücksichtigt werden.


## 2.8.2  LAGRANGEsche Gleichungen erster Art

Betrachtet wird der allgemeine Fall eines mechanischen Systems mit  N Massenpunkten,  g  geometrischen und  k  (integrierbaren oder nicht integrierbaren) kinematischen Bindungen.

Die geometrischen Bindungen seien gegeben durch die Funktionen (vgl. Kapitel 2.2.1)

$$f_\alpha(t,\underline{r}_1,\ldots,\underline{r}_N) = 0 \quad , \qquad \alpha = 1,\ldots,g \quad , \tag{2.43}$$

mit

$$\underline{r}_i = (x_i,y_i,z_i)^* \quad .$$

Die kinematischen Bindungen seien gegeben durch die Funktionen (vgl. Kapitel 2.2.2)

$$\phi_\beta = \sum_{i=1}^{N} \underline{l}_{i\beta}(t,\underline{r}_1,\ldots,\underline{r}_N) \cdot \underline{v}_i + d_\beta(t,\underline{r}_1,\ldots,\underline{r}_N) = 0 \quad , \tag{2.44}$$

$$\beta = 1,\ldots,k \quad .$$

Hierbei sind die $\underline{l}_{i\beta}$ Vektoren mit den Komponenten

$$\underline{l}_{i\beta} = (a_{i\beta},b_{i\beta},c_{i\beta})^* \quad . \tag{2.45}$$

Die mit diesen Bindungen verträglichen virtuellen Verschiebungen genügen den Beziehungen (vgl. hierzu Kapitel 2.3)

$$\sum_{i=1}^{N} \frac{\partial f_{\alpha}}{\partial \underline{r}_i} \cdot \delta \underline{r}_i = 0 \quad , \qquad\qquad \alpha = 1,\ldots,g \quad , \qquad (2.46)$$

$$\sum_{i=1}^{N} \underline{l}_{i\beta} \cdot \delta \underline{r}_i = 0 \quad , \qquad\qquad \beta = 1,\ldots,k \quad , \qquad (2.47)$$

mit

$$\frac{\partial f}{\partial \underline{r}_i} = \left( \frac{\partial f}{\partial x_i} \; , \; \frac{\partial f}{\partial y_i} \; , \; \frac{\partial f}{\partial z_i} \right)^{*} \cdot$$

Außerdem gilt bei idealen Bindungen noch Gl. (2.26):

$$\sum_{i=1}^{N} \underline{R}_i \cdot \delta \underline{r}_i = 0 \quad . \qquad\qquad\qquad (2.26)$$

Man führe jetzt die *LAGRANGEschen Multiplikatoren* $\lambda_{\alpha}$, $\mu_{\beta}$ ein, multipliziere die Gln. (2.46) mit $-\lambda_{\alpha}$ , die Gln. (2.47) mit $-\mu_{\beta}$ und addiere die Gln. (2.26), (2.46) und (2.47). Man erhält:

$$\sum_{i=1}^{N} \left( \underline{R}_i - \sum_{\alpha=1}^{g} \lambda_{\alpha} \frac{\partial f_{\alpha}}{\partial \underline{r}_i} - \sum_{\beta=1}^{k} \mu_{\beta}\underline{l}_{i\beta} \right) \cdot \delta \underline{r}_i = 0 \quad . \qquad (2.48)$$

Entsprechend den 3N *virtuellen Verschiebungen* $\delta x_1,\ldots,\delta z_N$ enthält Gl. (2.48) 3N Summanden. Von den 3N virtuellen Verschiebungen sind wegen der Bindungen aber nur *3N-g-k unabhängig*, d.h. beliebig. Die entsprechenden Koeffizienten in Gl. (2.48) *müssen* also verschwinden. Man wählt nun bei den restlichen *g+k abhängigen* virtuellen Verschiebungen die g+k Multiplikatoren $\lambda_{\alpha}$ und $\mu_{\beta}$ so, daß in Gl. (2.48) damit *alle* Koeffizienten verschwinden. Aus (2.48) folgt dann:

$$\underline{R}_i = \sum_{\alpha=1}^{g} \lambda_{\alpha} \frac{\partial f_{\alpha}}{\partial \underline{r}_i} + \sum_{\beta=1}^{k} \mu_{\beta}\underline{l}_{i\beta} \quad , \quad i = 1,\ldots,N \quad . \qquad (2.49)$$

Dabei sind die einzelnen Summanden die Anteile, die aus den g+k Bindungen herrühren. Setzt man diese Ausdrücke für die Reaktionskräfte in die Bewegungsgleichungen

$$m\underline{b}_i = \underline{F}_i + \underline{R}_i \quad , \qquad\qquad i = 1,\ldots,N \qquad (2.50)$$

ein, so erhält man zusammen mit den Beziehungen für die Bindungen (2.43)
und (2.44) folgendes Gleichungssystem:

$$
\begin{aligned}
m_i \underline{b}_i &= \underline{F}_i + \sum_{\alpha=1}^{g} \lambda_\alpha \frac{\partial f_\alpha}{\partial \underline{r}_i} + \sum_{\beta=1}^{k} \mu_\beta \underline{l}_{i\beta} \ , & i &= 1,\ldots,N \ , \\[2ex]
f_\alpha &= 0 \ , & \alpha &= 1,\ldots,g \ , \\[2ex]
\phi_\beta &= 0 \ , & \beta &= 1,\ldots,k \ .
\end{aligned}
\tag{2.51}
$$

Das sind die *LAGRANGEschen Gleichungen erster Art*. Sie bilden ein System
von  3N+g+k  Gleichungen für die Bestimmung der  3N+g+k  Unbekannten

$$x_i, \ y_i, \ z_i, \ \lambda_\alpha, \ \mu_\beta \ .$$

Die Lösung liefert also sowohl die Bewegung $\underline{r}_i(t)$  des Systems als auch
sämtliche Reaktionskräfte $\underline{R}_i$ . Die obige Herleitung zeigt:

> Die LAGRANGEschen Gleichungen erster Art gelten für *holonome*
> und für *nichtholonome Systeme*, soweit die nichtholonomen Bin-
> dungen in den Geschwindigkeiten linear sind.

**Beispiel 2.12:** Zwei Punktmassen  m  sind durch eine starre masselose
Stange der Länge  1  verbunden und können in der vertikalen Ebene unter
dem Einfluß der Schwerkraft reibungsfrei auf einem Halbkreisbogen vom
Radius  r  bzw. einer horizontalen Geraden in der Kreisbogenebene gleiten (Bild 2.9).

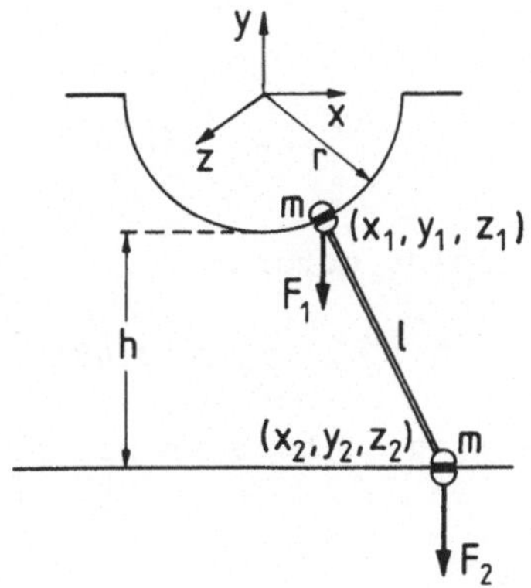


Bild 2.9  Ebene Bewegung im Schwerefeld

Für dieses System gilt im einzelnen:

$$N = 2 \quad ,$$

$$g = 5 : f_1 \equiv z_1 = 0 \quad , \tag{2.52}$$

$$f_2 \equiv x_1^2 + y_1^2 - r^2 = 0 \quad , \tag{2.53}$$

$$f_3 \equiv z_2 = 0 \quad , \tag{2.54}$$

$$f_4 \equiv y_2 + r + h = 0 \quad , \tag{2.55}$$

$$f_5 \equiv (x_1-x_2)^2 + (y_1-y_2)^2 - l^2 = 0 \quad , \tag{2.56}$$

$$k = 0 \quad ,$$

$$n = 3N - g - k = 1 \text{ Freiheitsgrad.}$$

Alle Bindungen sind geometrisch, zweiseitig, skleronom. Das System ist holonom.

Teilproblem 1: Bewegungsgleichungen
Die LAGRANGEschen Gleichungen erster Art für das betrachtete System lauten:

$$m\ddot{x}_1 = \qquad\qquad \lambda_2 2x_1 \qquad\qquad\qquad\qquad + \lambda_5 2(x_1-x_2) \quad , \tag{2.57}$$

$$m\ddot{y}_1 = - mg \quad + \lambda_2 2y_1 \qquad\qquad\qquad\qquad + \lambda_5 2(y_1-y_2) \quad , \tag{2.58}$$

$$m\ddot{z}_1 = \quad \lambda_1 1 \qquad\qquad\qquad\qquad\qquad\qquad\qquad\qquad , \tag{2.59}$$

$$m\ddot{x}_2 = \qquad\qquad\qquad\qquad\qquad\qquad \lambda_5 2(x_2-x_1) \quad , \tag{2.60}$$

$$m\ddot{y}_2 = - mg \qquad\qquad\qquad\qquad + \lambda_4 1 + \lambda_5 2(y_2-y_1) \quad , \tag{2.61}$$

$$m\ddot{z}_2 = \qquad\qquad\qquad\qquad\qquad \lambda_3 1 \qquad\qquad\qquad\qquad , \tag{2.62}$$

$$z_1 = 0 \qquad\qquad\qquad\qquad\qquad\qquad\qquad\qquad , \tag{2.63}$$

$$x_1^2 + y_1^2 - r^2 = 0 \qquad\qquad\qquad\qquad\qquad\qquad , \tag{2.64}$$

$$z_2 = 0 \qquad\qquad\qquad\qquad\qquad\qquad\qquad\qquad , \tag{2.65}$$

$$y_2 + r + h = 0 \qquad\qquad\qquad\qquad\qquad\qquad , \tag{2.66}$$

$$(x_1-x_2)^2 + (y_1-y_2)^2 - l^2 = 0 \qquad\qquad\qquad . \tag{2.67}$$

Aus (2.59) und (2.63) sowie aus (2.62) und (2.65) folgt sofort:

$$\lambda_1 = \lambda_3 = 0 \quad . \tag{2.68}$$

Das Problem ist also eben, was aus der Problemstellung ja bereits schon hervorgeht.

Die nichttrivialen Bewegungsgleichungen sind somit:

$$m\ddot{x}_1 = 2\lambda_2 x_1 + 2\lambda_5 (x_1-x_2) \qquad\qquad\qquad , \tag{2.57}$$

$$m\ddot{y}_1 = -mg + 2\lambda_2 y_1 + 2\lambda_5(y_1-y_2) \qquad , \qquad (2.58)$$

$$m\ddot{x}_2 = 2\lambda_5(x_2-x_1) \qquad , \qquad (2.60)$$

$$m\ddot{y}_2 = -mg + \lambda_4 + 2\lambda_5(y_2-y_1) \qquad , \qquad (2.61)$$

$$x_1^2 + y_1^2 = r^2 \qquad , \qquad (2.64)$$

$$y_2 = -(r+h) \qquad , \qquad (2.66)$$

$$(x_1-x_2)^2 + (y_1-y_2)^2 = l^2 \qquad . \qquad (2.67)$$

Mit Hilfe von (2.66) läßt sich ohne Aufwand die Variable $y_2$ eliminieren. Dann bleiben sechs Gleichungen für $x_1$, $y_1$, $x_2$, $\lambda_2$, $\lambda_4$, $\lambda_5$ übrig. An Stelle der Integration dieses Systems soll noch das einfachere Problem der Beschreibung der Reaktionskräfte in den Gleichgewichtslagen behandelt werden.

Teilproblem 2: Gleichgewichtslagen
Im Falle des Gleichgewichts ist

$$\ddot{x}_1 = \ddot{y}_1 = \ddot{x}_2 = \ddot{y}_2 = 0$$

und damit

$$\lambda_2 x_1 \quad + \quad \lambda_5(x_1-x_2) \qquad = 0 \quad , \qquad (2.69)$$

$$2\lambda_2 y_1 \quad + 2\lambda_5(y_1-y_2) \quad - mg = 0 \quad , \qquad (2.70)$$

$$- \quad \lambda_5(x_1-x_2) \qquad = 0 \quad , \qquad (2.71)$$

$$\lambda_4 \quad - 2\lambda_5(y_1-y_2) \quad - mg = 0 \quad . \qquad (2.72)$$

Aus Gl. (2.71) ergeben sich zwei mögliche Fälle:

<u>Fall 1 :</u>  $\lambda_5 = 0$
Nach (2.69) und (2.70) ist dann

$$\left.\begin{array}{l} \lambda_2 x_1 = 0 \\[2mm] \lambda_2 y_1 = \dfrac{1}{2}\,mg \end{array}\right\} \quad .$$

Dies ist nur vereinbar für $x_1 = 0$ . Damit ergibt sich aus (2.64), (2.66) und (2.67):

$$\left.\begin{array}{l} y_1 = -r \\[2mm] y_2 = -(r+h) \\[2mm] x_2 = \pm\sqrt{l^2-h^2} \end{array}\right\} \quad . \qquad (2.73)$$

Die Gleichgewichtslagen lauten also:

$$\left.\begin{array}{l} \underline{r}_1 = (0,-r,0) \\[2mm] \underline{r}_2 = (\pm\sqrt{l^2-h^2},-(r+h),0) \end{array}\right\} \quad . \qquad (2.74)$$

Sie sind symmetrisch bezüglich der yz-Ebene (Bild 2.10a). Die beiden restlichen Multiplikatoren $\lambda_2$ und $\lambda_4$ folgen aus (2.70) und (2.72):

$$\left.\begin{array}{l} \lambda_2 = -\dfrac{mg}{2r} \\[2mm] \lambda_4 = mg \end{array}\right\} \quad . \tag{2.75}$$

Die zugehörigen Reaktionskräfte ergeben sich nach (2.49):

$$\underline{R}_1 = \underline{R}_2 = (0,mg,0) \quad . \tag{2.76}$$

<u>Fall 2 :</u>  $x_1 = x_2$
Aus (2.69) wird wieder

$$\lambda_2 x_1 = 0 \quad .$$

Die Lösung $x_1 = x_2 = 0$ führt auf den Widerspruch $l = h$ und scheidet daher aus. Dagegen folgt für

$$\lambda_2 = 0 \tag{2.77}$$

aus (2.70) und (2.72):

$$\lambda_4 = 2mg \quad . \tag{2.78}$$

Und weiter aus (2.66), (2.67) und (2.64):

$$\left.\begin{array}{l} y_2 = -(r+h) \\[2mm] y_1 = 1 - (r+h) \\[2mm] x_1 = x_2 = \pm \sqrt{(1-h)(2r+h-1)} \end{array}\right\} \quad . \tag{2.79}$$

Die Gleichgewichtslagen

$$\left.\begin{array}{l} \underline{r}_1 = \left( \pm \sqrt{(1-h)(2r+h-1)},\, 1-(r+h),\, 0 \right) \\[2mm] \underline{r}_2 = \left( \pm \sqrt{(1-h)(2r+h-1)},\, -(r+h),\, 0 \right) \end{array}\right\} \quad . \tag{2.80}$$

liegen wieder symmetrisch zur yz-Ebene (Bild 2.10b).

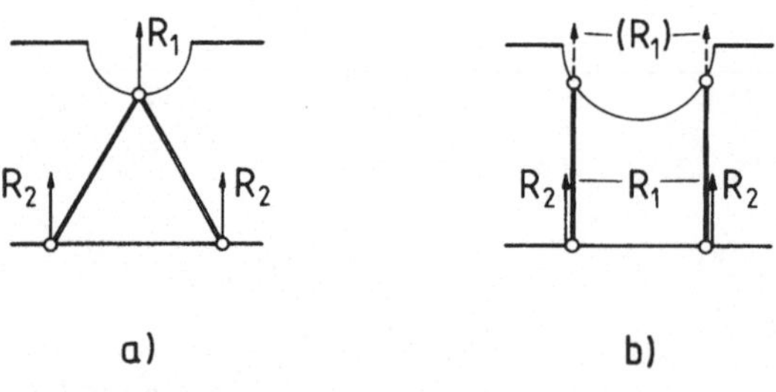


Bild 2.10  Gleichgewichtslagen

Die Reaktionskräfte sind analog zu Fall 1:

$$\underline{R}_1 = \underline{R}_2 = (0,mg,0) \quad . \tag{2.81}$$

Bemerkung: Während bei der ersten diskutierten Gleichgewichtslage die Reaktionskräfte von den jeweiligen Führungen der Massenpunkte unmittelbar aufgebracht werden konnten, ist dies hier nicht der Fall. Da von Reibung abgesehen werden soll, können am Kreisbogen nur radial wirkende Kräfte aufgebracht werden. Deshalb ist bei Fall 2 die Kraft $\underline{R}_1$ von der Stange zu übertragen und damit letztendlich zusätzlich zu $\underline{R}_2$ von der horizontalen Führung der unteren Punktmasse aufzubringen:

$$\underline{R}_{1\,real} = (0,0,0) \quad , \quad \underline{R}_{2\,real} = (0,2mg,0) \; . \blacksquare \tag{2.82}$$

# 3 Holonome Systeme

## 3.1 Verallgemeinerte Koordinaten

Dieses Kapitel soll den bereits in Kap. 2.2.2 vorgestellten holonomen Systemen gewidmet werden. Für sie existieren aufgrund ihrer typischen Struktur besonders kompakte Beschreibungsmethoden, die mit der geringstmöglichen Zahl von Gleichungen auskommen.

Sind im allgemeinen Fall $N$ Massenpunkte durch

$$m_i, \; \underline{r}_i, \; \underline{v}_i \; , \qquad\qquad i = 1,\ldots,N$$

gegeben und liegen $h$ holonome Bindungen

$$f_k(t,\underline{r}_1,\ldots,\underline{r}_N) = 0 \; , \qquad k = 1,\ldots,h \tag{3.1}$$

vor, so lassen sich von den $3N$ kartesischen Koordinaten der Massenpunkte aus den Bindungen $h$ Koordinaten durch die restlichen $n = 3N - h$ ausdrücken. Nur diese restlichen $n$ Koordinaten sind *unabhängig*. Zur Beschreibung der Lage des Systems benötigt man also nur - entsprechend der Zahl der Freiheitsgrade des Systems - $n$ unabhängige Größen. Diese brauchen durchaus nicht kartesische Koordinaten zu sein. Sie können nach den geometrischen oder physikalischen Gegebenheiten individuell gewählt werden.

<u>Beispiel 3.1:</u> Bei einem ebenen Doppelpendel hat man vier kartesische Koordinaten $x_1$, $y_1$, $x_2$, $y_2$ und die zwei holonomen Bindungen

$$x_1^2 + y_1^2 = l_1^2 \; ,$$

$$(x_2-x_1)^2 + (y_2-y_1)^2 = l_2^2 \; .$$

Die Lage des Systems ist somit vollständig beschrieben, wenn man die $2 = 4 - 2$ Winkel $\phi_1$ und $\phi_2$ angibt. Alle vier kartesischen Koordinaten lassen sich durch diese zwei Koordinaten ausdrücken (Bild 3.1).■

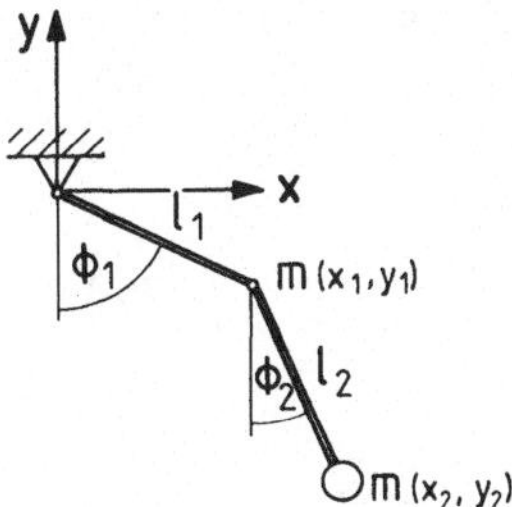


Bild 3.1   Ebenes Doppelpendel


Im allgemeinen Fall benötigt man zur Beschreibung eines Systems mit  h
holonomen Bindungen genau  n = 3N - h  Parameter

$$q_1, \ldots, q_n \quad .$$

Diese Parameter werden *verallgemeinerte* oder *generalisierte Koordinaten*
genannt. Sie müssen

1.   unabhängig sein,
2.   die Lage des Systems eindeutig beschreiben,
3.   mit den Bindungen verträglich sein.

Die kartesischen Koordinaten der  N  Massenpunkte können demnach durch
die verallgemeinerten Koordinaten ausgedrückt werden:

$$\underline{r}_i = \underline{r}_i(t, q_1, \ldots, q_n) \quad , \qquad i = 1, \ldots, N \quad . \tag{3.2}$$

## 3.2  Verallgemeinerte Kräfte

In der Fundamentalgleichung (2.31):

$$\sum_{i=1}^{N} (\underline{F}_i - m_i \underline{b}_i) \cdot \delta \underline{r}_i = 0$$

beschreibt der Summand

$$\delta A = \sum_{i=1}^{N} \underline{F}_i \cdot \delta \underline{r}_i \tag{3.3}$$

die Arbeit der eingeprägten Kräfte längs den virtuellen Verschiebungen $\delta\underline{r}_i$ . Nun ist (bei festgehaltener Zeit  t !)

$$\delta\underline{r}_i = \sum_{j=1}^{n} \frac{\partial\underline{r}_i}{\partial q_j}\delta q_j \tag{3.4}$$

und deshalb

$$\delta A = \sum_{i=1}^{N} \underline{F}_i \cdot \sum_{j=1}^{n} \frac{\partial\underline{r}_i}{\partial q_j}\delta q_j = \sum_{j=1}^{n} \sum_{i=1}^{N} \underline{F}_i \cdot \frac{\partial\underline{r}_i}{\partial q_j}\delta q_j \quad . \tag{3.5}$$

Die Koeffizienten der virtuellen Verschiebungen  $\delta q_j$

$$Q_j = \sum_{i=1}^{N} \underline{F}_i \cdot \frac{\partial\underline{r}_i}{\partial q_j} \quad , \qquad\qquad j = 1,\ldots,n \tag{3.6}$$

werden *verallgemeinerte Kräfte* genannt.


Es ist also

$$\delta A = \sum_{i=1}^{N} \underline{F}_i \cdot \delta\underline{r}_i = \sum_{j=1}^{n} Q_j \delta q_j \quad . \tag{3.7}$$

Da nach dem Prinzip der virtuellen Verschiebungen (vgl. Kap. 2.6.1) im Gleichgewicht

$$\delta A = 0$$

ist und da die  $\delta q_j$  unabhängig sind, folgt:

| Im Gleichgewicht sind alle verallgemeinerten Kräfte gleich null. |

Bemerkung: Da die Verschiebungen  $\delta q_j$  nicht unbedingt die Dimension einer Länge haben, brauchen die verallgemeinerten Kräfte nicht unbedingt die Dimension einer Kraft zu besitzen!


Zur Bestimmung der verallgemeinerten Kräfte  $Q_j$  variiert man nur eine der verallgemeinerten Koordinaten, z.B.  $q_j$ , und berechnet die entsprechende virtuelle Arbeit  $\delta A_j$ . Dann ist

$$\delta A_j = Q_j \delta q_j \tag{3.8}$$

und damit

$$Q_j = \frac{\delta A_j}{\delta q_j} \quad .$$

(3.9)

<u>Beispiel 3.2:</u> Das ebene Pendel (Bild 3.2) hat einen Freiheitsgrad, die verallgemeinerte Koordinate sei $q = \phi$ . Dann ist die verallgemeinerte Kraft:

$$Q_\phi = \frac{\delta A_\phi}{\delta \phi} = \frac{-[Pl\sin\phi]\,\delta\phi}{\delta\phi} = -Pl\sin\phi \quad .$$

Sie hat die Dimension eines Momentes! ∎

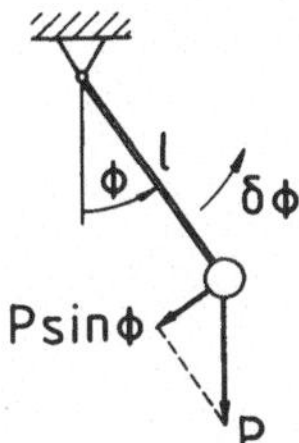


Bild 3.2   Ebenes Pendel


## 3.3  LAGRANGEsche Gleichungen zweiter Art

Man geht wieder aus von der Fundamentalgleichung (2.31):

$$\sum_{i=1}^{N} (\underline{F}_i - m_i\underline{b}_i)\cdot\delta\underline{r}_i = 0 \quad .$$

Wenn $q_1, \ldots, q_n$ die verallgemeinerten Koordinaten sind, dann gilt Gl. (3.7)

$$\sum_{i=1}^{N} \underline{F}_i\cdot\delta\underline{r}_i = \sum_{j=1}^{n} Q_j\delta q_j \quad ,$$

und mit (3.4) wird

$$\sum_{i=1}^{N} m_i\underline{b}_i\cdot\delta\underline{r}_i = \sum_{j=1}^{n}\sum_{i=1}^{N} m_i\underline{b}_i\cdot\frac{\partial\underline{r}_i}{\partial q_j}\delta q_j \quad .$$

(3.10)

Eingesetzt in die Fundamentalgleichung (2.31) ergibt sich:

$$\sum_{j=1}^{n} \left[ \sum_{i=1}^{N} m_i\underline{b}_i\cdot\frac{\partial\underline{r}_i}{\partial q_j} - Q_j \right] \delta q_j = 0 \quad .$$

(3.11)

Da die virtuellen Verschiebungen $\delta q_j$ unabhängig sind, folgt hieraus:

$$\sum_{i=1}^{N} m_i \underline{b}_i \cdot \frac{\partial \underline{r}_i}{\partial q_j} - Q_j = 0 \quad , \qquad\qquad j = 1,\ldots,n \quad . \qquad (3.12)$$

Nun kann die Summe wie folgt umgeformt werden:

$$m_i \underline{b}_i \cdot \frac{\partial \underline{r}_i}{\partial q_j} = m_i \frac{d\underline{v}_i}{dt} \cdot \frac{\partial \underline{r}_i}{\partial q_j} = \frac{d}{dt}\left(m_i \underline{v}_i \cdot \frac{\partial \underline{r}_i}{\partial q_j}\right) - m_i \underline{v}_i \cdot \frac{d}{dt}\left(\frac{\partial \underline{r}_i}{\partial q_j}\right) \quad . \qquad (3.13)$$

Ferner wird aus

$$\underline{r}_i = \underline{r}_i(t,q_1,\ldots,q_n)$$

durch Ableitung nach der Zeit:

$$\dot{\underline{r}}_i = \frac{\partial \underline{r}_i}{\partial t} + \sum_{j=1}^{n} \frac{\partial \underline{r}_i}{\partial q_j}\dot{q}_j \quad . \qquad (3.14)$$

Daraus folgt einerseits

$$\frac{\partial \dot{\underline{r}}_i}{\partial \dot{q}_j} = \frac{\partial \underline{r}_i}{\partial q_j} \quad , \qquad (3.15)$$

andererseits aber auch

$$\frac{\partial \dot{\underline{r}}_i}{\partial q_k} = \frac{\partial^2 \underline{r}_i}{\partial q_k \partial t} + \sum_{j=1}^{n} \frac{\partial^2 \underline{r}_i}{\partial q_k \partial q_j}\dot{q}_j = \frac{\partial}{\partial t}\left(\frac{\partial \underline{r}_i}{\partial q_k}\right) + \sum_{j=1}^{n} \frac{\partial}{\partial q_j}\left(\frac{\partial \underline{r}_i}{\partial q_k}\right)\dot{q}_j$$

$$\qquad (3.16)$$

$$= \frac{d}{dt}\left(\frac{\partial \underline{r}_i}{\partial q_k}\right) \quad .$$

Mit den Beziehungen (3.15) und (3.16) wird aus (3.13):

$$m_i \underline{b}_i \cdot \frac{\partial \underline{r}_i}{\partial q_j} = \frac{d}{dt}\left(m_i \dot{\underline{r}}_i \cdot \frac{\partial \dot{\underline{r}}_i}{\partial \dot{q}_j}\right) - m_i \dot{\underline{r}}_i \cdot \frac{\partial \dot{\underline{r}}_i}{\partial q_j} = \frac{d}{dt}\left(\frac{1}{2} m_i \frac{\partial \dot{\underline{r}}_i^2}{\partial \dot{q}_j}\right) - \frac{1}{2} m_i \frac{\partial \dot{\underline{r}}_i^2}{\partial q_j}$$

$$\qquad (3.17)$$

$$= \frac{d}{dt} \frac{\partial}{\partial \dot{q}_j}\left(\frac{1}{2}m_i \underline{v}_i^2\right) - \frac{\partial}{\partial q_j}\left(\frac{1}{2}m_i \underline{v}_i^2\right) \quad .$$

Somit ist

$$\sum_{i=1}^{N} m_i \underline{b}_i \cdot \frac{\partial \underline{r}_i}{\partial q_j} = \frac{d}{dt}\left(\frac{\partial T}{\partial \dot{q}_j}\right) - \frac{\partial T}{\partial q_j} \quad , \qquad (3.18)$$

wo

$$T = \sum_{i=1}^{N} \frac{1}{2} m_i \underline{v}_i^2 \tag{3.19}$$

die kinetische Energie des Systems ist.

Setzt man den für die Summe erhaltenen Ausdruck in die Bewegungsgleichungen (3.12) ein, so erhält man folgendes System:

$$\boxed{\frac{d}{dt} \left( \frac{\partial T}{\partial \dot{q}_j} \right) - \frac{\partial T}{\partial q_j} = Q_j \quad , \qquad j = 1,\dots,n \quad .} \tag{3.20}$$

Das sind die *LAGRANGEschen Gleichungen zweiter Art.*

Ihr Vorteil gegenüber den LAGRANGEschen Gleichungen erster Art (2.51) liegt auf der Hand:

1. Die Anzahl der Gleichungen ist die kleinstmögliche. Sie entspricht der Zahl der Freiheitsgrade des Systems, nämlich n !

2. Zur Aufstellung der Gleichungen benötigt man nur die kinetische Energie und die verallgemeinerten Kräfte.

Die in der Mechanik vorkommenden verallgemeinerten Kräfte sind im allgemeinen Funktionen der Zeit  t , der verallgemeinerten Koordinaten  $q_j$  und der verallgemeinerten Geschwindigkeiten  $\dot{q}_j$ :

$$Q_j = Q_j(t,q_1,\dots,q_n,\dot{q}_1,\dots,\dot{q}_n) \tag{3.21}$$

oder mit (vgl. Kap. 3.5 sowie Anhang A1)

$$\underline{q} = \begin{bmatrix} q_1 \\ \vdots \\ q_n \end{bmatrix} \quad , \qquad \underline{\dot{q}} = \begin{bmatrix} \dot{q}_1 \\ \vdots \\ \dot{q}_n \end{bmatrix}$$

in Kurzform:

$$Q_j = Q_j(t,\underline{q},\underline{\dot{q}}) \quad . \tag{3.22}$$

Ist insbesondere  $Q_j$  von den Geschwindigkeiten unabhängig, d.h.

$$Q_j = Q_j(t,\underline{q}) \quad , \tag{3.23}$$

und existiert eine skalare Funktion

$$U = U(t,\underline{q}) \tag{3.24}$$

derart, daß gilt:

$$Q_j = - \frac{\partial U}{\partial q_j} \quad , \tag{3.25}$$

so heißt  U  das *Potential* bzw. die *potentielle Energie*, und die  $Q_j$  heißen *Potentialkräfte*.

In diesem Sonderfall lauten die LAGRANGEschen Gleichungen zweiter Art:

$$\frac{d}{dt} \left( \frac{\partial T}{\partial \dot{q}_j} \right) - \frac{\partial T}{\partial q_j} = - \frac{\partial U}{\partial q_j}$$

oder

$$\frac{d}{dt} \left( \frac{\partial (T-U)}{\partial \dot{q}_j} \right) - \frac{\partial (T-U)}{\partial q_j} = 0 \quad , \tag{3.26}$$

da  U  unabhängig von  $\dot{q}_j$  ist.

Mit der sogenannten *LAGRANGE-Funktion*

$$L = T - U \tag{3.27}$$

erhält man die *LAGRANGEschen Gleichungen zweiter Art* dann in der Form

$$\boxed{\frac{d}{dt} \left( \frac{\partial L}{\partial \dot{q}_j} \right) - \frac{\partial L}{\partial q_j} = 0 \quad , \qquad j = 1,\ldots,n \quad .} \tag{3.28}$$

Die Bezeichnung "LAGRANGEsche Gleichungen zweiter Art" wird oft für die Form (3.28) vorbehalten. Die LAGRANGE-Funktion  L  wird auch als das *kinetische Potential* bezeichnet. Die Funktion  L  hängt von  $t$, $q_j$, $\dot{q}_j$ ab; diese Variablen werden als die *LAGRANGE-Koordinaten* oder auch *wahre Koordinaten* bezeichnet. Sie geben Zeitpunkt, Lage und Geschwindigkeit des Systems an, d.h. den *Zustand des Systems*.

Neben dem gewöhnlichen Potential  $U = U(t,\underline{q})$  wird in der Elektrodynamik das *geschwindigkeitsabhängige Potential* oder auch *verallgemeinerte Potential*

$$V = V(t,\underline{q},\underline{\dot{q}}) \tag{3.29}$$

verwendet. Lassen die verallgemeinerten Kräfte die Darstellung

$$Q_j = - \frac{\partial V}{\partial q_j} + \frac{d}{dt} \left( \frac{\partial V}{\partial \dot{q}_j} \right) \tag{3.30}$$

zu und führt man als LAGRANGE-Funktion

$$L = T - V \tag{3.31}$$

ein, so erhält man wieder die Form (3.28) der LAGRANGEschen Gleichungen.

Die Gleichungen (3.20) gelten für beliebige (skleronome und rheonome) holonome Systeme, die Gleichungen (3.28) nur dann, wenn sich alle verallgemeinerten Kräfte von einem gewöhnlichen oder verallgemeinerten Potential ableiten lassen.

Wirken auf ein System neben den Potentialkräften

$$Q_{j,pot} = - \frac{\partial U}{\partial q_j} \tag{3.25}$$

auch noch nichtpotentielle Kräfte $\tilde{Q}_j = \tilde{Q}_j(t,\underline{q},\dot{\underline{q}})$ , so ist insgesamt

$$Q_j = - \frac{\partial U}{\partial q_j} + \tilde{Q}_j \quad , \tag{3.32}$$

und die LAGRANGEschen Gleichungen zweiter Art lauten mit (3.27)

$$\boxed{\frac{d}{dt} \left( \frac{\partial L}{\partial \dot{q}_j} \right) - \frac{\partial L}{\partial q_j} = \tilde{Q}_j \quad , \qquad j = 1,\ldots,n \quad .} \tag{3.33}$$

## 3.4  Beispiele zu den LAGRANGEschen Gleichungen zweiter Art

<u>Beispiel 3.3:</u> Ein homogener Zylinder (Radius  r , Masse m ) rollt ohne zu gleiten auf einem Keil (Masse M ) , der sich reibungsfrei auf einer horizontalen Ebene bewegen kann (Bild 3.3). Man ermittle die Bewegungsgleichungen.

Das System hat zwei Freiheitsgrade, die verallgemeinerten Koordinaten seien  x  und  $\phi$ .

Für die kinetische Energie des Systems folgt dann:

$$T = T_{keil} + T_{zyl} \quad ,$$

$$T_{keil} = \frac{1}{2} M\dot{x}^2 \quad ,$$

$$T_{zyl} = \frac{1}{2} mv^2 + \frac{1}{2} I\dot{\phi}^2 \quad ,$$

mit

$$v^2 = (r\dot{\phi}\cos\alpha + \dot{x})^2 + r^2\dot{\phi}^2\sin^2\alpha$$

$$I = \frac{1}{2} mr^2 \quad .$$

Für die potentielle Energie gilt:

$$U = U_{keil} + U_{zyl} \quad ,$$

$$U_{keil} = C_1 \quad ,$$

$$U_{zyl} = C_2 - mgr\phi\sin\alpha \quad .$$

Damit wird die LAGRANGE-Funktion:

$$L = T - U$$

$$= \frac{1}{2}(M+m)\dot{x}^2 + mr\dot{x}\dot{\phi}\cos\alpha + \frac{3}{4}mr^2\dot{\phi}^2 + mgr\phi\sin\alpha + C \quad . \tag{3.34}$$

Daraus folgen die beiden Bewegungsgleichungen nach (3.28):

$$\left.\begin{array}{l} (M+m)\ddot{x} + mr\ddot{\phi}\cos\alpha = 0 \\[2mm] 2\ddot{x}\cos\alpha + 3r\ddot{\phi} - 2g\sin\alpha = 0 \end{array}\right\} \quad . \tag{3.35}$$

Bei Bewegung aus der Ruhelage

$$x(0) = \dot{x}(0) = \phi(0) = \dot{\phi}(0) = 0$$

ergeben sich durch zweimalige Integration der Bewegungsgleichungen
(3.35) die vollständigen Lösungen

$$\left.\begin{array}{l} x = - \dfrac{m\sin\alpha\cos\alpha}{3M+m(3-2\cos^2\alpha)}gt^2 \\[4mm] \phi = \dfrac{(M+m)\sin\alpha}{r[3M+m(3-2\cos^2\alpha)]}gt^2 \end{array}\right\} \quad . \tag{3.36}$$

Daß beide Bewegungsgleichungen sofort explizit gelöst werden kcnnten,
liegt an der Einfachheit des Systems. Man beachte ferner, daß die LA-
GRANGE-Funktion (3.34) nur bis auf eine Funktion der Zeit bestimmt ist! ∎

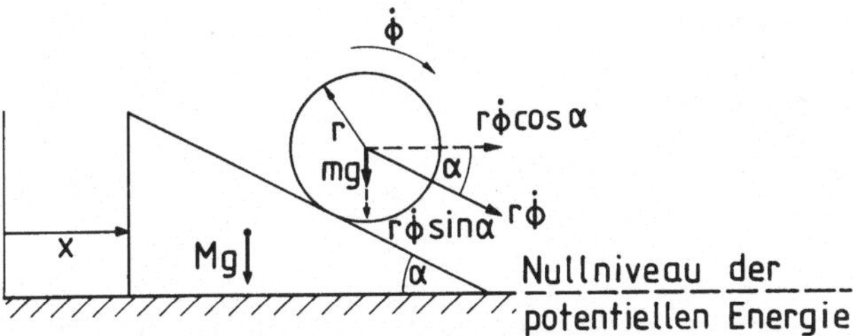

Bild 3.3   System Zylinder-Keil

Beispiel 3.4: Es sollen die Bewegungsgleichungen eines freien Massenpunktes der Masse  m  unter Einwirkung der eingeprägten Kraft  $\underline{F}$  aufgestellt werden (Bild 3.4).

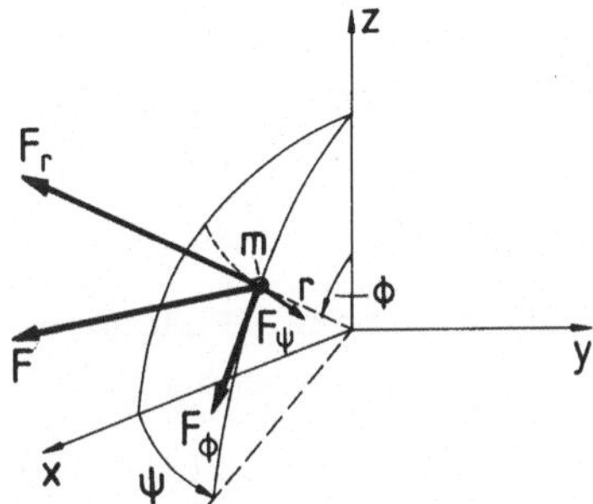

Bild 3.4   Freie Bewegung eines Massenpunktes

Der Massenpunkt hat drei Freiheitsgrade. Die Bewegungsgleichungen sollen
in den Kugelkoordinaten  $r$, $\phi$, $\psi$  aufgestellt werden. Die natürlichen
Komponenten der Geschwindigkeit  $\underline{v}$  sind

$$\left.\begin{aligned}
v_r &= \dot{r} \\
v_\phi &= r\dot{\phi} \\
v_\psi &= r\dot{\psi}\sin\phi
\end{aligned}\right\} \quad . \tag{3.37}$$

Die kinetische Energie ist

$$T = \frac{1}{2}m(\dot{r}^2 + r^2\dot{\phi}^2 + r^2\dot{\psi}^2\sin^2\phi) \quad .$$

Die verallgemeinerten Kräfte berechnen sich über die virtuelle Arbeit,
und es folgt:

$$\left.\begin{aligned}
Q_r &= F_r \\
Q_\phi &= rF_\phi \\
Q_\psi &= rF_\psi\sin\phi
\end{aligned}\right\} \quad . \tag{3.38}$$

Die Bewegungsgleichungen lauten damit allgemein:

$$m(\ddot{r}-r\dot{\phi}^2-r\dot{\psi}^2\sin^2\phi) = F_r$$
$$m(r\ddot{\phi}+2\dot{r}\dot{\phi}-r\dot{\psi}^2\sin\phi\cos\phi) = F_\phi \qquad \Big\} \qquad \cdot \qquad (3.39)$$
$$m(2\dot{r}\dot{\psi}\sin\phi+r\ddot{\psi}\sin\phi+2r\dot{\psi}\dot{\phi}\cos\phi) = F_\psi$$

Ausgehend von diesen allgemeinen Bewegungsgleichungen sollen in der Folge verschiedene Sonderfälle behandelt werden.

<u>Fall I:</u> Ebene Bewegung ($\psi$ = const).
Aus den Gln. (3.39) folgt für $\psi$ = const. bzw. $\psi \equiv 0$ (Bild 3.5a):

$$m(\ddot{r}-r\dot{\phi}^2) = F_r$$
$$m(r\ddot{\phi}+2\dot{r}\dot{\phi}) = F_\phi \qquad \Big\} \qquad \cdot \qquad (3.40)$$
$$F_\psi = 0$$

Ist die Kraft $F_\phi = 0$ , so ergibt sich hieraus die ebene zentrale Bewegung. Aus der zweiten Gleichung (3.40) wird

$$r\ddot{\phi} + 2\dot{r}\dot{\phi} = 0 \quad ,$$

und durch Integration erhält man das zweite KEPLERsche Gesetz (Flächensatz):

$$r^2\dot{\phi} = \text{const} \quad . \qquad\qquad (3.41)$$

<u>Fall II:</u> Räumliche zentrale Bewegung ($F_\phi = F_\psi = 0$):
Mit $F_\psi = 0$ folgt insbesondere aus der dritten Gleichung (3.39):

$$2\dot{r}\dot{\psi}\sin\phi + r\ddot{\psi}\sin\phi + 2r\dot{\psi}\dot{\phi}\cos\phi = 0 \quad .$$

Schreibt man diese Beziehung als

$$\frac{1}{r\sin\phi} \frac{d}{dt}(r^2\dot{\psi}\sin^2\phi) = 0 \quad ,$$

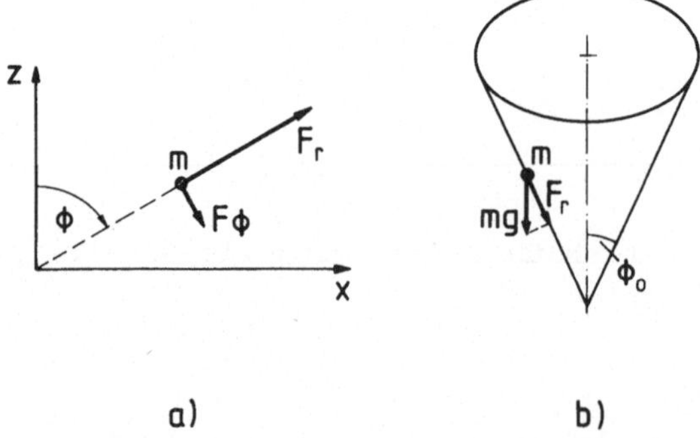


Bild 3.5  Sonderfälle zur Bewegung des Massenpunktes

so liefert die Integration ein sogenanntes "erstes Integral":

$$r^2 \dot\psi \sin^2\phi = const \ .$$
(3.42)

**Fall III:** Bewegung auf einem senkrechten Kreiskegel im Schwerefeld (Bild 3.5b).

Aus $\phi = \phi_0 = const$ folgt $\dot\phi = \ddot\phi = 0$ . Außerdem ist

$$\left.\begin{aligned}F_r &= - mg\cos\phi_0 \\ F_\psi &= 0\end{aligned}\right\} \ .$$

Damit wird aus der ersten und dritten Gleichung (3.39):

$$\left.\begin{aligned}\ddot r - r\dot\psi^2 \sin^2\phi_0 &= - g\cos\phi_0 \\ 2\dot r\dot\psi + r\ddot\psi &= 0\end{aligned}\right\} \ .$$

Die Integration der zweiten Gleichung führt auf

$$r^2 \dot\psi = \alpha = const \ ,$$
(3.43)

und die erste Gleichung lautet dann

$$\ddot r - \frac{\beta^2}{r^3} = - g\cos\phi_0 \ ,$$
(3.44)

mit

$$\beta^2 = \alpha^2 \sin^2\phi_0 \ .$$
(3.45)

Zwei Spezialfälle lassen sich noch unterscheiden:

**Fall IIIa:** Im kräftefreien Fall ist $g = 0$ , und damit kann Gl. (3.44) integriert werden. Mit den Anfangsbedingungen $r(0) = r_0$, $\dot r(0) = 0$, $\dot\psi(0) = \dot\psi_0$ erhält man:

$$\left.\begin{aligned}r &= r_0 \sqrt{1+\dot\psi_0^2 t^2 \sin^2\phi_0} \\[2ex] \dot r &= \frac{r_0 \dot\psi_0^2 t \sin^2\phi_0}{\sqrt{1+\dot\psi_0^2 t^2 \sin^2\phi_0}} \\[2ex] \dot\psi &= \frac{\dot\psi_0}{1+\dot\psi_0^2 t^2 \sin^2\phi_0}\end{aligned}\right\} \ .$$
(3.46)

Hieraus wird für $t \to \infty$ :

$$\left.\begin{aligned}&\lim_{t\to\infty} r = \infty \\[2ex] &\lim_{t\to\infty} \dot r = r_0 \dot\psi_0 \sin\phi_0 = const \\[2ex] &\lim_{t\to\infty} \dot\psi = 0\end{aligned}\right\} \ .$$
(3.47)

Der Massenpunkt hat im kräftefreien Fall das Bestreben, sich auf einer
möglichst geradlinigen Bahn zu bewegen (vgl. "Prinzip des geradesten
Weges" von HERTZ).

__Fall IIIb:__ Für $g \neq 0$ läßt sich (3.44) ebenfalls integrieren. Mit denselben Anfangsbedingungen wie unter a) ergibt sich:

$$\dot{r}^2 = \left[ r_0^2 \dot{\psi}_0^2 \sin^2\phi_0 \frac{r+r_0}{r^2} - 2g\cos\phi_0 \right] (r-r_0) \quad . \tag{3.48}$$

Abhängig von den Anfangsbedingungen $r_0$ und $\dot{\psi}_0$ wird sich der Massenpunkt im Kegel entweder nach unten oder nach oben bewegen: Ist auf der
rechten Seite von (3.48) $[\ldots] < 0$ , so muß wegen $\dot{r}^2 > 0$ auch $r < r_0$
sein. Da $\dot{r}^2 \sim (r_0-r)$ ist, fällt der Massenpunkt im Kegel nach unten,
und zwar so lange, bis $[\ldots] = 0$ erreicht ist. Andererseits ist für
$[\ldots] > 0$ dann $r > r_0$ ; der Massenpunkt steigt im Kegel, und zwar so ,
lange, bis wieder $[\ldots] = 0$ erreicht ist.

__Fall IV:__ Bewegung auf einer Kugel $(r = R = \text{const})$.
Mit

$$\dot{r} = \ddot{r} = 0$$

ergeben sich die Bewegungsgleichungen:

$$\left.\begin{array}{l} \dot{\phi}^2 + \dot{\psi}^2\sin^2\phi = - \dfrac{F_r}{mR} \\[3mm] \ddot{\phi} - \dot{\psi}^2\sin\phi\cos\phi = \dfrac{F_\phi}{mR} \\[3mm] \ddot{\psi}\sin\phi + 2\dot{\psi}\dot{\phi}\cos\phi = \dfrac{F_\psi}{mR} \end{array}\right\} \quad . \tag{3.49}$$

Auch hier sollen zwei Spezialfälle behandelt werden:

__Fall IVa:__ Freie Bewegung auf der Kugel mit $F_\phi = F_\psi = 0$ .
Die dritte Gleichung (3.49) läßt sich sofort integrieren:

$$\dot{\psi}\sin^2\phi = k = \text{const} \quad . \tag{3.50}$$

Entsprechend liefert die zweite Gleichung (3.49):

$$\dot{\phi}^2 = - \frac{k^2}{\sin^2\phi} + C \quad .$$

Sind die Anfangsbedingungen $\phi_0 = \frac{\pi}{2}, \dot{\phi}_0 = 0$ , so ist

$$\dot{\psi}_0 = k \quad , \quad C = k^2$$

und damit

$$\dot{\phi}^2 = - \dot{\psi}_0^2 \cot^2\phi \quad . \tag{3.51}$$

Aus der ersten Gleichung (3.49) folgt dann:

$$\frac{F_r}{mR} = - \dot{\psi}_0^2 = \text{const} \quad .$$

Für $\dot\phi = 0$ ist nach (3.51) $\phi = \frac{\pi}{2}$ und der Massenpunkt bewegt sich auf einem Großkreis, dem Äquator.

<u>Fall IVb</u>: Raumpendel im Schwerefeld mit $F_\psi = 0$, $F_\phi = mg\sin\phi$ . Man erhält die Gleichungen:

$$\ddot\phi - \dot\psi^2\sin\phi\cos\phi = \frac{g}{R}\sin\phi \quad , \tag{3.52}$$

$$\ddot\psi\sin\phi + 2\dot\psi\dot\phi\cos\phi = 0 \quad . \tag{3.53}$$

Gleichung (3.53) ergibt wieder (3.50), und damit wird aus (3.52) durch Integration:

$$\dot\phi^2 + \frac{k^2}{\sin^2\phi} + 2\frac{g}{R}\cos\phi = C \quad . \blacksquare \tag{3.54}$$

<u>Beispiel 3.5:</u> Ein hantelförmiger Satellit, bestehend aus zwei gleichen Massen $m_1 = m_2 = m$ , die mit einem masselosen starren Stab der Länge $2l$ verbunden sind, bewegt sich im Gravitationsfeld eines Zentralkörpers der Masse $M$ .

Die fünf Freiheitsgrade des Hantelsatelliten setzen sich zusammen aus den drei Freiheitsgraden des Massenmittelpunktes $S$ - beschrieben durch die Kugelkoordinaten $\psi,\phi,r$ - und den zwei Freiheitsgraden der Hantelachse - beschrieben durch die beiden Winkel $\alpha,\beta$ (Bild 3.6). Die kinetische Energie ist die Summe der Energie der Bahnbewegung von $S$ und der Energie der Drehbewegung um $S$ :

$$T = \frac{1}{2}(2m)v_s^2 + \frac{1}{2}(2m)v_{rel}^2 \quad . \tag{3.55}$$

Mit den Geschwindigkeiten $\underline{v}_s$ analog zu (3.37) bzw. $\underline{v}_{rel}$ in der Form

$$\underline{v}_{rel} = \begin{bmatrix} 0 \\ v_\beta \\ v_\alpha \end{bmatrix} = \begin{bmatrix} 0 \\ l\dot\beta \\ l\dot\alpha\cos\beta \end{bmatrix} \tag{3.56}$$

wird

$$T = m(\dot r^2 + r^2\dot\phi^2 + r^2\dot\psi^2\cos^2\phi + l^2\dot\beta^2 + l^2\dot\alpha^2\cos^2\beta) \quad . \tag{3.57}$$

Die potentielle Energie der Massen $m_1$ und $m_2$ im Gravitationsfeld von $M$ ist

$$U = -\mu m\left(\frac{1}{r_1} + \frac{1}{r_2}\right) \quad , \tag{3.58}$$

wo $\mu = \Gamma M$ und $\Gamma$ die universelle Gravitationskonstante ist.

Für die Entfernungen $r_1$ und $r_2$ gilt:

$$\left. \begin{aligned} r_1^2 &= r^2 + l^2 + 2rl\cos\gamma \\ r_2^2 &= r^2 + l^2 - 2rl\cos\gamma \end{aligned} \right\} \tag{3.59}$$

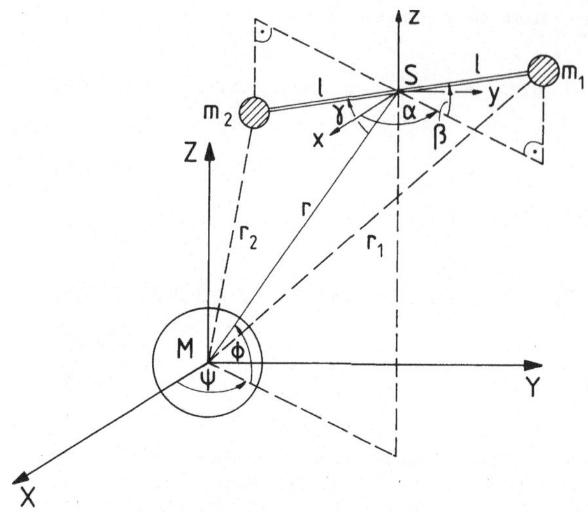



Bild 3.6   Hantelsatellit im Gravitationsfeld

Mit

$$\underline{r} = \begin{bmatrix} r\cos\phi\cos\psi \\ r\cos\phi\sin\psi \\ r\sin\phi \end{bmatrix} \;,$$

$$\underline{l} = \begin{bmatrix} l\cos\beta\cos\alpha \\ l\cos\beta\sin\alpha \\ l\sin\beta \end{bmatrix}$$

folgt:

$$\cos\gamma = \cos(\underline{r},\underline{l}) = \cos\phi\cos\beta\cos(\alpha-\psi) + \sin\phi\sin\beta \quad . \qquad (3.60)$$

Die LAGRANGE-Funktion  $L = T - U$  liefert für die fünf verallgemeinerten Koordinaten

$$r, \; \phi, \; \psi, \; \alpha, \; \beta$$

über die LAGRANGEschen-Gleichungen zweiter Art folgende Bewegungsgleichungen:

$$\ddot{r} - r\dot{\phi}^2 - r\dot{\psi}^2\cos^2\phi$$
$$= -\frac{\mu}{2}\left[r\left(\frac{1}{r_1^3}+\frac{1}{r_2^3}\right) + l\left(\frac{1}{r_1^3}-\frac{1}{r_2^3}\right)\left(\cos\phi\cos\beta\cos(\alpha-\psi)+\sin\phi\sin\beta\right)\right] \quad , \qquad (3.61)$$

$$r\ddot{\phi} + 2\dot{r}\dot{\phi} + r\dot{\psi}^2\cos\phi\sin\phi$$
$$= \frac{\mu}{2}l\left(\frac{1}{r_1^3}-\frac{1}{r_2^3}\right)\left(\sin\phi\cos\beta\cos(\alpha-\psi)-\cos\phi\sin\beta\right) \quad , \qquad (3.62)$$

$$r\ddot{\psi}\cos\phi + 2\dot{r}\dot{\psi}\cos\phi + 2r\dot{\psi}\dot{\phi}\sin\phi = \frac{\mu}{2}l\left(\frac{1}{r_1^3}-\frac{1}{r_2^3}\right)\cos\beta\sin(\psi-\alpha) \quad , \qquad (3.63)$$

$$l\ddot\alpha\cos\beta - 2l\dot\alpha\dot\beta\sin\beta = \frac{\mu}{2}r\left(\frac{1}{r_1^3}-\frac{1}{r_2^3}\right)\cos\phi\sin(\alpha-\psi) \quad , \tag{3.64}$$

$$l\ddot\beta + l\dot\alpha^2\cos\beta\sin\beta = \frac{\mu}{2}r\left(\frac{1}{r_1^3}-\frac{1}{r_2^3}\right)\left(\cos\phi\sin\beta\cos(\alpha-\psi)-\sin\phi\cos\beta\right) \quad . \tag{3.65}$$

Zwei Spezialfälle sollen noch näher untersucht werden.

Fall I:   Ebener Hantelsatellit.

Bei Erdsatelliten ist es häufig ausreichend, nur die ebene Bewegung zu betrachten. Damit lassen sich aber die Gleichungen für die räumliche Bewegung wesentlich vereinfachen. Legt man die  XZ-Ebene und damit die xz-Ebene in die Bahnebene, so ist

$$\psi = \alpha = 0$$

und folglich

$$\gamma = \phi - \beta \quad .$$

Die Gln. (3.63), (3.64) sind damit identisch erfüllt und aus den übrigen Gleichungen wird:

$$\ddot{r} - r\dot\phi^2 = -\frac{\mu}{2}\left[r\left(\frac{1}{r_1^3}+\frac{1}{r_2^3}\right) + l\left(\frac{1}{r_1^3}-\frac{1}{r_2^3}\right)\cos(\phi-\beta)\right] \quad , \tag{3.66}$$

$$r\ddot\phi + 2\dot r\dot\phi = \frac{\mu}{2}l\left(\frac{1}{r_1^3}-\frac{1}{r_2^3}\right)\sin(\phi-\beta) \quad , \tag{3.67}$$

$$l\ddot\beta = -\frac{\mu}{2}r\left(\frac{1}{r_1^3}-\frac{1}{r_2^3}\right)\sin(\phi-\beta) \quad . \tag{3.68}$$

Durch Multiplikation von (3.67) mit  l  bzw. von (3.68) mit  r  und anschließender Addition folgt:

$$r^2\ddot\phi + 2r\dot r\dot\phi + l^2\ddot\beta = 0$$

und durch Integration

$$r^2\dot\phi + l^2\dot\beta = \text{const} \quad . \tag{3.69}$$

Dieses erste Integral ist eine verallgemeinerte Form des Flächensatzes (vgl. zweites KEPLERsches Gesetz). Die Gesamtenergie des betrachteten konservativen Systems ist ebenfalls ein erstes Integral (s. Kap. 3.8.4). Es gilt:

$$E = T + U = m\left[\dot r^2 + r^2\dot\phi^2 + l^2\dot\beta^2 - \mu\left(\frac{1}{r_1}+\frac{1}{r_2}\right)\right] = \text{const} \quad . \tag{3.70}$$

Es erfolgt also ein Austausch zwischen Translationsenergie, Rotationsenergie und potentieller Energie, die in ihrer Summe konstant sind.

Fall II:   Ebener Hantelsatellit auf einer Kreisbahn.

Eine Partikulärlösung der Gln. (3.66) - (3.68) ist gegeben durch:

$$\left.\begin{array}{l} r = r_0 = \text{const} \\ \dot\phi = \dot\phi_0 = \text{const} \\ \dot\beta = \dot\beta_0 = \text{const} \end{array}\right\} \quad . \tag{3.71}$$

Aus Gl. (3.66) wird damit:

$$r_0\dot\phi_0^2 = \frac{\mu}{2}\left[r_0\left(\frac{1}{r_1^3}+\frac{1}{r_2^3}\right) + \left(1\ \frac{1}{r_1^3}-\frac{1}{r_2^3}\right)\cos(\phi-\beta)\right] \quad , \tag{3.72}$$

aus (3.67) und (3.68):

$$0 = \left(\frac{1}{r_1^3}-\frac{1}{r_2^3}\right)\sin(\phi-\beta) \quad . \tag{3.73}$$

Die Gl. (3.73) kann auf zwei Arten erfüllt werden:

$$\left.\begin{aligned} \sin(\phi-\beta) &= 0 \\ \frac{1}{r_1^3} - \frac{1}{r_2^3} &= 0 \end{aligned}\right\} \quad . \tag{3.74}$$

Beide Fälle werden nachfolgend noch genauer untersucht.

a) Bewegung in der sogenannten Speichenstellung (Bild 3.7a):

In der Speichenstellung ist $\beta \equiv \phi$ und mit $\sin(\phi-\beta) = 0$, $\cos(\phi-\beta) = 1$, $r_1 = r_0 + 1$, $r_2 = r_0 - 1$ folgt aus (3.72) sofort für die Bahnwinkelgeschwindigkeit $\dot\phi_{sp}$ :

$$\dot\phi_{sp}^2 = \frac{\mu}{r_0}\ \frac{r_0^2 + 1^2}{(r_0^2-1^2)} \quad . \tag{3.75}$$

Die Bahnwinkelgeschwindigkeit eines Massenpunktes $m$ auf einer Kreisbahn vom Radius $r_0$ berechnet sich aus dem Gleichgewicht von Gravitationsbeschleunigung $\frac{\mu}{r_0^2}$ und Zentrifugalbeschleunigung $r_0\dot\phi_m^2$ :

$$\dot\phi_m^2 = \frac{\mu}{r_0^3} \quad . \tag{3.76}$$

Der Vergleich von (3.75) und (3.76) zeigt

$$\dot\phi_{sp}^2 > \dot\phi_m^2 \quad , \tag{3.77}$$

d.h. der Hantelsatellit in Speichenstellung läuft schneller um als ein Massenpunkt auf derselben Bahn.

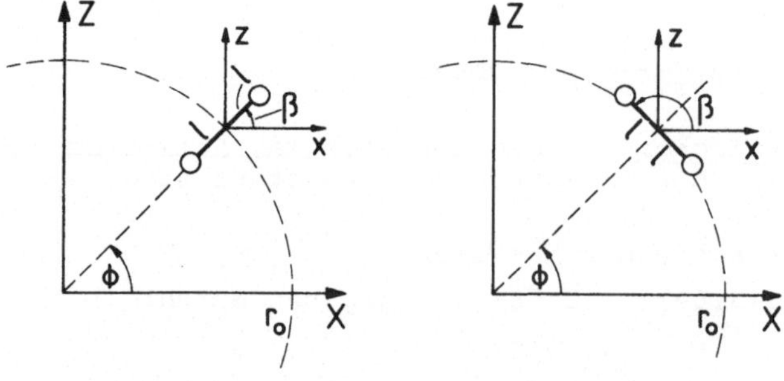


a) Speichenstellung      b) Pfeilstellung

Bild 3.7  Ebener Hantelsatellit auf einer Kreisbahn

b) Bewegung in der sogenannten Pfeilstellung (Bild 3.7b):

In der Pfeilstellung ist $\beta \equiv \frac{\pi}{2} + \phi$ und mit $\sin(\phi-\beta) = -1$, $\cos(\phi-\beta) = 0$, $r_1 = r_2 = \sqrt{r_0^2+1^2}$ folgt sofort aus (3.72):

$$\dot{\phi}^2_{pf} = \frac{\mu}{(r_0^2+1^2)^{3/2}} \quad . \tag{3.78}$$

Der Vergleich von (3.76) und (3.78) zeigt

$$\dot{\phi}^2_{pf} < \dot{\phi}^2_m \quad , \tag{3.79}$$

d.h. der Hantelsatellit in Pfeilstellung läuft langsamer um als der Massenpunkt und wegen (3.77) auch langsamer als der Hantelsatellit in Speichenstellung. ∎


## 3.5 Kinetische Energie in verallgemeinerten Koordinaten

Die kinetische Energie eines Systems war in Kap. 2.8.1 durch

$$T = \frac{1}{2} \sum_{i=1}^{N} m_i \underline{v}_i^2 \tag{3.80}$$

erklärt. Bei Benutzung der LAGRANGEschen Gleichungen zweiter Art kann sie in jedem Einzelfall durch die verallgemeinerten Koordinaten ausgedrückt werden, wie die Beispiele im vorigen Abschnitt gezeigt haben. Mehr als zu Einzelergebnissen kommt man jedoch, wenn man einen allgemeinen Ausdruck für die kinetische Energie in den verallgemeinerten Geschwindigkeiten $\dot{q}_i$ angibt. Es ist

$$\underline{v}_i = \frac{d}{dt}\, \underline{r}_i(q_1,\ldots,q_n,t) = \frac{\partial \underline{r}_i}{\partial q_1}\dot{q}_1 + \ldots + \frac{\partial \underline{r}_i}{\partial q_n}\dot{q}_n + \frac{\partial \underline{r}_i}{\partial t} \quad ,$$

und aus (3.80) wird

$$T = \frac{1}{2} \sum_{j,k=1}^{n} a_{jk}\dot{q}_j\dot{q}_k + \sum_{j=1}^{n} a_j\dot{q}_j + a_0 \tag{3.81}$$

mit

$$\left.\begin{aligned}
a_{jk} &= \sum_{i=1}^{N} m_i \frac{\partial \underline{r}_i}{\partial q_j}\cdot\frac{\partial \underline{r}_i}{\partial q_k} \quad , \qquad a_{jk} = a_{kj} \\[2ex]
a_j &= \sum_{i=1}^{N} m_i \frac{\partial \underline{r}_i}{\partial q_j}\cdot\frac{\partial \underline{r}_i}{\partial t} \\[2ex]
a_0 &= \frac{1}{2} \sum_{i=1}^{N} m_i \left(\frac{\partial \underline{r}_i}{\partial t}\right)^2
\end{aligned}\right\} \quad . \tag{3.82}$$

An dieser Stelle ist es zweckmäßig, von der bis jetzt benutzten skalaren Schreibweise zu der kompakteren Vektorschreibweise überzugehen, die auch in den späteren Kapiteln durchgehend benutzt wird und die im Anhang eingeführt ist. Faßt man die verallgemeinerten Koordinaten im Spaltenvektor

$$\underline{q} = \begin{bmatrix} q_1 \\ \vdots \\ q_n \end{bmatrix} \quad ,$$

die Koeffizienten $a_{jk}$ in der symmetrischen Matrix

$$A = \begin{bmatrix} a_{11} & \cdots\cdots & a_{1n} \\ \vdots & \ddots & \vdots \\ a_{1n} & \cdots\cdots & a_{nn} \end{bmatrix}$$

und die Koeffizienten $a_j$ im Spaltenvektor

$$\underline{a} = \begin{bmatrix} a_1 \\ \vdots \\ a_n \end{bmatrix}$$

zusammen, so wird aus (3.81)

$$T = \frac{1}{2}\, \underline{\dot{q}}^{*} A \underline{\dot{q}} + \underline{a}^{*} \underline{\dot{q}} + a_0 = T^{II} + T^{I} + T^{0} \quad , \tag{3.83}$$

wobei die transponierten Vektoren mit $*$ bezeichnet sind.

Für skleronome Systeme ist

$$\frac{\partial \underline{r}_i}{\partial t} = "0"$$

und folglich wegen $\underline{a} = \underline{0}$ und $a_0 = 0$

$$T = T^{II} = \frac{1}{2}\, \underline{\dot{q}}^{*} A \underline{\dot{q}} \quad . \tag{3.84}$$

Dabei ist offenbar

$$\left. \begin{array}{ll} T > 0 & \text{für alle} \quad \underline{\dot{q}} \neq 0 \\[2ex] T = 0 & \text{für} \quad \underline{\dot{q}} = 0 \end{array} \right\} \quad , \tag{3.85}$$

so daß die kinetische Energie für skleronome Systeme eine *positiv-definite quadratische Form* in den verallgemeinerten Geschwindigkeiten ist. Nach dem *Satz von SYLVESTER* (siehe Anhang) ist insbesondere

$$\det A > 0 \quad . \tag{3.86}$$

Es kann gezeigt werden, daß dieses letzte Ergebnis auch für rheonome holonome Systeme gilt.

Die LAGRANGEschen Gleichungen zweiter Art haben als Vektorgleichung geschrieben Zeilenform. Folglich besitzt der Vektor der verallgemeinerten Kräfte ebenfalls Zeilenform:

$$\underline{Q} = (Q_1, \ldots, Q_n) \quad .$$

Mit der kinetischen Energie (3.83) gilt also

$$\frac{d}{dt}\left(\frac{\partial T}{\partial \underline{\dot{q}}}\right) - \frac{\partial T}{\partial \underline{q}} = \underline{Q}(t,\underline{q},\underline{\dot{q}}) \quad , \tag{3.87}$$

und man erhält daraus:

$$\underline{\ddot{q}}^* A = - \underline{\dot{q}}^* \frac{dA}{dt} - \frac{d\underline{a}}{dt}^* + \left(\frac{\partial T}{\partial \underline{q}}\right) + \underline{Q} \quad ,$$

oder wegen $A = A^*$

$$A\underline{\ddot{q}} = - \frac{dA}{dt}\underline{\dot{q}} - \frac{d\underline{a}}{dt} + \left(\frac{\partial T}{\partial \underline{q}}\right)^* + \underline{Q}^* \quad . \tag{3.88}$$

Da $\det A \neq 0$ ist, kann dieses inhomogene Gleichungssystem in $\underline{q}$ nach $\underline{\ddot{q}}$ aufgelöst werden:

$$\underline{\ddot{q}} = A^{-1}\left[ - \frac{dA}{dt}\underline{\dot{q}} - \frac{d\underline{a}}{dt} + \left(\frac{\partial T}{\partial \underline{q}}\right)^* \right] + A^{-1}\underline{Q}^* \quad . \tag{3.89}$$

Der Klammerausdruck auf der rechten Seite und die Matrix $A^{-1}$ hängen nur von $t, \underline{q}, \underline{\dot{q}}$ ab und man kommt zu folgendem Ergebnis:

Die Bewegungsgleichungen eines beliebigen holonomen Systems haben die Form

$$\underline{\ddot{q}} = \underline{\tilde{f}}(t,\underline{q},\underline{\dot{q}}) + \tilde{G}(t,\underline{q})\underline{Q}^* \quad , \tag{3.90}$$

wo $\underline{\tilde{f}}$ ein n-dimensionaler Vektor und $\tilde{G} = A^{-1}$ eine $(n \times n)$-Matrix ist.

<u>Bemerkungen:</u>

1. Dieses System von Differentialgleichungen zweiter Ordnung läßt sich durch Einführung des sogenannten *Zustandsvektors*

$$\underline{x} = \begin{bmatrix} \underline{q} \\ \dot{\underline{q}} \end{bmatrix}$$

auch als System von Differentialgleichungen erster Ordnung schreiben:

$$\dot{\underline{x}} = \underline{f}(t,\underline{x}) + G(t,\underline{x})\underline{Q}^* \quad .$$
(3.91)

Die Form (3.90) wird in der Mechanik, die Form (3.91) in der Systemtheorie benutzt.

2. Jedes holonome System mit endlich vielen Freiheitsgraden läßt sich durch Gleichungen der Form (3.90) bzw. (3.91) beschreiben. ∎


## 3.6  Änderung der Gesamtenergie eines holonomen Systems

Betrachtet werde das holonome System

$$\frac{d}{dt}\left(\frac{\partial T}{\partial \dot{\underline{q}}}\right) - \frac{\partial T}{\partial \underline{q}} = -\frac{\partial U}{\partial \underline{q}} + \underline{\tilde{Q}} \quad ,$$
(3.92)

mit den Potentialkräften

$$\underline{Q} = \underline{Q}(t,\underline{q}) = -\frac{\partial U}{\partial \underline{q}}$$

und den nichtpotentiellen Kräften

$$\underline{\tilde{Q}} = \underline{\tilde{Q}}(t,\underline{q},\dot{\underline{q}}) \quad .$$

Die kinetische Energie des Systems ist nach Gl. (3.83)

$$T = T(t,\underline{q},\dot{\underline{q}}) = T^{II} + T^{I} + T^{O} \quad .$$

Ihre zeitliche Ableitung läßt sich wie folgt ausführen:

$$\frac{dT}{dt} = \frac{\partial T}{\partial t} + \frac{\partial T}{\partial \underline{q}}\dot{\underline{q}} + \frac{\partial T}{\partial \dot{\underline{q}}}\ddot{\underline{q}}$$

$$= \frac{\partial T}{\partial t} + \frac{\partial T}{\partial \underline{q}}\dot{\underline{q}} + \frac{d}{dt}\left(\frac{\partial T}{\partial \dot{\underline{q}}}\dot{\underline{q}}\right) - \left[\frac{d}{dt}\left(\frac{\partial T}{\partial \dot{\underline{q}}}\right)\right]\dot{\underline{q}}$$

$$= \frac{\partial T}{\partial t} - \left[\frac{d}{dt}\left(\frac{\partial T}{\partial \dot{\underline{q}}}\right) - \frac{\partial T}{\partial \underline{q}}\right]\dot{\underline{q}} + \frac{d}{dt}\left(\frac{\partial T}{\partial \dot{\underline{q}}}\dot{\underline{q}}\right)$$

$$= \frac{\partial T}{\partial t} - \left[ - \frac{\partial U}{\partial \underline{q}} + \underline{\tilde{Q}} \right] \underline{\dot{q}} + \frac{d}{dt} \left( \frac{\partial T}{\partial \underline{\dot{q}}} \underline{\dot{q}} \right)$$

$$= \frac{\partial T}{\partial t} + \frac{dU}{dt} - \frac{\partial U}{\partial t} - \underline{\tilde{Q}} \underline{\dot{q}} + \frac{d}{dt} \left( \frac{\partial T}{\partial \underline{\dot{q}}} \underline{\dot{q}} \right) \quad .$$

Durch Einsetzen von (3.83) wird daraus nach einigen elementaren Umformungen

$$- \frac{d}{dt}(T+U) = \frac{\partial T}{\partial t} - \frac{\partial U}{\partial t} - \underline{\tilde{Q}} \underline{\dot{q}} - \frac{d}{dt} \left( T^I + 2T^O \right) \quad .$$

Nun ist $T + U = E$ die Gesamtenergie des Systems, und es folgt endgültig für deren zeitliche Änderung:

$$\frac{dE}{dt} = \underline{\tilde{Q}} \underline{\dot{q}} + \frac{\partial U}{\partial t} - \frac{\partial T}{\partial t} + \frac{d}{dt} \left( T^I + 2T^O \right) \quad . \tag{3.93}$$

<u>Wichtige Sonderfälle:</u>

1. Für skleronome Systeme ist offenbar

$$\frac{dE}{dt} = \underline{\tilde{Q}} \underline{\dot{q}} + \frac{\partial U}{\partial t} \quad . \tag{3.94}$$

2. Für skleronome Systeme im stationären Potentialfeld $U = U(\underline{q})$ ist

$$\frac{dE}{dt} = \underline{\tilde{Q}} \underline{\dot{q}} \quad , \tag{3.95}$$

d.h. die Änderung der Energie ist gleich der Leistung der nichtpotentiellen Kräfte. Man unterscheidet:

a) Ist $\underline{\tilde{Q}} \underline{\dot{q}} = 0$ , so ist $E = \text{const}$ und die Kräfte $\underline{\tilde{Q}}$ heißen *Kreiselkräfte*.

b) Ist $\underline{\tilde{Q}} \underline{\dot{q}} \leq 0$ , so ist $\frac{dE}{dt} \leq 0$ , d.h. es findet Energieabnahme statt, und die Kräfte $\underline{\tilde{Q}}$ heißen *dissipative Kräfte*.

3. Für skleronome Systeme unter dem alleinigen Einfluß stationärer Potentialkräfte ist $\frac{dE}{dt} = 0$ und damit

$$E = \text{const} \quad . \tag{3.96}$$

Man spricht in diesem Fall von einem *konservativen System* (konservativ $\equiv$ skleronom im stationären Potentialfeld).

__Beispiel 3.6:__ Die nichtpotentiellen Kräfte bei einem skleronomen System
im stationären Potentialfeld seien gegeben durch

$$\tilde{\underline{Q}}^* = \Gamma\dot{\underline{q}} \quad , \tag{3.97}$$

mit der schiefsymmetrischen Koeffizientenmatrix

$$\Gamma = - \Gamma^* \quad . \tag{3.98}$$

Dann ist mit (3.95)

$$\tilde{\underline{Q}}\dot{\underline{q}} = - \dot{\underline{q}}^* \Gamma\dot{\underline{q}} = (-\dot{\underline{q}}^* \Gamma\dot{\underline{q}})^* = - \dot{\underline{q}}^* \Gamma^* \dot{\underline{q}} = \dot{\underline{q}}^* \Gamma\dot{\underline{q}} \quad ,$$

d.h. aber

$$\tilde{\underline{Q}}\dot{\underline{q}} = 0 \quad . \tag{3.99}$$

> Hängen die nichtpotentiellen Kräfte linear von den verallgemei-
> nerten Geschwindigkeiten ab und ist die Koeffizientenmatrix
> schiefsymmetrisch, so handelt es sich um Kreiselkräfte. ∎

__Beispiel 3.7:__ Die nichtpotentiellen Kräfte bei einem skleronomen System
im stationären Potentialfeld seien gegeben durch

$$\tilde{\underline{Q}}^* = - D\dot{\underline{q}} \quad , \tag{3.100}$$

mit der symmetrischen Koeffizientenmatrix

$$D = D^* \quad , \quad \dot{\underline{q}}^* D\dot{\underline{q}} \geq 0 \quad . \tag{3.101}$$

Dann ist

$$\tilde{\underline{Q}}\dot{\underline{q}} = - \dot{\underline{q}}^* D\dot{\underline{q}} \leq 0 \quad . \ \blacksquare \tag{3.102}$$

> Hängen die nichtpotentiellen Kräfte linear von den verallgemei-
> nerten Geschwindigkeiten ab und ist die Koeffizientenmatrix sym-
> metrisch und positiv-definit, so handelt es sich um dissipative
> Kräfte.

__Beispiel 3.8:__ Zwischen den eingeprägten und den verallgemeinerten Kräften gilt nach Gl. (3.7) der Zusammenhang

$$\sum_{i=1}^{N} \underline{F}_i \cdot \delta\underline{r}_i = \sum_{j=1}^{n} Q_j \delta q_j \quad .$$

Für skleronome Systeme folgt daraus wegen $\delta\underline{r} = d\underline{r}$ bzw. $\delta\underline{q} = d\underline{q}$ :

$$\sum_{i=1}^{N} \underline{F}_i \cdot \underline{v}_i = \sum_{j=1}^{n} Q_j \dot{q}_j \quad .$$

a) Sind die eingeprägten Kräfte *Kreiselkräfte*, so ist

$$\sum_{i=1}^{N} \underline{F}_i \cdot \underline{v}_i = 0 \quad . \tag{3.103}$$

Als Beispiel seien die *CORIOLIS-Kräfte* genannt:

$$\underline{F}_i = - 2m_i (\underline{\omega} \times \underline{v}_i) \quad .$$

b) Sind die eingeprägten Kräfte dagegen *dissipative Kräfte*, so ist

$$\sum_{i=1}^{N} \underline{F}_i \cdot \underline{v}_i \leq 0 \quad . \tag{3.104}$$

Als Beispiel seien hier die geschwindigkeitsproportionalen *Reibungskräfte* erwähnt:

$$\underline{F}_i = - \beta^2 \underline{v}_i \quad . \ \blacksquare$$

## 3.7 Herleitung der LAGRANGEschen Gleichungen zweiter Art aus dem Prinzip der kleinsten Wirkung von HAMILTON

Eine wichtige Rolle im systematischen Aufbau der Mechanik spielen die sogenannten *mechanischen Prinzipien*. Als Beispiele seien genannt:

1. die *lex secunda* von NEWTON

$$m\frac{dv}{dt} = \underline{F} \quad ,$$

2. die *Fundamentalgleichung der Mechanik*

$$\sum_{i=1}^{N} (\underline{F}_i - m_i \underline{b}_i) \cdot \delta \underline{r}_i = 0 \quad ,$$

auf der die bisherigen Betrachtungen basieren.

Ergänzend soll hier das *Prinzip der kleinsten Wirkung von HAMILTON (1834)* eingeführt werden, das eine sehr elegante Herleitung der LAGRANGEschen Gleichungen zweiter Art erlaubt.

Es sei

$$L = L(t, \underline{q}, \underline{\dot{q}}) \tag{3.105}$$

die LAGRANGE-Funktion des betrachteten Systems. Als Wirkung wird dann
bezeichnet

$$S = \int_{t_1}^{t_2} L(t,q,\dot{q})\,dt \quad . \tag{3.106}$$

Das *HAMILTONsche Prinzip* lautet:

> Die Bewegung eines holonomen Systems zwischen den Lagen $\underline{q}(t_1)$
> und $\underline{q}(t_2)$ erfolgt stets so, daß die Wirkung minimal ist, d.h.
> daß
>
> $$\delta S = 0 \tag{3.107}$$
>
> ist (Bild 3.8).

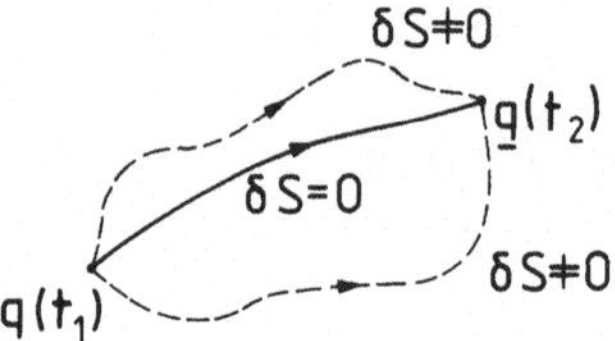


Bild 3.8    Zum HAMILTONschen Prinzip

Hieraus ergeben sich die LAGRANGEschen Gleichungen zweiter Art sofort
als Folgerung:

$$\delta S = \int_{t_1}^{t_2} \left( \frac{\partial L}{\partial q}\delta q + \frac{\partial L}{\partial \dot{q}}\delta\dot{q} \right) dt = \int_{t_1}^{t_2} \frac{\partial L}{\partial q}\delta q\,dt + \int_{t_1}^{t_2} \frac{\partial L}{\partial \dot{q}} \frac{d}{dt}(\delta q)\,dt \quad .$$

Bei der Berechnung von $\delta S$ wird die Zeit nicht mitvariiert. Durch par-
tielle Integration des zweiten Termes folgt weiter:

$$\delta S = \int_{t_1}^{t_2} \frac{\partial L}{\partial q}\delta q\,dt + \frac{\partial L}{\partial \dot{q}}\delta q \;\bigg|_{t_1}^{t_2} - \int_{t_1}^{t_2} \frac{d}{dt}\left( \frac{\partial L}{\partial \dot{q}} \right)\delta q\,dt \quad .$$

Hier ist

$$\frac{\partial L}{\partial \dot{q}}\delta q \;\bigg|_{t_1}^{t_2} = 0 \quad ,$$

da die Endpunkte fest sind und damit $\delta\underline{q}(t_1) = \delta\underline{q}(t_2) = \underline{0}$ . Also folgt:

$$\delta S = - \int_{t_1}^{t_2} \left[ \frac{d}{dt}\left( \frac{\partial L}{\partial \dot{q}} \right) - \frac{\partial L}{\partial q} \right]\delta q\,dt \quad . \tag{3.108}$$

Soll $\delta s$ für beliebige Variationen $\delta \underline{q}$ verschwinden, so muß nach dem Fundamentallemma der Variationsrechnung gelten:

$$\frac{d}{dt}\left(\frac{\partial L}{\partial \underline{\dot{q}}}\right) - \frac{\partial L}{\partial \underline{q}} = \underline{0} \quad . \tag{3.109}$$

Das sind aber gerade wieder LAGRANGEsche Gleichungen zweiter Art, wobei als äußere Kräfte nur Potentialkräfte berücksichtigt werden.

<u>Bemerkungen:</u>

1. Der Integrand in (3.108) entspricht gerade der EULERschen Differentialgleichung der Variationsrechnung für $\underline{q}$ .

2. Während die LAGRANGEschen Gleichungen zweiter Art über $t$, $\underline{q}$, $\underline{\dot{q}}$ die momentane Situation des Systems beschreiben, drückt das HAMILTONsche Prinzip eine Eigenschaft der Gesamtbahn aus: Es muß die Variation der Wirkung auf der Gesamtbahn verschwinden. Die Bewegung erfolgt so, daß ein Integral minimal wird.

3. Bei Betrachtung nichtpotentieller Kräfte muß außer der Variation der LAGRANGE-Funktion $\delta L$ die Variation der Arbeit der nichtpotentiellen Kräfte $\delta \tilde{A}$ berücksichtigt werden:

$$\delta S = \int_{t_1}^{t_2} (\delta L + \delta \tilde{A})\,dt = 0 \quad . \blacksquare \tag{3.110}$$

## 3.8  Kanonische Gleichungen von HAMILTON

In den vorangegangenen Abschnitten dieses Kapitels wurde gezeigt, daß man bei Verwendung der *LAGRANGEschen Koordinaten* $t$, $q_j$, $\dot{q}_j$ jedes holonome System durch die LAGRANGEschen Gleichungen zweiter Art beschreiben kann und daß man diese Gleichungen auf die Form

$$\underline{\ddot{q}}_j = \underline{b}_j(t,\underline{q},\underline{\dot{q}}) \quad , \qquad\qquad j = 1,\dots,n \tag{3.111}$$

bringen kann.

Damit ist das erste Problem - das Aufstellen der Gleichungen - gelöst. Das zweite Problem, die Lösung der Bewegungsgleichungen, stößt im allgemeinen auf große Schwierigkeiten, da die Gleichungen schon in einfachen Fällen (vgl. Raumpendel) hochgradig nichtlinear sind.

Dieser Umstand legt es nahe zu versuchen, andere Koordinaten zu verwenden, um dadurch einfachere Bewegungsgleichungen zu erhalten. Eine Möglichkeit in dieser Richtung bilden die *kanonischen Gleichungen von HAMILTON*.

### 3.8.1  Gleichungen mit verallgemeinerten Impulsen

Als neue Größen sollen hier die sogenannten *verallgemeinerten Impulse*

$$p_j = \frac{\partial T}{\partial \dot{q}_j} \quad , \qquad\qquad\qquad j = 1,\ldots,n \qquad (3.112)$$

eingeführt werden. Damit können folgende *neue Variable* benutzt werden:

$$\left.\begin{array}{l} \text{die Zeit } t \\ \text{die verallgemeinerten Koordinaten } q_j \\ \text{die verallgemeinerten Impulse } p_j \end{array}\right\} \; .$$

In verallgemeinerten Koordinaten gilt für die kinetische Energie der
Ausdruck (3.83)

$$T = \frac{1}{2}\,\underline{\dot{q}}^{*} A \underline{\dot{q}} + \underline{a}^{*}\underline{\dot{q}} + a_0 \quad .$$

Der Vektor der verallgemeinerten Impulse

$$\underline{p} = \frac{\partial T}{\partial \underline{\dot{q}}}$$

hat Zeilenform, und es folgt

$$\underline{p} = \underline{\dot{q}}^{*} A + \underline{a}^{*} \quad . \qquad\qquad\qquad (3.113)$$

Da nach Gl. (3.86)  det $A \neq 0$  ist, kann man die letzte Beziehung nach
$\underline{\dot{q}}$  auflösen:

$$\underline{\dot{q}} = \underline{\dot{q}}(t,\underline{q},\underline{p}) \quad . \qquad\qquad\qquad (3.114)$$

Somit ist

$$\left.\begin{array}{l} T = T(t,\underline{q},\underline{\dot{q}}(t,\underline{q},\underline{p})) = T(t,\underline{q},\underline{p}) \\ \underline{Q} = \underline{Q}(t,\underline{q},\underline{p}) \end{array}\right\} \; . \qquad (3.115)$$

Aus den LAGRANGEschen Gleichungen zweiter Art wird wegen (3.112):

$$\frac{d\underline{p}}{dt} = \frac{\partial T}{\partial \underline{q}} + \underline{Q} \quad ,$$

und man erhält die folgenden *Bewegungsgleichungen in neuen Koordinaten:*

$$\dot{\underline{q}} = \dot{\underline{q}}(t,\underline{q},\underline{p}) \qquad \text{(Spaltenvektor)}$$

$$\dot{\underline{p}} = \frac{\partial T}{\partial \underline{q}} + \underline{Q} \qquad \text{(Zeilenvektor)} \left.\vphantom{\begin{matrix}a\\b\\c\end{matrix}}\right\} \cdot \qquad (3.116)$$

### 3.8.2  HAMILTONsche Gleichungen

Zu den HAMILTONschen Gleichungen gelangt man, indem man die Variation der kinetischen Energie bildet:

$$\delta T(t,\underline{q},\dot{\underline{q}}) = \frac{\partial T}{\partial \underline{q}}\delta\underline{q} + \frac{\partial T}{\partial \dot{\underline{q}}}\delta\dot{\underline{q}} \quad .$$

Mit (3.116) und (3.112) wird daraus

$$\delta T = (\dot{\underline{p}}-\underline{Q})\,\delta\underline{q} + \underline{p}\,\delta\dot{\underline{q}} = (\dot{\underline{p}}-\underline{Q})\,\delta\underline{q} + \delta(\underline{p}\,\dot{\underline{q}}) - \delta\underline{p}\,\dot{\underline{q}} \quad .$$

Führt man noch die Funktion

$$K(t,\underline{q},\underline{p}) = \underline{p}\,\dot{\underline{q}} - T(t,\underline{q},\underline{p}) \qquad (3.117)$$

ein, so gilt weiter:

$$\delta K = (\underline{Q}-\dot{\underline{p}})\,\delta\underline{q} + \delta\underline{p}\,\dot{\underline{q}} \quad .$$

Andererseits ist aber

$$\delta K = \frac{\partial K}{\partial \underline{q}}\delta\underline{q} + \delta\underline{p}\frac{\partial K}{\partial \underline{p}} \quad .$$

Der Vergleich liefert:

$$\boxed{\begin{aligned}
\dot{\underline{q}} &= \frac{\partial K}{\partial \underline{p}} \quad , & \text{(Spaltenvektor)} \qquad &(3.118)\\[2ex]
\dot{\underline{p}} &= -\frac{\partial K}{\partial \underline{q}} + \underline{Q}(t,\underline{q},\underline{p}) \quad . & \text{(Zeilenvektor)} \qquad &(3.119)
\end{aligned}}$$

Das sind die *HAMILTONschen Bewegungsgleichungen* für beliebige holonome Systeme.

### 3.8.3  Kanonische Gleichungen von HAMILTON für holonome Systeme in Potentialfeldern

Sind die verallgemeinerten Kräfte Potentialkräfte

$$\underline{Q} = - \frac{\partial U}{\partial \underline{q}}$$

mit

$$U = U(t,\underline{q})$$

und führt man die *HAMILTON-Funktion*

$$H = H(t,\underline{q},\underline{p}) = K + U = \underline{p}\dot{\underline{q}} - L \tag{3.120}$$

ein, so werden aus den allgemeinen HAMILTONschen Bewegungsgleichungen die *kanonischen Gleichungen von HAMILTON (1834)*:

$$\boxed{\begin{aligned} \dot{\underline{q}} &= \frac{\partial H}{\partial \underline{p}} \ , \qquad \text{(Spaltenvektor)} \\[2ex] \dot{\underline{p}} &= - \frac{\partial H}{\partial \underline{q}} \ . \quad \text{(Zeilenvektor)} \end{aligned}}$$

$$\tag{3.121}$$
$$\tag{3.122}$$

Im Gegensatz zu den LAGRANGEschen Gleichungen zweiter Art, wo man - entsprechend der Zahl der Freiheitsgrade - n Differentialgleichungen zweiter Ordnung erhalten hatte, erhält man hier 2n Differentialgleichungen erster Ordnung.

### 3.8.4  Erste Integrale (Erhaltungssätze)

1. Es gilt

$$\frac{dH}{dt} = \frac{\partial H}{\partial \underline{q}}\dot{\underline{q}} + \dot{\underline{p}}\frac{\partial H}{\partial \underline{p}} + \frac{\partial H}{\partial t} \ .$$

Ersetzt man $\dot{\underline{q}}$ und $\dot{\underline{p}}$ aus (3.121) und (3.122), so folgt sofort

$$\frac{dH}{dt} = \frac{\partial H}{\partial t} \ . \tag{3.123}$$

Wenn H von t nicht explizit abhängt, wenn also ein skleronomes System im stationären Potentialfeld vorliegt, d.h. ein konservatives System, ist

$$\frac{\partial H}{\partial t} = 0$$

und damit

$$H(t,\underline{q},\underline{p}) = const \quad .$$ \hfill (3.124)

Dabei gilt für skleronome Systeme wegen Gl. (3.84)

$$\underline{p}\underline{\dot{q}} = 2T$$ \hfill (3.125)

und damit

$$H = 2T - L = T + U = E \quad .$$ \hfill (3.126)

> Für konservative Systeme bleibt die Gesamtenergie, die
> mit der HAMILTON-Funktion identisch ist, konstant.

2. Wenn die HAMILTON-Funktion $H$ von der Koordinate $q_i$ nicht abhängt,
ist

$$\left.\begin{aligned}
\dot{p}_i &= -\frac{\partial H}{\partial q_i} = 0 \\[2ex]
p_i &= p_{io} = const
\end{aligned}\right\}$$ \hfill (3.127)

und damit

$$H = H(t; q_1, \ldots, q_{i-1}, q_{i+1}, \ldots, q_n; p_1, \ldots, p_{i-1}, p_{io}, p_{i+1}, \ldots, p_n) \quad .$$ \hfill (3.128)

Durch die Kenntnis des ersten Integrals $p_i = const$ *sinkt also die
Ordnung* des HAMILTON-Systems *von 2n auf 2n − 2 !* Koordinaten, von
denen $H$ nicht abhängt, heißen *zyklisch*, die entsprechenden Erhal-
tungssätze heißen *zyklische erste Integrale*. Wegen (3.120) ist
$\frac{\partial H}{\partial q_i} = 0$ gleichbedeutend mit $\frac{\partial L}{\partial q_i} = 0$ .

<u>Beispiel 3.9:</u> Beim Raumpendel (oder Kugelpendel) ist die Zahl der Frei-
heitsgrade $n = 2$ , die verallgemeinerten Koordinaten seien die Winkel
$\phi$ und $\psi$ (Bild 3.9, vgl. Beispiel 3.4).

Die kinetische Energie ist

$$T = \frac{1}{2}ml^2(\dot{\phi}^2 + \dot{\psi}^2\sin^2\phi) \quad ,$$

die potentielle Energie

$$U = -mgl\cos\phi \quad .$$

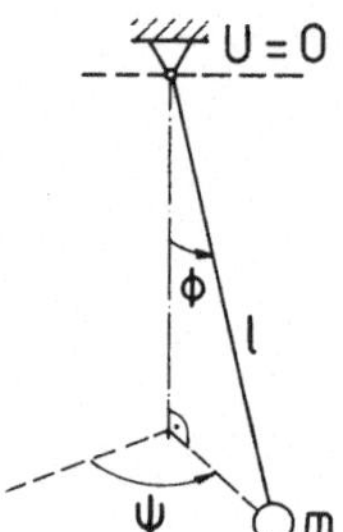


Bild 3.9  Raumpendel

Damit wird die LAGRANGE-Funktion

$$L = T - U = \frac{1}{2}ml^2(\dot{\phi}^2 + \dot{\psi}^2\sin^2\phi) + mgl\cos\phi \quad .$$

Sie hängt nicht explizit von der Koordinate  $\psi$  ab, also ist der Winkel $\psi$  eine zyklische Koordinate.∎


### 3.8.5  HAMILTON-JACOBI-Gleichung

In Kap. 3.7 wurde die Wirkung zwischen zwei festen Lagen  $\underline{q}^1 = \underline{q}(t_1)$ und  $\underline{q}^2 = \underline{q}(t_2)$  definiert durch

$$S = \int_{t_1}^{t_2} L dt \quad .$$

Dabei war  $S$  für die *wirkliche* Bewegung eines Systems im Potentialfeld minimal.


Man betrachte jetzt die *wirkliche* Bewegung eines Systems im Potential- feld; ausgehend von einer festen Lage  $\underline{q}(t_1)$  aber bei freier Zeit  $t$ und damit freiem Ende  $\underline{q}(t)$   (Bild 3.10).

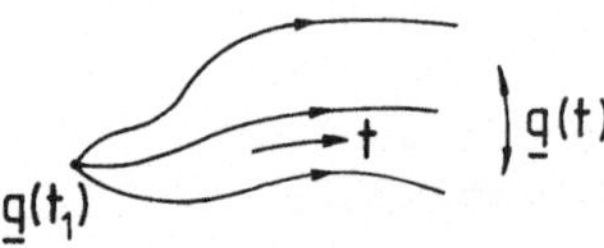


Bild 3.10  Zur HAMILTON-JACOBI-Gleichung


Dann ist

$$S = S(t,\underline{q}) \quad .$$

(3.129)

## 3.8 Kanonische Gleichungen von HAMILTON

Für die Variation der Wirkung gilt nach Kap. 3.7:

$$\delta S = \frac{\partial L}{\partial \dot{q}}\delta q \; \Bigg|_{t_1}^{t} - \int_{t_1}^{t} \left[ \frac{d}{dt}\left(\frac{\partial L}{\partial \dot{q}}\right) - \frac{\partial L}{\partial q} \right] \delta q \, dt \quad ,$$

wobei der Integrand für die wirkliche Bewegung verschwindet. Also bleibt mit (3.112) und $U = U(t,\underline{q})$ bei $L = T - U$

$$\delta S = \frac{\partial L}{\partial \dot{q}}\delta q = \underline{p}\,\delta\underline{q} \quad . \tag{3.130}$$

Andererseits ist nach Gl. (3.106) mit $S = S(t,\underline{q})$

$$\frac{dS}{dt} = L = \frac{\partial S}{\partial t} + \frac{\partial S}{\partial \underline{q}}\dot{\underline{q}} \tag{3.131}$$

bzw.

$$\frac{\partial S}{\partial t} + \frac{\partial S}{\partial \underline{q}}\dot{\underline{q}} - L = 0 \quad .$$

Die Funktion $S = S(t,\underline{q})$ genügt also wegen Gl. (3.120) der partiellen Differentialgleichung

$$\boxed{\frac{\partial S}{\partial t} + H\!\left(t,\underline{q},\frac{\partial S}{\partial \underline{q}}\right) = 0} \tag{3.132}$$

oder

$$\boxed{\frac{\partial S}{\partial t} - L + \frac{\partial S}{\partial \underline{q}}\dot{\underline{q}} = 0 \quad .} \tag{3.133}$$

Das ist die bekannte *HAMILTON-JACOBI-Gleichung.*

> Die wirkliche Bewegung eines mechanischen Systems erfolgt so, daß die Wirkung
>
> $$S = \int_{t_1}^{t_2} L\,dt$$
>
> minimal ist und der HAMILTON-JACOBI-Gleichung
>
> $$\frac{\partial S}{\partial t} - L + \frac{\partial S}{\partial \underline{q}}\dot{\underline{q}} = 0$$
>
> genügt.

Es ist zu beachten, daß die HAMILTON-JACOBI-Gleichung nur scheinbar linear ist, da die $\dot{q}_i$ ebenfalls von $S$ abhängen können.

### 3.8.6  Zusammenhang zwischen der HAMILTON-JACOBI-Gleichung und der Theorie der optimalen Systeme

Bei Bewegungen mechanischer Systeme wird die Wirkung

$$S = \int L dt \tag{3.129}$$

minimal und genügt der HAMILTON-JACOBI-Gleichung

$$\frac{\partial S}{\partial t} - L + \frac{\partial S}{\partial \underline{q}}\dot{\underline{q}} = 0 \quad . \tag{3.133}$$

In der *Theorie der optimalen Systeme* werden Bewegungen betrachtet, bei denen die "Kostenfunktion"

$$J = \int f_0 dt \tag{3.134}$$

minimal wird. Dabei genügt die Kostenfunktion  J  der *BELLMAN-Gleichung*

$$\frac{\partial J}{\partial t} - f_0 + \frac{\partial J}{\partial \underline{x}}\dot{\underline{x}} = 0 \quad . \tag{3.135}$$

Hierbei ist  $\underline{x}$  der Zustandsvektor des Systems.

## 3.9  Drehbewegungen starrer Körper

Aus der Kinematik ist bekannt, daß jede Bewegung eines starren Körpers als eine Überlagerung zweier Bewegungen aufgefaßt werden kann: der translatorischen Bewegung eines beliebigen festen Körperpunktes und der Drehbewegung des Körpers um diesen Punkt. Da den Drehungen eines starren Körpers um einen Fixpunkt sowohl in der Theorie als auch in der Praxis - insbesondere in der Kreiseltechnik und in der Satellitentechnik - große Bedeutung zukommt, sollen sie hier etwas ausführlicher betrachtet werden.

Um die Drehungen eines Körpers um einen Fixpunkt zu beschreiben, führt man zwei Koordinatensysteme ein: ein *körperfestes System*  $x,y,z$  und ein *raumfestes System*  $\xi,\eta,\zeta$ . Der Ursprung beider Systeme liegt im Fixpunkt  O . Die Lage des Körpers im Raum ist offenbar vollständig bestimmt, wenn man die Lage von  $(x,y,z)$  gegenüber  $(\xi,\eta,\zeta)$  kennt.

Im folgenden wird gezeigt, daß man jede Lage von  $(x,y,z)$  bezüglich  $(\xi,\eta,\zeta)$  durch 3 Winkel - entsprechend den drei Freiheitsgraden der

räumlichen Drehbewegung - beschreiben kann bzw. genauer: jede Lage
$(x,y,z) \neq (\xi,\eta,\zeta)$ kann aus der Lage $(x,y,z) \equiv (\xi,\eta,\zeta)$ erreicht werden, indem man den Körper nacheinander drei Drehungen um drei verschie-
dene Achsen ausführen läßt. Die Achsen und die Drehwinkel sind dabei
nicht eindeutig bestimmt. Die gebräuchlichsten Winkel sind die *EULER-
Winkel* und die *KARDAN-Winkel*. Die ersten eignen sich insbesondere für
die Kreiseltechnik, die zweiten für die Satellitentechnik.

Daneben gibt es noch weitere Beschreibungsformen für die Drehbewegung
starrer Körper. Erwähnt seien die Drehzeiger (oder auch Lagevektoren),
die Quaternionen und die CAYLEY-KLEIN-Parameter.


## 3.9.1  EULER-Winkel

Bei Beschreibung der Lage des körperfesten Systems  x,y,z  gegenüber dem
raumfesten System  $\xi,\eta,\zeta$  mit Hilfe der EULER-Winkel  $\psi,\theta,\phi$  erfolgt der
Übergang des  $\xi,\eta,\zeta$-Systems in das  x,y,z-System durch drei aufeinander-
folgende ebene Drehungen um die Winkel  $\psi,\theta,\phi$ , wie sie in Bild 3.11 veranschaulicht sind:

1. Das  $\xi,\eta,\zeta$-System geht durch Drehung um die  $\zeta$-Achse um den *Präzessionswinkel*  $\psi$  über in das  $\xi',\eta',\zeta'$-System mit  $\zeta = \zeta'$ .

2. Das  $\xi',\eta',\zeta'$-System geht durch Drehung um die  $\xi'$-Achse um den
   *Nutationswinkel*  $\theta$  über in das  $\xi'',\eta'',\zeta''$-System mit  $\xi' = \xi''$ .

3. Das  $\xi'',\eta'',\zeta''$-System geht durch Drehung um die  $\zeta''$-Achse um den
   *Spinwinkel*  $\phi$  über in das  x,y,z-System mit  $\zeta'' = z$ .

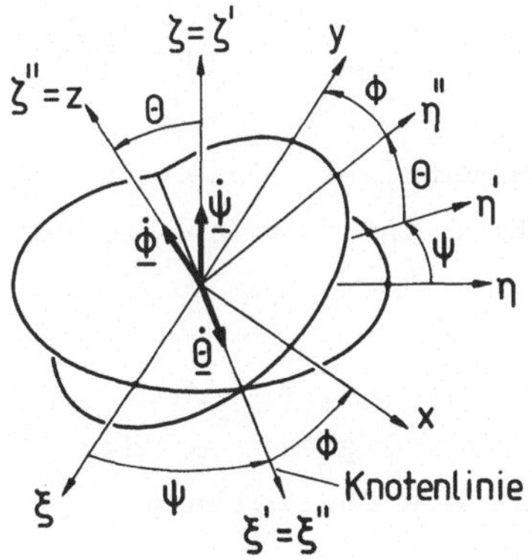


Bild 3.11  Zur Darstellung der EULER-Winkel

Die Benennungen der EULER-Winkel stammen aus der Kreiseltechnik. Insbesondere wird die $\xi'$-Achse, die sich als Schnittgerade aus der körperfesten xy-Ebene mit der raumfesten $\xi\eta$-Ebene ergibt, als *Knotenlinie* bezeichnet.

Zusammenfassend gilt also: Der Präzessionswinkel $\psi$ ist gegeben als Winkel zwischen der raumfesten $\xi$-Achse und der Knotenlinie, der Nutationswinkel $\theta$ ist gegeben als Neigungswinkel der xy-Ebene gegenüber der $\xi\eta$-Ebene und der Spinwinkel $\phi$ ist gegeben als Winkel zwischen der Knotenlinie und der körperfesten x-Achse.

Die gesamte Drehung erhält man durch Hintereinanderschalten der ebenen Teildrehungen und es gilt:

$$\begin{bmatrix} x \\ y \\ z \end{bmatrix} = \begin{bmatrix} \cos\phi & \sin\phi & 0 \\ -\sin\phi & \cos\phi & 0 \\ 0 & 0 & 1 \end{bmatrix} \begin{bmatrix} 1 & 0 & 0 \\ 0 & \cos\theta & \sin\theta \\ 0 & -\sin\theta & \cos\theta \end{bmatrix} \begin{bmatrix} \cos\psi & \sin\psi & 0 \\ -\sin\psi & \cos\psi & 0 \\ 0 & 0 & 1 \end{bmatrix} \begin{bmatrix} \xi \\ \eta \\ \zeta \end{bmatrix} \quad , (3.136)$$

bzw.

$$\begin{bmatrix} x \\ y \\ z \end{bmatrix} = T_E \begin{bmatrix} \xi \\ \eta \\ \zeta \end{bmatrix} \quad , \tag{3.137}$$

mit der Transformationsmatrix

$$T_E = \begin{bmatrix} \cos\phi\cos\psi-\sin\phi\sin\psi\cos\theta & \cos\phi\sin\psi+\sin\phi\cos\psi\cos\theta & \sin\phi\sin\theta \\ -\sin\phi\cos\psi-\cos\phi\sin\psi\cos\theta & -\sin\phi\sin\psi+\cos\phi\cos\psi\cos\theta & \cos\phi\sin\theta \\ \sin\psi\sin\theta & -\cos\psi\sin\theta & \cos\theta \end{bmatrix} . \tag{3.138}$$

Die Transformationsmatrix $T_E$ hat die Eigenschaft:

$$T_E^{-1} = T_E^* \quad . \tag{3.139}$$

Man beachte, daß die drei einzelnen Transformationsmatrizen *nicht-kommutativ für endliche Drehungen* sind! Die Transformation ist also an die Reihenfolge der Teildrehungen gebunden.

Dagegen kommutieren die Matrizen für kleine Winkel $\Delta\psi$, $\Delta\theta$, $\Delta\phi$ mit $\sin\Delta\psi\approx\Delta\psi$, $\cos\Delta\psi\approx1$, $\Delta\psi\Delta\phi\approx0$, usw.. Für die Winkelgeschwindigkeit $\underline{\omega}$ des Körpers bezüglich des raumfesten Systems gilt daher die Darstellung

$$\underline{\omega} = \lim_{\Delta t\to 0} \left( \frac{\Delta\underline{\psi}}{\Delta t} + \frac{\Delta\underline{\theta}}{\Delta t} + \frac{\Delta\underline{\phi}}{\Delta t} \right) = \underline{\dot{\psi}} + \underline{\dot{\theta}} + \underline{\dot{\phi}} \quad . \tag{3.140}$$

Nachfolgend sollen die Komponenten von $\underline{\omega}$ im körperfesten und im raumfesten System angegeben werden, wobei die Darstellung im körperfesten
System von besonderer praktischer Bedeutung ist. Hierfür gilt zunächst:

Komponenten von $\underline{\omega}$ im körperfesten System x,y,z :

Es gilt:

$$\begin{bmatrix} \omega_x \\ \omega_y \\ \omega_z \end{bmatrix} = \begin{bmatrix} \dot{\psi}_x \\ \dot{\psi}_y \\ \dot{\psi}_z \end{bmatrix} + \begin{bmatrix} \dot{\theta}_x \\ \dot{\theta}_y \\ \dot{\theta}_z \end{bmatrix} + \begin{bmatrix} \dot{\phi}_x \\ \dot{\phi}_y \\ \dot{\phi}_z \end{bmatrix} \; .$$

Nach Bild 3.11 und unter Berücksichtigung der Teildrehungen aus (3.136)
folgt daraus für die Darstellung der Winkelgeschwindigkeit $\underline{\omega}$ im körperfesten System x,y,z :

$$\left. \begin{aligned} \omega_x &= \dot{\psi}\sin\phi\sin\theta + \dot{\theta}\cos\phi \\ \omega_y &= \dot{\psi}\cos\phi\sin\theta - \dot{\theta}\sin\phi \\ \omega_z &= \dot{\psi}\cos\theta + \dot{\phi} \end{aligned} \right\} \; . \tag{3.141}$$

Diese Beziehungen werden als die *kinematischen EULER-Gleichungen* bezeichnet.

Für die Integration der Bewegungsgleichungen benötigt man meist die
nach $\dot{\psi}, \dot{\theta}, \dot{\phi}$ aufgelösten Beziehungen:

$$\left. \begin{aligned} \dot{\psi} &= \frac{1}{\sin\theta}\left(\omega_x\sin\phi+\omega_y\cos\phi\right) \\ \dot{\theta} &= \omega_x\cos\phi - \omega_y\sin\phi \\ \dot{\phi} &= -\cot\theta\,(\omega_x\sin\phi+\omega_y\cos\phi) + \omega_z \end{aligned} \right\} \; . \tag{3.142}$$

Für die Komponenten von $\underline{\omega}$ im raumfesten System $\xi,\eta,\zeta$ ergeben sich
durch entsprechende Überlegungen wie oben folgende Gleichungen:

$$\left. \begin{aligned} \omega_\xi &= \dot{\theta}\cos\psi + \dot{\phi}\sin\psi\sin\theta \\ \omega_\eta &= \dot{\theta}\sin\psi - \dot{\phi}\cos\psi\sin\theta \\ \omega_\zeta &= \dot{\psi} + \dot{\phi}\cos\theta \end{aligned} \right\} \; . \tag{3.143}$$

Umgekehrt wird:

$$\dot{\psi} = - \cot\theta\,(\omega_\xi\sin\psi+\omega_\eta\cos\psi) + \omega_\zeta$$

$$\dot{\theta} = \omega_\xi\cos\psi + \omega_\eta\sin\psi \qquad\qquad\Biggr\} \; . \qquad\qquad (3.144)$$

$$\dot{\phi} = \frac{1}{\sin\theta}\left(\omega_\xi\sin\psi-\omega_\eta\cos\psi\right)$$

### 3.9.2  KARDAN-Winkel

Auch bei den KARDAN-Winkeln wird die Lage des körperfesten Systems $x,y,z$
gegenüber dem raumfesten System $\xi,\eta,\zeta$ durch die drei Winkel $\theta,\psi,\phi$ beschrieben, die wieder drei ebenen Teildrehungen entsprechen. Gegenüber
den EULER-Winkeln hat sich jedoch die Drehungsfolge geändert (Bild 3.12):

1. Das $\xi,\eta,\zeta$-System geht durch Drehung um die $\zeta$-Achse um den Nickwin-
   kel $\theta$ über in das $\xi',\eta',\zeta'$-System mit $\zeta = \zeta'$ .

2. Das $\xi',\eta',\zeta'$-System geht durch Drehung um die $\eta'$-Achse um den
   Gierwinkel $\psi$ über in das $\xi'',\eta'',\zeta''$-System mit $\eta' = \eta''$ .

3. Das $\xi'',\eta'',\zeta''$-System geht durch Drehung um die $\xi''$-Achse um den
   Rollwinkel $\phi$ über in das $x,y,z$-System mit $\xi'' = x$ .

Die Bezeichnungen der KARDAN-Winkel stammen aus der Luft- und Raumfahrttechnik.

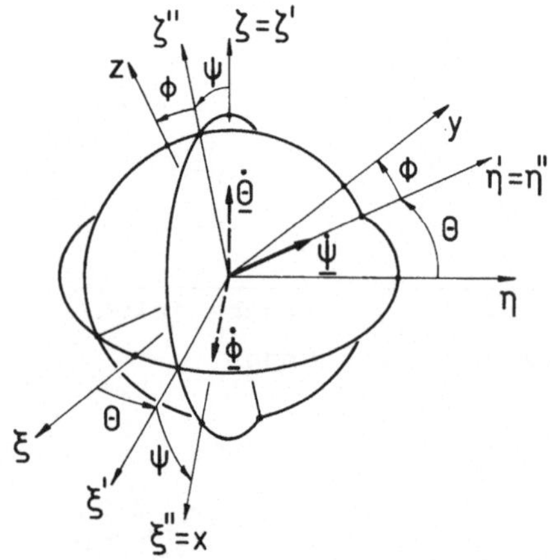


Bild 3.12  Zur Darstellung der KARDAN-Winkel

Die resultierende Drehung lautet dann:

$$
\begin{bmatrix} x \\ y \\ z \end{bmatrix} = \begin{bmatrix} 1 & 0 & 0 \\ 0 & \cos\phi & \sin\phi \\ 0 & -\sin\phi & \cos\phi \end{bmatrix} \begin{bmatrix} \cos\psi & 0 & -\sin\psi \\ 0 & 1 & 0 \\ \sin\psi & 0 & \cos\psi \end{bmatrix} \begin{bmatrix} \cos\theta & \sin\theta & 0 \\ -\sin\theta & \cos\theta & 0 \\ 0 & 0 & 1 \end{bmatrix} \begin{bmatrix} \xi \\ \eta \\ \zeta \end{bmatrix} \; ,
$$

bzw.

$$
\begin{bmatrix} x \\ y \\ z \end{bmatrix} = T_K \begin{bmatrix} \xi \\ \eta \\ \zeta \end{bmatrix} \; , \tag{3.145}
$$

mit der Transformationsmatrix

$$
T_K = \begin{bmatrix} \cos\psi\cos\theta & \cos\psi\sin\theta & -\sin\psi \\ \sin\phi\sin\psi\cos\theta-\cos\phi\sin\theta & \sin\phi\sin\psi\sin\theta+\cos\phi\cos\theta & \sin\phi\cos\psi \\ \cos\phi\sin\psi\cos\theta+\sin\phi\sin\theta & \cos\phi\sin\psi\sin\theta-\sin\phi\cos\theta & \cos\phi\cos\psi \end{bmatrix} \; . \tag{3.146}
$$

Die Darstellung der Winkelgeschwindigkeit $\underline{\omega}$ im körperfesten System $x,y,z$ liefert die *kinematischen KARDAN-Gleichungen:*

$$
\left.
\begin{aligned}
\omega_x &= \dot{\phi} - \dot{\theta}\sin\psi \\
\omega_y &= \dot{\theta}\cos\psi\sin\phi + \dot{\psi}\cos\phi \\
\omega_z &= \dot{\theta}\cos\psi\cos\phi - \dot{\psi}\sin\phi
\end{aligned}
\right\} \; . \tag{3.147}
$$

Umgekehrt wird:

$$
\left.
\begin{aligned}
\dot{\theta} &= \frac{1}{\cos\psi}\left(\omega_y\sin\phi+\omega_z\cos\phi\right) \\
\dot{\psi} &= \omega_y\cos\phi - \omega_z\sin\phi \\
\dot{\phi} &= \omega_x + \tan\psi(\omega_y\sin\phi+\omega_z\cos\phi)
\end{aligned}
\right\} \; . \tag{3.148}
$$

Die Komponenten von $\underline{\omega}$ im raumfesten System $\xi,\eta,\zeta$ lauten entsprechend:

$$
\left.
\begin{aligned}
\omega_\xi &= \dot{\phi}\cos\theta\cos\psi - \dot{\psi}\sin\theta \\
\omega_\eta &= \dot{\phi}\sin\theta\cos\psi + \dot{\psi}\cos\theta \\
\omega_\zeta &= \dot{\theta} - \dot{\phi}\sin\psi
\end{aligned}
\right\} \; . \tag{3.149}
$$

Umgekehrt wird:

$$\begin{aligned}
\dot{\theta} &= \tan\psi\,(\omega_\xi\cos\theta+\omega_\eta\sin\theta) + \omega_\zeta \\[2mm]
\dot{\psi} &= -\,\omega_\xi\sin\theta + \omega_\eta\cos\theta \\[2mm]
\dot{\phi} &= \frac{1}{\cos\psi}\,(\omega_\xi\cos\theta+\omega_\eta\sin\theta)
\end{aligned}\right\}\ . \tag{3.150}$$

Für kleine Winkel wird aus der Transformationsmatrix

$$T_K = \begin{bmatrix} 1 & \theta & -\psi \\ -\theta & 1 & \phi \\ \psi & -\phi & 1 \end{bmatrix} \qquad \text{(schiefsymmetrisch!)} \tag{3.151}$$

und aus den kinematischen KARDAN-Gleichungen:

$$\begin{aligned}
\omega_x &= \dot{\phi} \\
\omega_y &= \dot{\psi} \\
\omega_z &= \dot{\theta}
\end{aligned}\right\}\ . \tag{3.152}$$

### 3.9.3 <u>Vergleich zwischen EULER-Winkeln und KARDAN-Winkeln</u>

Der Zusammenhang zwischen EULER-Winkeln und KARDAN-Winkeln läßt sich sehr einfach durch Vergleich entsprechender Elemente der Matrizen $T_E$ und $T_K$ herstellen.

Verwendet man die EULER-Winkel, so wird für $\theta = 0$ :

$$\omega_z = \dot{\psi} + \dot{\phi}\ , \tag{3.153}$$

d.h. bei bekanntem $\omega_z$ ist eine eindeutige Auflösung nach $\dot{\psi}$, $\dot{\phi}$ nicht möglich. Verwendet man die KARDAN-Winkel, so wird für $\psi = \frac{\pi}{2}$ :

$$\omega_x = \dot{\phi} - \dot{\theta}\ , \tag{3.154}$$

d.h. die Auflösung nach $\dot{\phi}$, $\dot{\theta}$ ist nicht möglich.

Für die Kreiseltechnik ist der erste und für die Satellitentechnik der zweite Nachteil weniger gravierend.

<u>Bemerkung:</u> Aus der Herleitung der kinematischen EULER- bzw. KARDAN-Gleichungen ist ersichtlich, daß diese Gleichungen auch dann gelten, wenn das Bezugssystem $\xi,\eta,\zeta$ nicht raumfest ist und damit $\underline{\omega}$ die Winkelgeschwindigkeit des körperfesten Systems bezüglich dieses beweglichen Systems bezeichnet. ∎


### 3.9.4  Dynamische EULER-Gleichungen


In Kap. 3.9.1 bis 3.9.3 waren $x,y,z$ beliebige körperfeste Achsen. In den folgenden Abschnitten (Kap. 3.9.4 bis 3.9.6) seien *x,y,z körperfeste Hauptträgheitsachsen*. Die entsprechenden Hauptträgheitsmomente seien A, B, C .


Die Komponenten $\omega_x$, $\omega_y$, $\omega_z$ der absoluten Winkelgeschwindigkeit im körperfesten System genügen den bekannten *dynamischen EULER-Gleichungen*

$$\left.\begin{aligned}
A\dot{\omega}_x + (C-B)\omega_y\omega_z &= M_x \\
B\dot{\omega}_y + (A-C)\omega_z\omega_x &= M_y \\
C\dot{\omega}_z + (B-A)\omega_x\omega_y &= M_z
\end{aligned}\right\} \ , \tag{3.155}$$

wo $M_x$, $M_y$, $M_z$ die Komponenten des äußeren Gesamtmoments $\underline{M}$ im körperfesten Hauptachsensystem $x,y,z$ sind. (Auf die Herleitung der Gleichungen wird später noch eingegangen.)

Die dynamischen EULER-Gleichungen bilden zusammen mit den kinematischen EULER-Gleichungen (bzw. den kinematischen KARDAN-Gleichungen) ein System von sechs Differentialgleichungen zur Bestimmung der sechs unbekannten Funktionen

$$\phi(t), \quad \psi(t), \quad \theta(t), \quad \omega_x(t), \quad \omega_y(t), \quad \omega_z(t) \ .$$

Die Integration dieses hochgradig nichtlinearen Systems ist die Hauptaufgabe der klassischen Theorie des Kreisels, aber auch der klassischen Satellitendynamik. Strenge Lösungen sind nur in (z.T. berühmten) Einzelfällen bekannt. In der technischen Kreisellehre und in der Satellitentechnik werden diese Gleichungen oft linearisiert; ein entsprechendes Beispiel enthält der nächste Abschnitt.

<u>Bemerkungen zur Herleitung der dynamischen EULER-Gleichungen:</u>

Die dynamischen EULER-Gleichungen lassen sich aus dem Drallsatz im bewegten System gewinnen.

Eine zweite Möglichkeit bieten die LAGRANGEschen Gleichungen zweiter Art. Setzt man die kinetische Energie der Drehbewegung

$$T = \frac{1}{2}(A\omega_x^2 + B\omega_y^2 + C\omega_z^2)$$

in die LAGRANGEschen Gleichungen

$$\frac{d}{dt}\left(\frac{\partial T}{\partial \dot{q}}\right) - \frac{\partial T}{\partial q} = \underline{Q}$$

ein, wo $\underline{q}^* = (\phi, \psi, \theta)$ ist, so erhält man für $q_1 = \phi$ :

$$\frac{\partial T}{\partial \dot{\phi}} = A\omega_x \frac{\partial \omega_x}{\partial \dot{\phi}} + B\omega_y \frac{\partial \omega_y}{\partial \dot{\phi}} + C\omega_z \frac{\partial \omega_z}{\partial \dot{\phi}} \quad .$$

Aus den kinematischen EULER-Gleichungen folgt:

$$\frac{\partial \omega_x}{\partial \dot{\phi}} = 0 \quad , \quad \frac{\partial \omega_y}{\partial \dot{\phi}} = 0 \quad , \quad \frac{\partial \omega_z}{\partial \dot{\phi}} = 1$$

und

$$\frac{d}{dt}\left(\frac{\partial T}{\partial \dot{\phi}}\right) = C\dot{\omega}_z \quad .$$

Ferner ist

$$\frac{\partial T}{\partial \phi} = A\omega_x \frac{\partial \omega_x}{\partial \phi} + B\omega_y \frac{\partial \omega_y}{\partial \phi} + C\omega_z \frac{\partial \omega_z}{\partial \phi} \quad ,$$

und aus den kinematischen EULER-Gleichungen folgt weiterhin:

$$\frac{\partial \omega_x}{\partial \phi} = \dot{\psi}\cos\phi\sin\theta - \dot{\theta}\sin\phi = \omega_y \quad ,$$

$$\frac{\partial \omega_y}{\partial \phi} = -\dot{\psi}\sin\phi\sin\theta - \dot{\theta}\cos\phi = -\omega_x \quad ,$$

$$\frac{\partial \omega_z}{\partial \phi} = 0 \quad ,$$

d.h.

$$\frac{\partial T}{\partial \phi} = (A-B)\omega_x\omega_y \quad .$$

Insgesamt ergibt sich also

$$C\dot{\omega}_z + (A-B)\omega_x\omega_y = Q_\phi \quad .$$

Die der verallgemeinerten Koordinate $\phi$ entsprechende verallgemeinerte Kraft $Q_\phi$ muß wegen der Dimensionsgleichheit der linken und der rechten Gleichungsseite ein Moment sein, und da die Gleichung die Änderung der z-Komponente von $\underline{\omega}$ beschreibt, ein Moment um die z-Achse, d.h. endgültig ist

$$C\dot{\omega}_z + (A-B)\omega_x\omega_y = M_z \ .$$

Auch die beiden anderen dynamischen EULER-Gleichungen können auf diesem
Wege hergeleitet werden, die Herleitung ist jedoch recht umständlich.

Eine weitere Herleitung wird in Kap. 4.4 angegeben. ∎

Bemerkung: Den Winkelgeschwindigkeiten $\dot{\phi}$, $\dot{\psi}$, $\dot{\theta}$ entsprechen die verallgemeinerten Koordinaten $\phi$, $\psi$, $\theta$ . Der Winkelgeschwindigkeit $\omega_x$ (bzw.
$\omega_y$, $\omega_z$ ) dagegen entspricht im räumlichen Fall keine verallgemeinerte Koordinate, deren Ableitung $\omega_x$ (bzw. $\omega_y$, $\omega_z$ ) wäre! Solche Geschwindigkeiten werden deswegen als *Pseudogeschwindigkeit* bezeichnet. Wir begegnen
ihnen nochmals bei der Betrachtung der nichtholonomen Systeme in Kapitel 4. Bei nichtholonomen Systemen spielen Pseudogeschwindigkeiten eine
wichtige Rolle! ∎

## 3.9.5 Drehbewegung eines Satelliten bezüglich des bahnfesten Systems

Die Bahnbewegung des Massenzentrums eines Satelliten und die Drehbewegung des Satelliten um sein Massenzentrum sind im allgemeinen gekoppelt
(vgl. Kap. 3.4, Beispiel 3.5: Hantelsatellit im Gravitationsfeld). Die
Koppelung hat aber die Größenordnung von $(1/R)^2$ , wo 1 und R die
charakteristischen Abmessungen des Satelliten und der Bahn sind. Für
die Mehrzahl der technisch realisierten Satelliten liegt aber das Ver-
hältnis 1/R bei $10^{-5}$ , so daß die Koppelung vernachlässigt werden
kann. Man kann also die Drehbewegungen des Satelliten für sich allein betrachten.

Es seien x, y, z die Hauptträgheitsachsen des Satelliten und A, B, C
die entsprechenden Trägheitsmomente. Das mitlaufende bahnfeste System
$\xi, \eta, \zeta$ sei definiert durch die Ortsvektorrichtung $\eta$ , die Bahnebenennor-
male $\zeta$ und die zu $\eta$ und $\zeta$ senkrechte Achse $\xi$ (Bild 3.13). Es werden KARDAN-Winkel verwendet.

Es sei $\underline{\omega}_{rel}$ die Winkelgeschwindigkeit des körperfesten x,y,z-Systems
bezüglich des mitlaufenden bahnfesten Systems $\xi, \eta, \zeta$ und $\underline{\Omega}$ die Bahnwinkelgeschwindigkeit des Satelliten.

Dann ist

$$\underline{\omega}_{abs} = \underline{\omega}_{rel} + \underline{\Omega} \ . \tag{3.156}$$

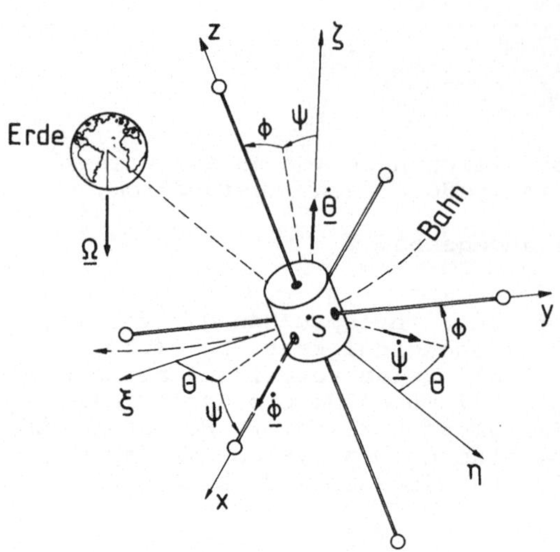


Bild 3.13   Drehbewegungen eines Satelliten

Für kleine KARDAN-Winkel gilt:

$$\left.\begin{array}{l} \omega_{xr} = \dot{\phi} \\[2mm] \omega_{yr} = \dot{\psi} \\[2mm] \omega_{zr} = \dot{\theta} \end{array}\right\} \;. \qquad (3.152)$$

Der Vektor $\underline{\Omega}$ hat im $\xi,\eta,\zeta$-System die Komponenten $(0,0,-\Omega)$ . Die Komponenten von $\Omega$ im $x,y,z$-System erhält man mit Hilfe der Transformationsmatrix (3.151) für kleine Winkel:

$$\begin{bmatrix} \Omega_x \\ \Omega_y \\ \Omega_z \end{bmatrix} = \begin{bmatrix} 1 & \theta & -\psi \\ -\theta & 1 & \phi \\ \psi & -\phi & 1 \end{bmatrix} \begin{bmatrix} 0 \\ 0 \\ -\Omega \end{bmatrix} = \begin{bmatrix} \Omega\psi \\ -\Omega\phi \\ -\Omega \end{bmatrix} \;.$$

Somit lauten die kinematischen Gleichungen (3.156):

$$\left.\begin{array}{l} \omega_{x_{abs}} = \dot{\phi} + \Omega\psi \\[4mm] \omega_{y_{abs}} = \dot{\psi} - \Omega\phi \\[4mm] \omega_{z_{abs}} = \dot{\theta} - \Omega \end{array}\right\} \;. \qquad (3.157)$$

Setzt man diese Ausdrücke in die dynamischen EULER-Gleichungen (3.155)
ein und vernachlässigt man Glieder höherer Ordnung, so erhält man die
Gleichungen

$$
\left.
\begin{aligned}
A\ddot{\phi} + \Omega^2(C-B)\phi + \Omega(A+B-C)\dot{\psi} + A\dot{\Omega}\psi &= M_x \\
B\ddot{\psi} + \Omega^2(C-A)\psi - \Omega(A+B-C)\dot{\phi} - B\dot{\Omega}\phi &= M_y \\
C\ddot{\theta} \qquad\qquad\qquad\qquad - C\dot{\Omega} &= M_z
\end{aligned}
\right\} .
\qquad (3.158)
$$

Bewegt sich der Satellit insbesondere auf einer Kreisbahn, so ist
$\Omega = \text{const}$ , $\dot{\Omega} = 0$ , und die Gleichungen vereinfachen sich zu

$$
\left.
\begin{aligned}
A\ddot{\phi} + \Omega^2(C-B)\phi + \Omega(A+B-C)\dot{\psi} &= M_x \\
B\ddot{\psi} + \Omega^2(C-A)\psi - \Omega(A+B-C)\dot{\phi} &= M_y \\
C\ddot{\theta} \qquad\qquad\qquad\qquad &= M_z
\end{aligned}
\right\} .
\qquad (3.159)
$$

Kreisbahnen spielen in der Satellitentechnik eine große Rolle, da für
viele Missionen ein konstanter Abstand des Satelliten von der Erde notwendig ist, z.B. bei Nachrichtensatelliten, Wettersatelliten, For-
schungssatelliten. In diesen Fällen ist es meist auch notwendig, das
körperfeste $x,y,z$-System nach dem bahnfesten $\xi,\eta,\zeta$-System auszurich-
ten (Orientierung von Antennen usw.) und damit Abweichungen möglichst
klein zu halten. Dies kann auf zweierlei Arten geschehen:

1. Bei der *aktiven Stabilisierung* wird der Satellit mit einem Regler
   ausgestattet. Über Stellglieder in Form von Schubdüsen, Drallrädern
   oder Kreisel wirken auf den Satelliten äußere Momente, die den rechten Seiten der Gln. (3.158) bzw. (3.159) entsprechen und die für
   die gewünschte Stabilisierung sorgen.

2. Bei der *passiven Stabilisierung*, die besonders in den sechziger Jahren
   viel verwendet worden ist, wird die natürliche äußere Umgebung des Satelliten zur Erzeugung äußerer Momente $M_x$, $M_y$, $M_z$ ausgenützt. Die
   wichtigsten Effekte sind:

> das Gravitationsfeld der Erde,
> das Magnetfeld der Erde,
> der Strahlungsdruck der Sonne,
> aerodynamische Einflüsse.

In beiden Fällen sind die linearisierten Bewegungsgleichungen für die
Durchführung der erforderlichen Rechnungen und Überlegungen ausreichend.

Da nur kleine Winkel betrachtet werden, ist das Versagen der kinematischen KARDAN-Gleichungen für $\psi = \frac{\pi}{2}$ ohne Belang (vgl. Kap. 3.9.3).


### 3.9.6  Gravitationsstabilisierung eines Satelliten auf einer Kreisbahn

Wird von den äußeren Momenten nur das Gravitationsmoment der Erde berücksichtigt, so spricht man von einer *Gravitationsstabilisierung*. Ihr
kommt besonders bei erdnahen Satelliten eine große Bedeutung zu.

Für die Komponenten des Gravitationsmomentes gelten im körperfesten System  x,y,z  für kleine Auslenkungen folgende Ausdrücke:

$$\left.\begin{array}{l} M_{grx} = -\,3\Omega^2(C-B)\phi \\[2mm] M_{gry} = O \\[2mm] M_{grz} = -\,3\Omega^2(A-B)\theta \end{array}\right\}\cdot \qquad (3.160)$$

Eingesetzt in (3.159) folgt:

$$A\ddot{\phi} + 4\Omega^2(C-B)\phi + \Omega(A+B-C)\dot{\psi} = O \quad, \qquad (3.161)$$

$$B\ddot{\psi} + \Omega^2(C-A)\psi - \Omega(A+B-C)\dot{\phi} = O \quad, \qquad (3.162)$$

$$C\ddot{\theta} + 3\Omega^2(A-B)\theta \qquad\qquad = O \quad. \qquad (3.163)$$

Diese Gleichungen beschreiben die Drehbewegung eines gravitationssta-
bilisierten Satelliten für kleine Winkel. Die Bewegung zerfällt in zwei
Teilbewegungen: in die gekoppelte Roll-Gierbewegung (3.161), (3.162)
und in die davon unabhängige Nickbewegung (3.163). Die Lösung dieser
Bewegungsgleichungen ist für den allgemeinen Fall mit erheblichem Aufwand verbunden.

# 4 Nichtholonome Systeme

Nichtholonome Systeme haben praktisch eine große Bedeutung. Beispiels-
weise überall dort, wo reine Rollvorgänge stattfinden, d.h. Rollen ohne
Gleiten, liegen nichtholonome Bindungen zugrunde. Das heute wohl popu-
lärste nichtholonome System ist das Kraftfahrzeug.

Im Gegensatz zu den holonomen Systemen haben bei den nichtholonomen Systemen die kompakten LAGRANGEschen Gleichungen zweiter Art keine Gültig-
keit mehr. In Kapitel 2 wurde mit den LAGRANGEschen Gleichungen erster
Art bereits eine Methode vorgestellt, die sowohl für holonome als auch
nichtholonome Systeme angewendet werden kann. In diesem Kapitel sollen
nun Methoden zur Aufstellung der Bewegungsgleichungen nichtholonomer Systeme vorgestellt werden, die sich an der Anzahl der Freiheitsgrade des
Systems orientieren und damit Vorteile gegenüber den LAGRANGEschen Gleichungen erster Art bieten.

## 4.1 Beispiele nichtholonomer Systeme

<u>Beispiel 4.1:</u> Bewegung einer Schneide (Kufe, Schlittschuh) in der Ebene
(Bild 4.1).

Die Schneide werde durch einen Pfeil charakterisiert. Ihre Lage kann z.B.
durch die verallgemeinerten Koordinaten

$$x_S, \ y_S, \ \theta$$

beschrieben werden, wobei  S  der Schwerpunkt ist.

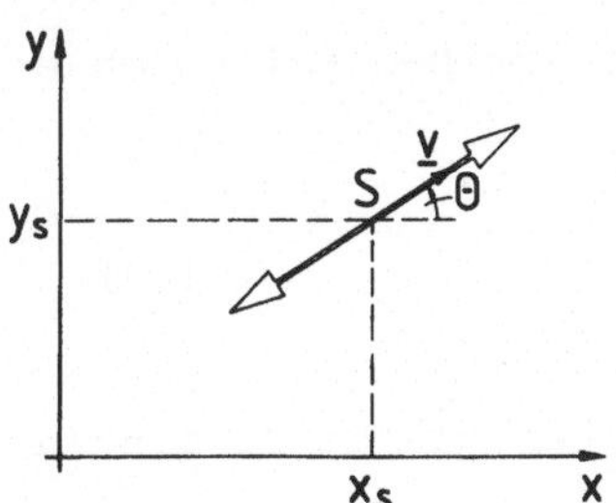


Bild 4.1  Schneide in der Ebene

Die Bewegung der Schneide erfolge so, daß die Geschwindigkeit des Schwerpunktes stets die Richtung der Schneide hat.

Dann ist

$$\dot{x}_s = v\cos\theta \quad , \quad \dot{y}_s = v\sin\theta \quad ,$$

und die Geschwindigkeiten $\dot{x}_s$ und $\dot{y}_s$ sind folglich der nichtholonomen
Bindung

$$\dot{x}_s\sin\theta - \dot{y}_s\cos\theta = 0 \tag{4.1}$$

unterworfen.

Man hat *drei* verallgemeinerte Koordinaten und *eine* kinematische Bindung;
die Zahl der Freiheitsgrade ist also *zwei*. ∎

Beispiel 4.2: Bewegung eines Reifens auf der Ebene (Bild 4.2).

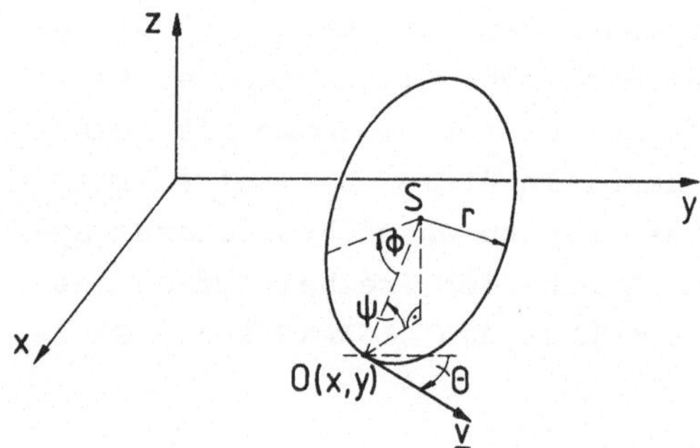


Bild 4.2   Reifen auf der Ebene


Die Lage des Reifens läßt sich durch die fünf verallgemeinerten Koordinaten

$$x, y, \theta, \psi, \phi$$

beschreiben. Dabei sind  $x,y$  die Koordinaten des Spurpunktes  O ,  $\theta$
gibt die Richtung der Bewegung des Spurpunktes bezüglich der  y-Achse
an,  $\psi$  beschreibt die Neigung der Reifenebene, und  $\phi$  ist der Rollwinkel.

Aus der Bewegung des Spurpunktes in der Ebene erhält man bei Rollen ohne
Gleiten die beiden nichtholonomen Bindungen:

$$\left.\begin{aligned}\dot{x} &= r\dot{\phi}\sin\theta \\[2mm] \dot{y} &= r\dot{\phi}\cos\theta\end{aligned}\right\} \quad . \tag{4.2}$$

Da man *fünf* verallgemeinerte Koordinaten und *zwei* kinematische Bindungen
hat, ist die Zahl der Freiheitsgrade also *drei*. ∎

<u>Beispiel 4.3:</u> Rollen einer Kugel auf der Ebene (Bild 4.3).

Für die Bewegung der Kugel auf der  $\xi\eta$-Ebene hat man die fünf verallgemeinerten Koordinaten

$$\xi,\ \eta,\ \phi,\ \psi,\ \theta\ ,$$

wobei  $\xi,\ \eta$  die Koordinaten des Momentanpols und  $\phi,\ \psi,\ \theta$  EULER- oder
KARDAN-Winkel sein können. Die nichtholonomen Bindungen für Rollen ohne
Gleiten sind

$$\left.\begin{array}{l} \dot\xi = a\omega_\eta \\[2mm] \dot\eta = -a\omega_\xi \end{array}\right\}\ .$$

Die Komponenten  $\omega_\xi$, $\omega_\eta$  der Winkelgeschwindigkeit  $\underline\omega$  der Kugel sind
unter Verwendung von EULER-Winkeln durch (3.143) gegeben. Damit lauten
die beiden nichtholonomen Bindungen:

$$\left.\begin{array}{l} \dot\xi = a(\dot\theta\sin\psi-\dot\phi\cos\psi\sin\theta) \\[2mm] \dot\eta = -a(\dot\theta\cos\psi+\dot\phi\sin\psi\sin\theta) \end{array}\right\}\ . \tag{4.3}$$

Die Kugel auf der Ebene hat also *drei* Freiheitsgrade. ∎

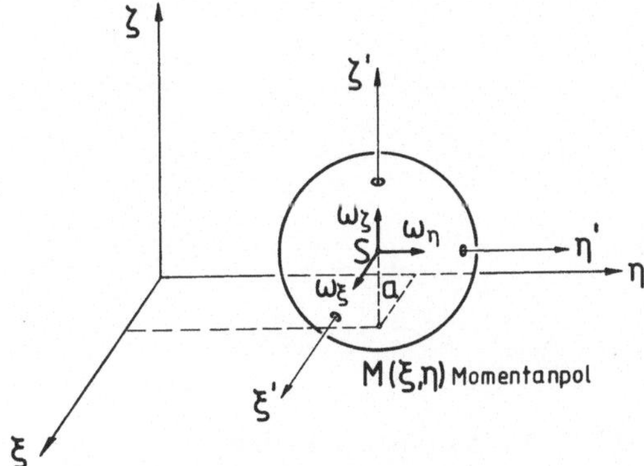


Bild 4.3   Rollende Kugel auf der Ebene

## 4.2  Anzahl der Freiheitsgrade eines nichtholonomen Systems

Besteht ein holonomes System aus  N  Massenpunkten, die  g  geometrischen Bindungen unterworfen sind, so ist die Anzahl der Freiheitsgrade
$m = 3N - g$  , und die verallgemeinerten Koordinaten  $q_1,\ \dots,\ q_m$  werden
so gewählt, daß die geometrischen Bindungen berücksichtigt sind.

Bei einem nichtholonomen System kommen jetzt noch zusätzlich  k  nichtholonome, d.h. nicht integrierbare kinematische Bindungen hinzu. Damit reduziert sich die Anzahl der Freiheitsgrade auf (vgl. Kap. 2.3).

$$n = m - k \quad . \tag{4.4}$$

Die nichtholonomen Bindungen wurden als linear in den Geschwindigkeiten eingeführt (vgl. Kap. 2.2.2) und haben mit den verallgemeinerten Koordinaten  $q_1, \ldots, q_m$  die Form:

$$\sum_{i=1}^{m} \alpha_{\nu i}(t,q_1,\ldots,q_m)\dot{q}_i + \alpha_\nu(t,q_1,\ldots,q_m) = 0 \ , \ \nu = 1,\ldots,k \tag{4.5}$$

oder

$$\sum_{i=1}^{m} \alpha_{\nu i}(t,\underline{q})dq_i + \alpha_\nu(t,\underline{q})dt = 0 \ , \qquad \nu = 1,\ldots,k \ . \tag{4.6}$$

Diese Beziehung kann auch noch in der Form geschrieben werden:

$$\underline{\tilde{a}}_\nu^* \, d\underline{\tilde{q}} = 0 \ , \qquad \nu = 1,\ldots,k \ , \tag{4.7}$$

mit

$$\underline{\tilde{a}}_\nu = \begin{bmatrix} \alpha_{\nu 1} \\ \vdots \\ \alpha_{\nu m} \\ \alpha_\nu \end{bmatrix} \ , \qquad d\underline{\tilde{q}} = \begin{bmatrix} dq_1 \\ \vdots \\ dq_m \\ dt \end{bmatrix} \quad .$$

Mit den erweiterten Vektoren  $\underline{\tilde{a}}_\nu$  und  $d\underline{\tilde{q}}_\nu$  lassen sich Bedingungen angeben, für welche die Differentialgleichung (4.5) bzw. (4.7) integrierbar ist. Bezeichnet man die Dimension der erweiterten Vektoren mit  1 , so haben für  $1 \leq 3$  diese Bedingungen die Form

$$\underline{\tilde{a}}_\nu^* \, \mathrm{rot}\underline{\tilde{a}}_\nu = 0 \ , \qquad \nu = 1,\ldots,k \ . \tag{4.8}$$

In diesem Fall existiert für jedes  $\nu$  ein integrierender Faktor  $\mu$ , mit dem (4.7) multipliziert werden muß, um daraus ein totales Differential zu machen, das integrierbar ist. Die kinematischen Bindungen (4.5) bzw. (4.7) sind dann holonom.

Die Differentialgleichung (4.5) bzw. (4.7) ist exakt, wenn die schärfere
Bedingung

$$\text{rot}\,\tilde{\underline{a}}_\nu = \underline{0} \qquad\qquad (4.9)$$

erfüllt ist.

Damit läßt sich folgende Aussage über die Zahl der verallgemeinerten Koordinaten und die Zahl der Freiheitsgrade bei einem nichtholonomen System machen:

> Bei einem *skleronomen* System gilt offenbar $m = 1$. Im nichtho-
> lonomen Fall ist die Zahl der verallgemeinerten Koordinaten dann
>
> $$m \geq 3 \ . \qquad\qquad (4.10)$$
>
> Für
>
> $$m = 2$$
>
> ist ein skleronomes System immer *holonom*.
>
> Die Zahl der Freiheitsgrade eines skleronomen nichtholonomen
> Systems ist demnach
>
> $$n \geq 2 \ . \qquad\qquad (4.11)$$

Um diese Aussage zu beweisen, soll der skleronome Fall für $m = 2$ und
$k = 1$ betrachtet werden. Aus (4.6) wird damit:

$$\alpha_1 dq_1 + \alpha_2 dq_2 = 0 \ . \qquad\qquad (4.12)$$

Die einzige Bedingung (4.8) lautet dann:

$$\alpha_1 \cdot 0 + \alpha_2 \cdot 0 + 0 \cdot \left( \frac{\partial \alpha_2}{\partial q_1} - \frac{\partial \alpha_1}{\partial q_2} \right) = 0 \ .$$

Sie ist also immer erfüllt, d.h. die Bindung (4.12) ist integrierbar und
damit holonom.

Dagegen ist bei einem *rheonomen* System für $m = 2$ und $k = 1$ die Bedingung (4.8) nicht automatisch erfüllt; das System kann also auch
nichtholonom sein.

Für  $l > 3$ , also  $m > 2$  im rheonomen Fall bzw.  $l = m > 3$  im skleronomen Fall, haben die Bedingungen (4.8) eine etwas andere Gestalt. Ihre
Anzahl ist für jedes  $\nu$  $(\nu=1,\ldots,k)$

$$\binom{l}{3} \quad \text{mit} \quad \begin{array}{c|c|c|c|c|c|c|c} l & 1 & 2 & 3 & 4 & 5 & 6 & \ldots \\ \hline \binom{l}{3} & 0 & 0 & 1 & 4 & 10 & 20 & \ldots \end{array} \tag{4.13}$$

Auch hieraus sieht man sofort, daß im skleronomen Fall für  $l = m = 2$
keine Bedingung erfüllt sein muß, die Bindung also immer holonom ist.
Der obige Satz gilt damit allgemein wie angegeben.


## 4.3  Bewegungsgleichungen mit LAGRANGEschen Multiplikatoren

In Kapitel 3 konnte die Fundamentalgleichung der Mechanik (2.31) durch
Einführung der verallgemeinerten Koordinaten  $q_i$  folgendermaßen umgeformt werden:

$$\sum_{i=1}^{m} \left[ \frac{d}{dt}\left(\frac{\partial T}{\partial \dot{q}_i}\right) - \frac{\partial T}{\partial q_i} - Q_i \right] \delta q_i = 0 \quad . \tag{4.14}$$

Da bei holonomen Systemen die  $m = 3N - g$  virtuellen Verschiebungen
$\delta q_i$  unabhängig sind, folgen hieraus die LAGRANGEschen Gleichungen zweiter Art (3.20) für holonome Systeme. Die bei einem nichtholonomen System
zusätzlich noch auftretenden  $k$  nichtholonomen Bindungen

$$\sum_{i=1}^{m} \alpha_{\nu i}\dot{q}_i + \alpha_{\nu} = 0 \quad , \qquad\qquad \nu = 1,\ldots,k \quad , \tag{4.15}$$

führen auf die Gleichungen

$$\sum_{i=1}^{m} \alpha_{\nu i}\delta q_i = 0 \quad , \qquad\qquad \nu = 1,\ldots,k \quad , \tag{4.16}$$

durch welche die virtuellen Verschiebungen  $\delta q_i$  untereinander verknüpft
sind. Man führt nun die *LAGRANGEschen Multiplikatoren*  $\mu_{\nu}$  ein, multipliziert mit ihnen die Gln. (4.16) und subtrahiert diese von Gl. (4.14):

$$\sum_{i=1}^{m} \left[ \frac{d}{dt}\left(\frac{\partial T}{\partial \dot{q}_i}\right) - \frac{\partial T}{\partial q_i} - Q_i - \sum_{\nu=1}^{k} \mu_{\nu}\alpha_{\nu i} \right] \delta q_i = 0 \quad . \tag{4.17}$$

Jetzt argumentiert man wie bei der Herleitung der LAGRANGEschen Gleichungen erster Art: Von den  m  virtuellen Verschiebungen  $\delta q_i$  sind
$n = m - k$  *unabhängig, die restlichen  k  sind abhängig.* Bei diesen
wählt man die LAGRANGEschen Multiplikatoren  $\mu_\nu$  so, daß die zugehörige
eckige Klammer in (4.17) jeweils verschwindet. Da die übrigen  n = m - k
virtuellen Verschiebungen  $\delta q_i$  unabhängig sind, müssen dort die eckigen
Klammern ebenfalls verschwinden. Man erhält damit für das betrachtete
nichtholonome Problem folgendes System von Bewegungsgleichungen und Bindungen:

$$\frac{d}{dt}\left(\frac{\partial T}{\partial \dot{q}_i}\right) - \frac{\partial T}{\partial q_i} - Q_i - \sum_{\nu=1}^{k} \mu_\nu \alpha_{\nu i} = 0 \quad , \qquad i = 1,\dots,m \quad , \qquad (4.18)$$

$$\sum_{i=1}^{m} \alpha_{\nu i}\dot{q}_i + \alpha_\nu = 0 \quad , \qquad\qquad \nu = 1,\dots,k \quad . \qquad (4.19)$$

Das sind  m + k  Gleichungen für die Bestimmung der  m + k  Unbekannten

$$q_1, \ \dots, \ q_m , \qquad \mu_1, \ \dots, \ \mu_k .$$

Die Größen

$$\sum_{\nu=1}^{k} \mu_\nu \alpha_{\nu i} \quad , \qquad\qquad\qquad i = 1,\dots,m \qquad (4.20)$$

sind die *verallgemeinerten Reaktionskräfte* der nichtholonomen Bindungen.


<u>Beispiel 4.4:</u> Bewegung einer Schneide auf einer vertikalen Wand (Bild
4.4).

Der Einfachheit halber sei angenommen, daß die Schneide aus zwei gleichen und normierten Massen  $m_1 = m_2 = 1$  besteht, die durch eine starre
massenlose Stange der Länge  a  verbunden sind. Als eingeprägte Kraft
wirkt die Schwerkraft.

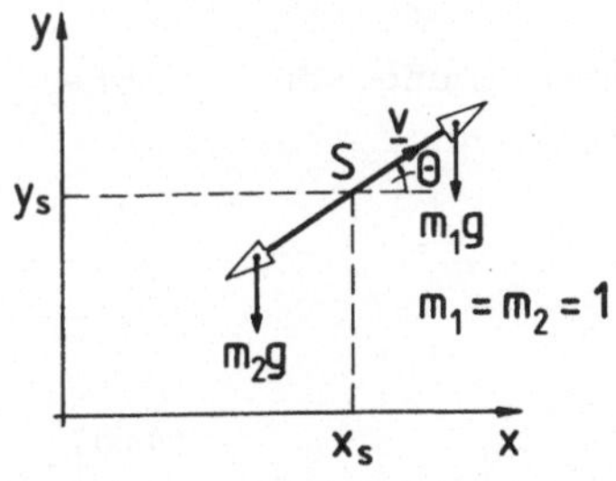


Bild 4.4  Schneide auf vertikaler Wand

Die verallgemeinerten Koordinaten sind

$$x_s, \; y_s, \; \theta \quad ,$$

die nichtholonome Bindung lautet nach Beispiel 4.1:

$$\dot{x}_s\sin\theta - \dot{y}_s\cos\theta = 0 \quad . \tag{4.1}$$

Für die kinetische Energie gilt:

$$T = \frac{1}{2}(m_1+m_2)(\dot{x}_s^2+\dot{y}_s^2) + \frac{1}{2}I_s\dot{\theta}^2 = \dot{x}_s^2 + \dot{y}_s^2 + \frac{1}{4}a^2\dot{\theta}^2 \quad . \tag{4.21}$$

Die einzige verallgemeinerte Kraft ist

$$Q_{ys} = -(m_1+m_2)g = -2g \quad . \tag{4.22}$$

Mit dem LAGRANGEschen Multiplikator $\mu$ ergibt sich dann folgendes System von Bewegungsgleichungen:

$$2\ddot{x}_s - \mu\sin\theta = 0 \quad , \tag{4.23}$$

$$2\ddot{y}_s + \mu\cos\theta + 2g = 0 \quad , \tag{4.24}$$

$$\ddot{\theta} = 0 \quad , \tag{4.25}$$

$$\dot{x}_s\sin\theta - \dot{y}_s\cos\theta = 0 \quad . \tag{4.26}$$

Aus Gl. (4.25) folgt sofort

$$\theta = \omega t + \theta_0 \quad , \tag{4.27}$$

und aus (4.23) und (4.24) wird nach Elimination von $\mu$

$$\ddot{x}_s\cos\theta + \ddot{y}_s\sin\theta + g\sin\theta = 0 \quad . \tag{4.28}$$

Wegen (4.26) kann man $\dot{x}_s$ und $\dot{y}_s$ in der Form schreiben

$$\dot{x}_s = \kappa\cos\theta \quad , \tag{4.29}$$

$$\dot{y}_s = \kappa\sin\theta \quad , \tag{4.30}$$

so daß sich über (4.28) folgende Gleichung zur Bestimmung von $\kappa$ ergibt

$$\dot{\kappa} = -g\sin\theta = -g\sin(\omega t+\theta_0) \quad ,$$

deren Lösung

$$\kappa = \frac{g}{\omega}\cos(\omega t+\theta_0) + \kappa_0 \tag{4.31}$$

ist.

Die allgemeine Lösung der Differentialgleichungen (4.29), (4.30) hat mit

$$\dot{x}_s = \frac{dx_s}{d\theta}\frac{d\theta}{dt} = \frac{dx_s}{d\theta}\omega \quad , \qquad \dot{y}_s = \frac{dy_s}{d\theta}\frac{d\theta}{dt} = \frac{dy_s}{d\theta}\omega \quad ,$$

unter Verwendung von (4.31) folgende Form:

$$x_s = \frac{g}{4\omega^2}(2\theta+\sin2\theta) + \frac{\kappa_0}{\omega}\sin\theta + C_1 \quad , \tag{4.32}$$

$$y_s = - \frac{g}{4\omega^2}\cos2\theta - \frac{\kappa_0}{\omega}\cos\theta + C_2 \quad , \tag{4.33}$$

$$\theta = \omega t + \theta_0 \quad . \tag{4.27}$$

Der Sonderfall der kräftefreien Bewegung  (g=0)  liefert sofort

$$x_s = \frac{\kappa_0}{\omega}\sin\theta + C_1 \quad ,$$

$$y_s = - \frac{\kappa_0}{\omega}\cos\theta + C_2$$

oder

$$(x_s-C_1)^2 + (y_s-C_2)^2 = \left(\frac{\kappa_0}{\omega}\right)^2 \quad . \tag{4.34}$$

Der Schwerpunkt der Schneide bewegt sich also auf einem Kreis!

Beim allgemeinen Fall  $g\neq0$  sind die Konstanten  $C_1$  und  $C_2$  für die Struktur der Lösungen nicht von Bedeutung; sie sollen daher nachfolgend weggelassen werden. Außerdem sollen  $x_s$  und  $y_s$  mit

$$\frac{g}{4\omega^2}$$

normiert werden. Dann gelten die neuen Gleichungen:

$$\bar{x}_s = \sin2\theta + \kappa_1\sin\theta + 2\theta \quad , \tag{4.35}$$

$$\bar{y}_s = - \cos2\theta - \kappa_1\cos\theta \quad , \tag{4.36}$$

mit

$$\kappa_1 = \frac{4\kappa_0\omega}{g} \quad . \tag{4.37}$$

Aus (4.35) und (4.36) erhält man:

$$(\bar{x}_s-2\theta)^2 + \bar{y}_s^2 = 1 + \kappa_1^2 + 2\kappa_1\cos\theta \quad . \tag{4.38}$$

Dies ist die Gleichung eines Kreises mit periodisch veränderlichem Radius, dessen Mittelpunkt auf der  $\bar{x}_s$-Achse wandert.

Für  $\kappa_1 = 0$  erhält man die Gleichung einer Zykloide (Bild 4.5):

$$(\bar{x}_s-2\theta)^2 + \bar{y}_s^2 = 1 \quad . \tag{4.39}$$

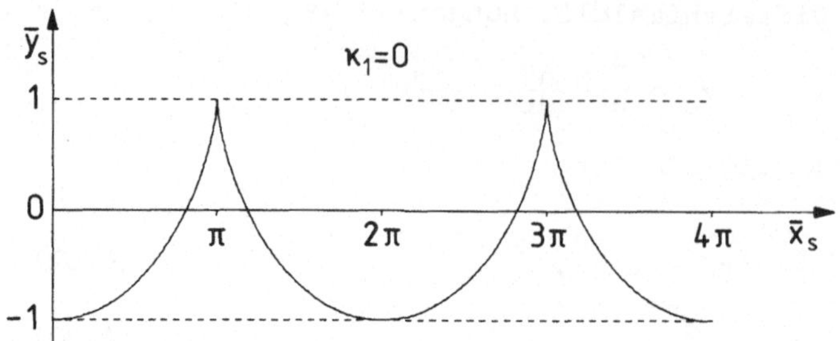

Bild 4.5  Bewegung der Schneide für  $\kappa_1 = 0$


Um Aussagen für  $\kappa_1 \neq 0$  machen zu können, sollen zunächst die zeitlichen Ableitungen von (4.35) und (4.36) gebildet werden. Es gilt:

$$\dot{\bar{x}}_s = \omega\cos\theta\left[4\cos\theta+\kappa_1\right] \quad , \tag{4.40}$$

$$\dot{\bar{y}}_s = \omega\sin\theta\left[4\cos\theta+\kappa_1\right] \quad . \tag{4.41}$$

Dann erhält man für

$$\theta = j\pi, \qquad j = 1,2,.. \quad \left\{ \begin{array}{l} \dot{\bar{y}}_s = 0 \\ \dot{\bar{x}}_s \neq 0 \end{array} \right. \qquad \text{horizontale Tangenten,}$$

$$\theta = \frac{\pi}{2} + j\pi, \; j = 1,2,.. \quad \left\{ \begin{array}{l} \dot{\bar{x}}_s = 0 \\ \dot{\bar{y}}_s \neq 0 \end{array} \right. \qquad \text{vertikale Tangenten.}$$

Zusätzlich ist aber noch

$$\dot{\bar{x}}_s = \dot{\bar{y}}_s = 0$$

möglich, falls gilt:

$$4\cos\theta + \kappa_1 = 0 \quad . \tag{4.42}$$

Damit sind aber zwei Fälle zu unterscheiden:

<u>Fall I:</u> Für  $\kappa_1 \leq 4$  kann Gl. (4.42) erfüllt werden. Die Kurven haben Rückkehrpunkte und man erhält den in Bild 4.6 gezeigten Verlauf.

<u>Fall II:</u> Für  $\kappa_1 > 4$  dagegen kann Gl. (4.42) nicht erfüllt werden, so daß man Kurven erhält, wie sie in Bild 4.7 dargestellt sind.  ∎

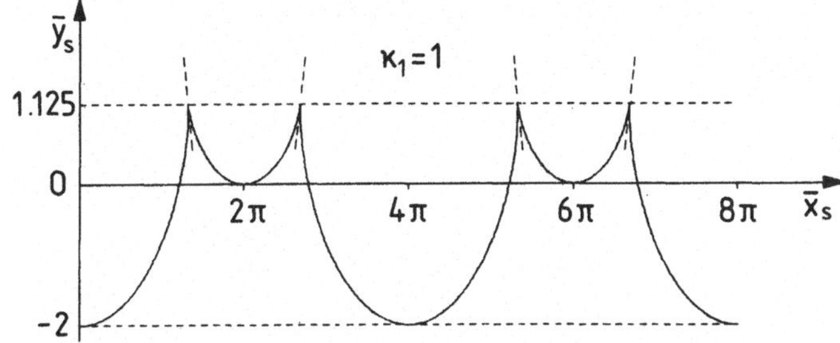


Bild 4.6   Bewegung der Schneide für   $\kappa_1 \leq 4$

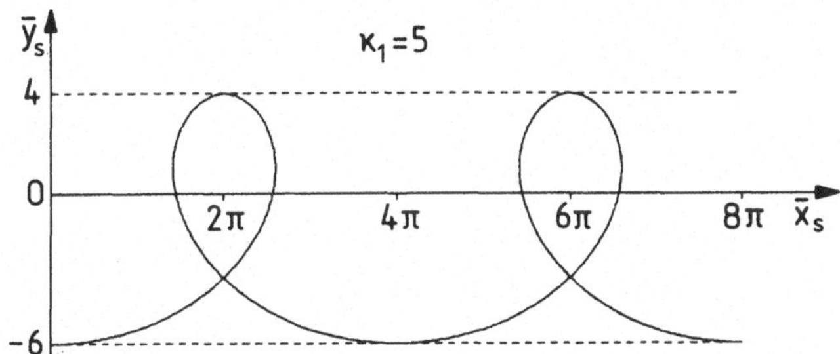


Bild 4.7   Bewegung der Schneide für   $\kappa_1 > 4$


## 4.4  Pseudogeschwindigkeiten und Gleichungen von APPELL

Mit Hilfe der LAGRANGEschen Gleichungen erster Art aus Kapitel 2 und den
LAGRANGEschen Gleichungen zweiter Art mit LAGRANGEschen Multiplikatoren
hat man bereits zwei Möglichkeiten, die Bewegungsgleichungen nichtholonomer Systeme aufzustellen. Durch Einführen der sogenannten *Pseudogeschwindigkeiten* $\dot{\pi}_s$ läßt sich eine weitere Beschreibungsform für nichtholonome Systeme finden. Diese Pseudogeschwindigkeiten werden als Linearkombinationen der verallgemeinerten Geschwindigkeiten $\dot{q}_i$ angesetzt:

$$\dot{\pi}_s = \sum_{i=1}^{m} f_{si}\dot{q}_i \ , \qquad s = 1,\dots,n \ . \qquad (4.43)$$

Daneben gelten die nichtholonomen Bindungen (4.15):

$$\sum_{i=1}^{m} \alpha_{\nu i}\dot{q}_i + \alpha_\nu = 0 \ , \qquad \nu = 1,\dots,k \ .$$

Die Koeffizienten von (4.43)

$$f_{si} = f_{si}(t,q_1,\dots,q_m) \qquad (4.44)$$

müssen so gewählt werden, daß die Determinante des Systems

$$\sum_{i=1}^{m} \alpha_{\nu i}\dot{q}_i = -\,\alpha_\nu \quad , \qquad\qquad \nu = 1,\ldots,k$$

$$\sum_{i=1}^{m} f_{si}\dot{q}_i = \dot{\pi}_s \quad , \qquad\qquad s = 1,\ldots,n \qquad\qquad\Biggr\} \qquad (4.45)$$

von Null verschieden ist. Man hat also $k + n = m$ Gleichungen für die $m$ verallgemeinerten Geschwindigkeiten $\dot{q}_i$ , nach denen das System (4.45) damit aufgelöst werden kann. Es folgt:

$$\dot{q}_i = \sum_{s=1}^{n} h_{is}\dot{\pi}_s + h_i \quad , \qquad\qquad i = 1,\ldots,m \qquad\qquad (4.46)$$

und

$$\delta q_i = \sum_{s=1}^{n} h_{is}\delta\pi_s \quad , \qquad\qquad i = 1,\ldots,m \quad , \qquad (4.47)$$

mit

$$\left.\begin{array}{l} h_{is} = h_{is}(t,q_1,\ldots q_m) \\[2ex] h_i = h_i(t,q_1,\ldots,q_m) \end{array}\right\} \quad i = 1,\ldots,m \quad . \qquad (4.48)$$

Aus der Fundamentalgleichung der Mechanik (2.31) folgt:

$$\sum_{j=1}^{N} m_j\underline{\ddot{r}}_j\cdot\delta\underline{r}_j = \sum_{j=1}^{N} \underline{F}_j\cdot\delta\underline{r}_j \quad . \qquad\qquad (4.49)$$

Hierbei ist mit (4.46)

$$\underline{\dot{r}}_j = \sum_{i=1}^{m} \frac{\partial\underline{r}_j}{\partial q_i}\dot{q}_i + \frac{\partial\underline{r}_j}{\partial t} = \sum_{i=1}^{m} \frac{\partial\underline{r}_j}{\partial q_i}\left(\sum_{s=1}^{n} h_{is}\dot{\pi}_s + h_i\right) + \frac{\partial\underline{r}_j}{\partial t}$$

$$= \sum_{s=1}^{n}\sum_{i=1}^{m} h_{is}\frac{\partial\underline{r}_j}{\partial q_i}\dot{\pi}_s + \sum_{i=1}^{m} h_i\frac{\partial\underline{r}_j}{\partial q_i} + \frac{\partial\underline{r}_j}{\partial t}$$

Führt man die Abkürzungen

$$\underline{c}_{js} = \sum_{i=1}^{m} h_{is}\frac{\partial\underline{r}_j}{\partial q_i} \quad , \qquad\qquad (4.50)$$

$$\underline{c}_j = \sum_{i=1}^{m} h_i\frac{\partial\underline{r}_j}{\partial q_i} + \frac{\partial\underline{r}_j}{\partial t} \qquad\qquad (4.51)$$

ein, so wird daraus

$$\dot{\underline{r}}_j = \sum_{s=1}^{n} \underline{c}_{js}\dot{\pi}_s + \underline{c}_j \quad . \tag{4.52}$$

Einen entsprechenden Aufbau hat die zweite Ableitung:

$$\ddot{\underline{r}}_j = \sum_{s=1}^{n} \underline{c}_{js}\ddot{\pi}_s + \text{Glieder ohne } \ddot{\pi}_s \quad . \tag{4.53}$$

Außerdem gilt:

$$\delta\underline{r}_j = \sum_{s=1}^{n} \underline{c}_{js}\delta\pi_s \quad . \tag{4.54}$$

Bei getrennter Betrachtung von linker und rechter Seite von (4.49) gilt damit zunächst für die linke Seite:

$$\sum_{j=1}^{N} m_j\ddot{\underline{r}}_j \cdot \delta\underline{r}_j = \sum_{j=1}^{N} m_j\ddot{\underline{r}}_j \cdot \sum_{s=1}^{n} \underline{c}_{js}\delta\pi_s = \sum_{s=1}^{n} \left[ \sum_{j=1}^{N} m_j\ddot{\underline{r}}_j \cdot \underline{c}_{js} \right]\delta\pi_s . \tag{4.55}$$

Für die rechte Seite - die Arbeit der eingeprägten Kräfte - gilt mit (4.47):

$$\delta A = \sum_{j=1}^{N} \underline{F}_j \cdot \delta\underline{r}_j = \sum_{j=1}^{N} \underline{F}_j \cdot \sum_{i=1}^{m} \frac{\partial\underline{r}_j}{\partial q_i}\delta q_i$$

$$= \sum_{s=1}^{n} \sum_{j=1}^{N} \sum_{i=1}^{m} h_{is} \frac{\partial\underline{r}_j}{\partial q_i} \cdot \underline{F}_j \delta\pi_s \quad . \tag{4.56}$$

Man bezeichnet die Größen

$$\Pi_s = \sum_{j=1}^{N} \underline{c}_{js} \cdot \underline{F}_j = \sum_{j=1}^{N} \left[ \sum_{i=1}^{m} h_{is} \frac{\partial\underline{r}_j}{\partial q_i} \right] \cdot \underline{F}_j \quad , \quad s = 1,\ldots,n \quad , \tag{4.57}$$

als *Pseudokräfte*.

Damit lautet die rechte Seite von (4.49)

$$\delta A = \sum_{s=1}^{n} \Pi_s\delta\pi_s \quad . \tag{4.58}$$

Mit (4.55) und (4.58) wird (4.49) zu

$$\sum_{s=1}^{n} \left[ \sum_{j=1}^{N} m_j\ddot{\underline{r}}_j \cdot \underline{c}_{js} \right]\delta\pi_s = \sum_{s=1}^{n} \Pi_s\delta\pi_s \quad ,$$

und da die Variationen $\delta\pi_s$ willkürlich sind, folgt daraus:

$$\sum_{j=1}^{N} m_j \ddot{\underline{r}}_j \cdot \underline{c}_{js} = \Pi_s \quad , \qquad\qquad s = 1,\ldots,n \quad . \tag{4.59}$$

In Gl. (4.59) kann noch $\underline{c}_{js}$ ersetzt werden. Nach (4.53) ist nämlich

$$\underline{c}_{js} = \frac{\partial \ddot{\underline{r}}_j}{\partial \ddot{\pi}_s}$$

und folglich

$$\sum_{j=1}^{N} m_j \ddot{\underline{r}}_j \cdot \frac{\partial \ddot{\underline{r}}_j}{\partial \ddot{\pi}_s} = \Pi_s \quad , \qquad\qquad s = 1,\ldots,n \quad . \tag{4.60}$$

Führt man schließlich noch die *Beschleunigungsenergie*

$$W = \frac{1}{2} \sum_{j=1}^{N} m_j \ddot{\underline{r}}_j^{\,2} = W(t, q_i, \dot{\pi}_s, \ddot{\pi}_s) \tag{4.61}$$

ein, so werden mit der Ableitung

$$\frac{\partial W}{\partial \ddot{\pi}_s} = \sum_{j=1}^{N} m_j \ddot{\underline{r}}_j \, \frac{\partial \ddot{\underline{r}}_j}{\partial \ddot{\pi}_s}$$

die *Bewegungsgleichungen von APPELL* endgültig:

$$\boxed{\quad \frac{\partial W}{\partial \ddot{\pi}_s} = \Pi_s \quad , \qquad\qquad s = 1,\ldots,n \quad . \quad} \tag{4.62}$$

Die partiellen Ableitungen der Beschleunigungsenergie nach den Pseudobeschleunigungen sind gleich den Pseudokräften.

<u>Bemerkungen:</u>

1. Die Gleichungen von APPELL *gelten für holonome und nichtholonome Systeme*. Für holonome Systeme ist wegen $k = 0$ dann $n = m$ und demnach

$$\dot{q}_s = \dot{\pi}_s \quad , \qquad\qquad s = 1,\ldots,n \quad .$$

2. Für nichtholonome Systeme reicht die kinetische Energie $T$ zur Charakterisierung des Systems nicht aus; es ist dazu die Beschleunigungsenergie $W$ erforderlich. (Beispiel von APPELL: zwei Systeme mit gleichem $T$, aber unterschiedlichem $W$.)

3. Da auch die Bewegungsgleichungen von APPELL auf Differentialgleichungen zweiter Ordnung führen, folgt daraus, daß *die Bewegung jedes mechanischen Systems mit endlich vielen Freiheitsgraden durch ein System von Differentialgleichungen zweiter Ordnung beschrieben werden kann.* ■

Ist  O  ein beliebiger, aber fester Bezugspunkt und  S  das Massenzentrum des Systems, dann gilt (Bild 4.8)

$$\underline{r}_j = \underline{r}_S + \underline{\rho}_j \quad ,$$

$$\underline{\ddot{r}}_j = \underline{\ddot{r}}_S + \underline{\ddot{\rho}}_j \quad ,$$

und die Beschleunigungsenergie ist nach Gl. (4.61)

$$W = \frac{1}{2} \sum_{j=1}^{N} m_j \underline{\ddot{r}}_j^2 = \frac{1}{2} \sum_{j=1}^{N} m_j \underline{\ddot{r}}_S^2 + \underline{\ddot{r}}_S \sum_{j=1}^{N} m_j \underline{\ddot{\rho}}_j + \frac{1}{2} \sum_{j=1}^{N} m_j \underline{\ddot{\rho}}_j^2 \quad .$$

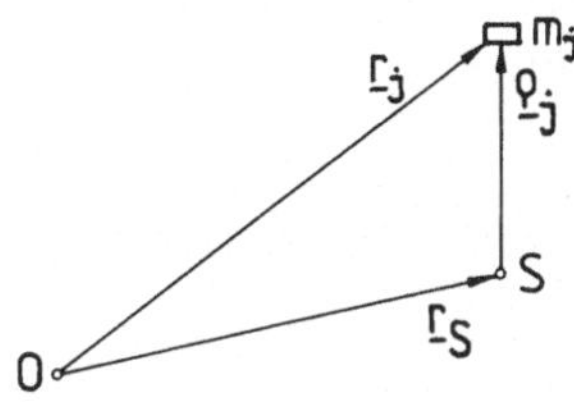


Bild 4.8   Zur Beschleunigungsenergie

Wegen

$$\sum_{j=1}^{N} m_j \underline{\rho}_j = \underline{O} \quad \text{bzw.} \quad \sum_{j=1}^{N} m_j \underline{\ddot{\rho}}_j = \underline{O}$$

folgt daraus:

$$W = W_S + \overline{W} = \frac{1}{2} \sum_{j=1}^{N} m_j \underline{\ddot{r}}_S^2 + \frac{1}{2} \sum_{j=1}^{N} m_j \underline{\ddot{\rho}}_j^2 \quad . \tag{4.63}$$

> Die Beschleunigungsenergie setzt sich zusammen aus der Beschleunigungsenergie des Massenzentrums und der Beschleunigungsenergie um das Massenzentrum.

<u>Beispiel 4.5:</u> Herleitung der dynamischen EULER-Gleichungen für die Drehbewegung eines starren Körpers um einen Fixpunkt  O  mit Hilfe der Gleichungen von APPELL (Bild 4.9).

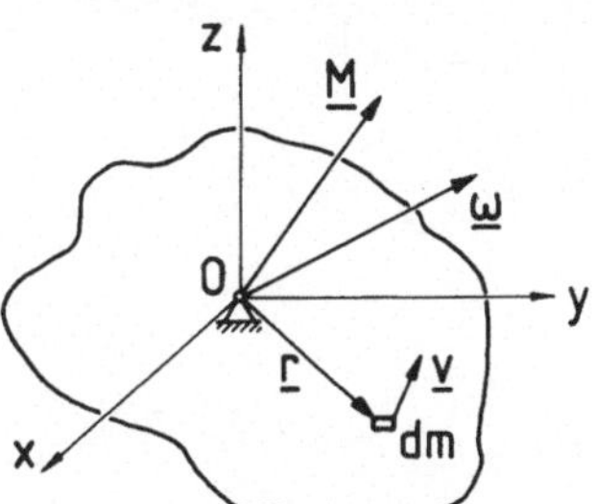


Bild 4.9  Drehbewegungen eines starren Körpers

Auf den Körper wirkt ein äußeres Drehmoment $\underline{M}$ und er hat die momentane Winkelgeschwindigkeit $\underline{\omega}$ . Die Darstellung erfolgt im körperfesten Hauptachsensystem x,y,z . Der Körper hat drei Freiheitsgrade, als verallgemeinerte Koordinaten werden die EULER-Winkel gewählt (vgl. Kap. 3.9.1):

$$q_1 = \phi \ , \quad q_2 = \psi \ , \quad q_3 = \theta \ .$$

Damit gelten die kinematischen EULER-Gleichungen (3.141), die eindeutig nach $\dot{\phi}, \dot{\psi}, \dot{\theta}$ aufgelöst werden können (Gln. (3.142)). Es ist also naheliegend, als Pseudogeschwindigkeiten die Komponenten der Winkelgeschwindigkeit $\underline{\omega}$ zu wählen:

$$\left. \begin{array}{l} \dot{\pi}_1 = \omega_x \\ \dot{\pi}_2 = \omega_y \\ \dot{\pi}_3 = \omega_z \end{array} \right\} \ . \tag{4.64}$$

Für die Beschleunigungsenergie $W = \overline{W}$ gilt beim starren Körper:

$$W = \frac{1}{2} \int_K \underline{b}^2 dm \ . \tag{4.65}$$

Hierbei ist

$$\underline{b} = \dot{\underline{v}} = \frac{d}{dt}(\underline{\omega}\times\underline{r}) = \dot{\underline{\omega}}\times\underline{r} + \underline{\omega}\times\dot{\underline{r}}$$

und

$$\underline{b}^2 = (\dot{\underline{\omega}}\times\underline{r})^2 + 2(\dot{\underline{\omega}}\times\underline{r})\cdot(\underline{\omega}\times\dot{\underline{r}}) + (\underline{\omega}\times\dot{\underline{r}})^2 \ . \tag{4.66}$$

Im einzelnen gilt in Komponenten:

$$\dot{\underline{\omega}}\times\underline{r} = \begin{bmatrix} \dot{\omega}_y z - \dot{\omega}_z y \\ \dot{\omega}_z x - \dot{\omega}_x z \\ \dot{\omega}_x y - \dot{\omega}_y x \end{bmatrix} \ , \tag{4.67}$$

$$\underline{\omega}\times\dot{\underline{r}} = \underline{\omega}\times(\underline{\omega}\times\underline{r}) = \begin{bmatrix} \omega_y\omega_x y - \omega_y^2 x - \omega_z^2 x + \omega_z\omega_x z \\ \omega_z\omega_y z - \omega_z^2 y - \omega_x^2 y + \omega_x\omega_y x \\ \omega_x\omega_z x - \omega_x^2 z - \omega_y^2 z + \omega_y\omega_z y \end{bmatrix} \ . \tag{4.68}$$

Der Term $(\underline{\omega}\times\dot{\underline{r}})^2$ braucht nicht näher untersucht zu werden, da für die APPELLschen Gleichungen nur die Abhängigkeit von den Pseudobeschleunigungen von Interesse ist. Mit (4.67) und (4.68) wird aus (4.66):

$$\underline{b}^2 = \dot{\omega}_x^2 (y^2+z^2) + \dot{\omega}_y^2 (x^2+z^2) + \dot{\omega}_z^2 (x^2+y^2)$$

$$+ 2\left[ \dot{\omega}_x\omega_y\omega_z (y^2-z^2) + \dot{\omega}_y\omega_z\omega_x (z^2-x^2) + \dot{\omega}_z\omega_x\omega_y (x^2-y^2) \right]$$

$$+ \text{Glieder vom Typ "(gemischte Produkte aus } \omega_x,\omega_y,\omega_z,\dot{\omega}_x,\dot{\omega}_y,\dot{\omega}_z)$$

$$\text{mal (gemischte Produkte } xy,yz,zx)"$$

$$+ \text{Glieder unabhängig von } \dot{\omega}_x,\dot{\omega}_y,\dot{\omega}_z \ . \tag{4.69}$$

Setzt man (4.69) in (4.65) ein, so treten bei den ersten drei Gliedern gerade die drei Hauptträgheitsmomente des Körpers auf:

$$\left. \begin{array}{l} \int_K (y^2+z^2)\,dm = A \\[2mm] \int_K (z^2+x^2)\,dm = B \\[2mm] \int_K (x^2+y^2)\,dm = C \end{array} \right\} \quad . \tag{4.70}$$

Bei den folgenden drei Gliedern gilt:

$$\left. \begin{array}{l} \int_K (y^2-z^2)\,dm = \int_K (y^2+x^2)\,dm - \int_K (x^2+z^2)\,dm = C - B \\[2mm] \int_K (z^2-x^2)\,dm = \int_K (z^2+y^2)\,dm - \int_K (y^2+x^2)\,dm = A - C \\[2mm] \int_K (x^2-y^2)\,dm = \int_K (x^2+z^2)\,dm - \int_K (z^2+y^2)\,dm = B - A \end{array} \right\} \quad . \tag{4.71}$$

Mit den Gliedern des dann folgenden Typs treten die Deviationsmomente des Körpers auf, die aber für das gewählte Hauptachsensystem verschwinden. Damit wird die Beschleunigungsenergie aus (4.65) zu

$$W = \frac{1}{2}(A\dot{\omega}_x^2 + B\dot{\omega}_y^2 + C\dot{\omega}_z^2) + (C-B)\dot{\omega}_x\omega_y\omega_z + (A-C)\dot{\omega}_y\omega_z\omega_x + (B-A)\dot{\omega}_z\omega_x\omega_y \tag{4.72}$$

$$+ \text{ Glieder unabhängig von } \dot{\omega}_x, \dot{\omega}_y, \dot{\omega}_z \quad .$$

Für die APPELLschen Gleichungen benötigt man die partiellen Ableitungen von $W$ nach den Pseudobeschleunigungen:

$$\left. \begin{array}{l} \dfrac{\partial W}{\partial \ddot{\pi}_1} = \dfrac{\partial W}{\partial \dot{\omega}_x} = A\dot{\omega}_x + (C-B)\omega_y\omega_z \\[3mm] \dfrac{\partial W}{\partial \ddot{\pi}_2} = \dfrac{\partial W}{\partial \dot{\omega}_y} = B\dot{\omega}_y + (A-C)\omega_z\omega_x \\[3mm] \dfrac{\partial W}{\partial \ddot{\pi}_3} = \dfrac{\partial W}{\partial \dot{\omega}_z} = C\dot{\omega}_z + (B-A)\omega_x\omega_y \end{array} \right\} \quad . \tag{4.73}$$

Für die Arbeit des eingeprägten Momentes $\underline{M}$ gilt:

$$\delta A = \underline{M}\cdot\underline{\omega}\,dt = M_x\omega_x\,dt + M_y\omega_y\,dt + M_z\omega_z\,dt \quad . \tag{4.74}$$

Unter Berücksichtigung, daß das betrachtete System skleronom ist, folgt aus (4.64):

$$\left. \begin{array}{l} d\pi_1 = \delta\pi_1 = \omega_x\,dt \\[2mm] d\pi_2 = \delta\pi_2 = \omega_y\,dt \\[2mm] d\pi_3 = \delta\pi_3 = \omega_z\,dt \end{array} \right\} \quad . \tag{4.75}$$

Also wird aus (4.74) mit (4.75)

$$\delta A = M_x\delta\pi_1 + M_y\delta\pi_2 + M_z\delta\pi_3 \quad . \tag{4.76}$$

Vergleicht man (4.76) mit (4.58), so folgt sofort für die Pseudokräfte

$$\left.\begin{array}{l} \Pi_1 = M_x \\ \Pi_2 = M_y \\ \Pi_3 = M_z \end{array}\right\} \; . \tag{4.77}$$

Mit (4.73) und (4.77) lauten die Bewegungsgleichungen von APPELL:

$$\left.\begin{array}{l} A\dot{\omega}_x + (C-B)\omega_y\omega_z = M_x \\ B\dot{\omega}_y + (A-C)\omega_z\omega_x = M_y \\ C\dot{\omega}_z + (B-A)\omega_x\omega_y = M_z \end{array}\right\} \; . \tag{4.78}$$

Das sind aber gerade die bekannten dynamischen EULER-Gleichungen (3.155) (vgl. Kap. 3.9.4).

Bemerkung: Die Winkelgeschwindigkeiten $\omega_x = \dot{\pi}_1$, $\omega_y = \dot{\pi}_2$, $\omega_z = \dot{\pi}_3$ sind insofern *Pseudogeschwindigkeiten*, als die Pseudokoordinaten $\pi_1$, $\pi_2$, $\pi_3$ selbst nicht existieren! ∎

Beispiel 4.6: Eine homogene Kugel der Masse $M = 1$ rollt ohne zu gleiten auf einer horizontalen, mit konstanter Winkelgeschwindigkeit $\Omega$ rotierenden Ebene (Bild 4.10).

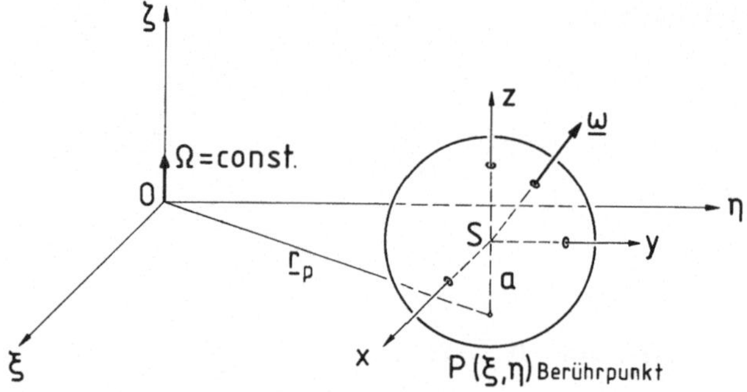


Bild 4.10 Kugel auf rotierender Ebene

Die Bewegung der Kugel läßt sich durch die fünf verallgemeinerten Koordinaten

$$\xi, \; \eta, \; \phi, \; \psi, \; \theta$$

beschreiben, wobei $\xi, \eta, \zeta$ ein Inertialsystem ist und $\phi, \psi, \theta$ die EULER-Winkel sind (vgl. Beispiel 4.3).

Die beiden nichtholonomen kinematischen Bindungen für Rollen ohne Gleiten lauten unter Berücksichtigung der Drehung $\Omega$ :

$$\left.\begin{aligned}
\dot{\xi} &= a\omega_\eta - \Omega\eta \\
\dot{\eta} &= -a\omega_\xi + \Omega\xi
\end{aligned}\right\} \quad . \tag{4.79}$$

Damit ist die Zahl der Freiheitsgrade

$$n = m - k = 5 - 2 = 3 \quad .$$

Man benötigt also drei Pseudogeschwindigkeiten, die nach (4.43) in der
Form

$$\dot{\pi}_s = \sum_{i=1}^{5} f_{si}\dot{q}_i \quad , \qquad\qquad s = 1,2,3$$

angesetzt werden können.

Am einfachsten ist es wieder, die Komponenten der Winkelgeschwindigkeit
$\omega$ zu wählen, dieses Mal allerdings im Inertialsystem $\xi,\eta,\zeta$ , da dort
alle Betrachtungen durchgeführt werden. Es ist also

$$\left.\begin{aligned}
\dot{\pi}_1 &= \omega_\xi \\
\dot{\pi}_2 &= \omega_\eta \\
\dot{\pi}_3 &= \omega_\zeta
\end{aligned}\right\} \quad . \tag{4.80}$$

Nach (4.63) gilt für die Beschleunigungsenergie

$$W = W_S + \overline{\overline{W}} \quad .$$

Im vorliegenden Fall ist

$$W_S = \frac{1}{2}(\ddot{\xi}_S^2 + \ddot{\eta}_S^2) = \frac{1}{2}(\ddot{\xi}^2 + \ddot{\eta}^2)$$

oder mit (4.79)

$$\begin{aligned}
W_S &= \frac{1}{2}\left[(a\dot{\omega}_\eta - \Omega\dot{\eta})^2 + (-a\dot{\omega}_\xi + \Omega\dot{\xi})^2\right] \\
&= \frac{1}{2}a^2(\dot{\omega}_\xi^2 + \dot{\omega}_\eta^2) + a\Omega\left[\dot{\omega}_\eta(a\omega_\xi - \Omega\xi) - \dot{\omega}_\xi(a\omega_\eta - \Omega\eta)\right] \tag{4.81}
\end{aligned}$$

$$+ \text{ Glieder unabhängig von } \dot{\omega}_\xi, \dot{\omega}_\eta, \dot{\omega}_\zeta \quad .$$

Bei der Berechnung der Beschleunigungsenergie bezüglich des Massenzentrums muß beachtet werden, daß für einen beliebig gestalteten Körper
der Trägheitstensor bei Darstellung im raumfesten System eine Funktion
der Zeit ist. Im Falle der Kugel aber hat der Trägheitstensor für beliebige Koordinatensysteme Kugelgestalt. Mit dem Trägheitsradius $k$ und
mit $M = 1$ gilt

$$\overline{\overline{I}} = k^2 M\overline{\overline{E}} \quad = \begin{bmatrix} k^2 & 0 & 0 \\ 0 & k^2 & 0 \\ 0 & 0 & k^2 \end{bmatrix} = \begin{bmatrix} A & 0 & 0 \\ 0 & B & 0 \\ 0 & 0 & C \end{bmatrix} \tag{4.82}$$

und damit für den Anteil $\bar{W}$ , entsprechend Gl. (4.72) von Beispiel 4.5

$$\bar{W} = \frac{1}{2}k^2(\dot{\omega}_\xi^2+\dot{\omega}_\eta^2+\dot{\omega}_\zeta^2) + \text{Glieder unabhängig von } \dot{\omega}_\xi,\dot{\omega}_\eta,\dot{\omega}_\zeta \quad . \tag{4.83}$$

Insgesamt ist also die Beschleunigungsenergie

$$W = \frac{1}{2}\left[(a^2+k^2)(\dot{\omega}_\xi^2+\dot{\omega}_\eta^2)+k^2\dot{\omega}_\zeta^2\right]+a\Omega\left[\dot{\omega}_\eta(a\omega_\xi-\Omega\xi)-\dot{\omega}_\xi(a\omega_\eta-\Omega\eta)\right]$$
$$+ \text{Glieder unabhängig von } \dot{\omega}_\xi,\ \dot{\omega}_\eta,\ \dot{\omega}_\zeta \quad . \tag{4.84}$$

Da die Arbeit der eingeprägten Kräfte gleich null ist, sind die Pseudokräfte ebenfalls gleich null, und die Bewegungsgleichungen nach APPELL für die rollende Kugel lauten:

$$(a^2+k^2)\dot{\omega}_\xi - a\Omega(a\omega_\eta-\Omega\eta) = 0 \quad , \tag{4.85}$$

$$(a^2+k^2)\dot{\omega}_\eta + a\Omega(a\omega_\xi-\Omega\xi) = 0 \quad , \tag{4.86}$$

$$k^2\dot{\omega}_\zeta = 0 \quad . \tag{4.87}$$

Aus (4.87) folgt sofort

$$\omega_\zeta = \omega_{\zeta_0} = \text{const}$$

Unter Berücksichtigung der kinematischen Bindungen (4.79) wird aus (4.85) und (4.86):

$$(a^2+k^2)\dot{\omega}_\xi - a\Omega\dot{\xi} = 0 \quad ,$$

$$(a^2+k^2)\dot{\omega}_\eta - a\Omega\dot{\eta} = 0 \quad .$$

Die einmalige Integration der Gln. (4.85) und (4.86) ergibt

$$\omega_\xi = b\xi + C_1 \quad , \tag{4.88}$$

$$\omega_\eta = b\eta + C_2 \quad , \tag{4.89}$$

mit

$$b = \frac{a\Omega}{a^2+k^2} \quad . \tag{4.90}$$

Über die Winkelgeschwindigkeiten $\omega_\xi$ und $\omega_\eta$ läßt sich aus den kinematischen Bindungen die Bahn des Berührpunktes $P$ berechnen: Aus (4.79) wird mit (4.88) und (4.89)

$$\dot{\xi} = (ab-\Omega)\eta + aC_2 \quad , \tag{4.91}$$

$$\dot{\eta} = -(ab-\Omega)\xi - aC_1 \tag{4.92}$$

und daraus

$$\frac{d\eta}{d\xi} = \frac{-c\xi-aC_1}{c\eta+aC_2} \quad , \qquad\qquad c = ab - \Omega \quad . \tag{4.93}$$

Die Integration von (4.93) liefert

$$(\xi-\xi_1)^2 + (\eta-\eta_1)^2 = r^2 \quad . \tag{4.94}$$

Der Berührpunkt  P  der rollenden Kugel beschreibt also in der raumfesten  $\xi\eta$-Ebene einen Kreis! Die Integrationskonstanten  $C_1$, $C_2$  und
damit auch die Größen  $\xi_1$, $\eta_1$, r  lassen sich über die Anfangsbedingungen der Bewegung berechnen.

Die Winkelgeschwindigkeiten  $\omega_\xi$  und  $\omega_\eta$  bekommt man aus (4.88) und
(4.89), indem man die Bewegungsgleichungen (4.91) und (4.92) getrennt
integriert und einsetzt. Um schließlich die EULER-Winkel  $\phi$, $\psi$, $\theta$  zu
erhalten, müssen die Gln. (3.142) noch einmal integriert werden. ∎

## 4.5  Herleitung der APPELLschen Gleichungen aus dem Prinzip des kleinsten Zwangs von GAUSS

### 4.5.1  Prinzip des kleinsten Zwangs

Die Beschleunigung eines freien Systems - also eines Systems ohne Bindungen - ist gegeben durch (vgl. Kap. 2.4)

$$\ddot{\underline{r}}_{j,\text{frei}} = \frac{\underline{F}_j}{m_j} \ , \qquad\qquad j = 1,\ldots,N \ ,$$

mit Bindungen dagegen ist

$$\ddot{\underline{r}}_j \neq \ddot{\underline{r}}_{j,\text{frei}} \ , \qquad\qquad j = 1,\ldots,N \ .$$

Die *Abweichung* der Beschleunigung der wirklichen Bewegung von der Beschleunigung der freien Bewegung ist

$$\ddot{\underline{r}}_j - \ddot{\underline{r}}_{j,\text{frei}} = \ddot{\underline{r}}_j - \frac{\underline{F}_j}{m_j} \ , \qquad j = 1,\ldots,N \ .$$

Nach GAUSS wird nun der *Zwang*  Z , der auf das System durch die Bindungen ausgeübt wird, definiert als *mittlere quadratische, mit Massen be-
wichtete Abweichung der Beschleunigungen:*

$$Z = \frac{\displaystyle\sum_{j=1}^{N} m_j \left( \ddot{\underline{r}}_j - \frac{\underline{F}_j}{m_j} \right)^2}{\displaystyle\sum_{j=1}^{N} m_j} \ . \qquad\qquad (4.95)$$

Damit lautet das *Prinzip des kleinsten Zwangs von GAUSS:*

Ein System bewegt sich stets so, daß der Zwang minimal ist,
d.h. es ist

$$\delta Z = 0 \quad . \tag{4.96}$$

Die Variation ist dabei nur über die Beschleunigungen $\ddot{\underline{r}}_j$ zu erstrecken.


## 4.5.2 Gleichungen von APPELL

Die Auswertung von Gl. (4.95) ergibt

$$Z = \frac{1}{\displaystyle\sum_{j=1}^{N} m_j} \left[ \sum_{j=1}^{N} m_j \ddot{\underline{r}}_j^2 - 2 \sum_{j=1}^{N} \underline{F}_j \cdot \ddot{\underline{r}}_j + \sum_{j=1}^{N} \frac{F_j^2}{m_j} \right] \quad .$$

Hierbei ist nach (4.61)

$$\sum_{j=1}^{N} m_j \ddot{\underline{r}}_j^2 = 2W = 2W(t,q_i,\dot{\pi}_s,\ddot{\pi}_s) \quad ,$$

und nach (4.53):

$$\sum_{j=1}^{N} \underline{F}_j \cdot \ddot{\underline{r}}_j = \sum_{j=1}^{N} \underline{F}_j \cdot \left( \sum_{s=1}^{n} \underline{c}_{js} \ddot{\pi}_s + \text{Glieder ohne } \ddot{\pi}_s \right)$$

$$= \sum_{s=1}^{n} \left( \sum_{j=1}^{N} \underline{F}_j \cdot \underline{c}_{js} \ddot{\pi}_s + \text{Glieder ohne } \ddot{\pi}_s \right) .$$

Mit den Pseudokräften (4.57)

$$\Pi_s = \sum_{j=1}^{N} \underline{c}_{js} \cdot \underline{F}_j \quad , \qquad\qquad s = 1,\ldots,n$$

wird daraus

$$\sum_{j=1}^{N} \underline{F}_j \cdot \ddot{\underline{r}}_j = \sum_{s=1}^{n} \Pi_s \ddot{\pi}_s + \text{Glieder ohne } \ddot{\pi}_s \quad . \tag{4.97}$$

Damit gilt für den Zwang:

$$Z = \frac{2}{\displaystyle\sum_{j=1}^{N} m_j} \left[ W - \sum_{s=1}^{n} \Pi_s \ddot{\pi}_s + \text{Glieder ohne } \ddot{\pi}_s \right] . \tag{4.98}$$

Die Variation bezüglich aller Beschleunigungen $\ddot{\pi}_s$ liefert:

$$\delta Z_s = \frac{2}{\sum\limits_{j=1}^{N} m_j} \left[ \frac{\partial W}{\partial \ddot{\pi}_s} - \Pi_s \right] \delta \ddot{\pi}_s \quad , \qquad s = 1,\ldots,n \quad . \qquad (4.99)$$

Soll $\delta Z_s$ für beliebige Variationen $\delta \ddot{\pi}_s$ verschwinden, so folgen aus (4.99) sofort die bereits bekannten Bewegungsgleichungen von APPELL:

$$\frac{\partial W}{\partial \ddot{\pi}_s} = \Pi_s \quad , \qquad\qquad s = 1,\ldots,n \quad . \qquad (4.62)$$

# 5 Modelle technischer Systeme

## 5.1 Gleichungen im Zustandsraum

Bereits in Kap. 3.5 (Gl. (3.90)) wurde festgestellt, daß sich für jedes
holonome System die Bewegungsgleichungen auf die Form

$$\ddot{\underline{q}} = \underline{\tilde{f}}(t,\underline{q},\dot{\underline{q}}) + \tilde{G}(t,\underline{q},\dot{\underline{q}})\underline{Q}^* \tag{5.1}$$

bringen lassen. Bei nichtholonomen Systemen müssen außerdem noch die
nichtholonomen Bindungen (vgl. Kap. 4.2)

$$\sum_{i=1}^{m} \alpha_{\nu i}\dot{q}_i + \alpha_\nu = 0 \quad , \qquad \nu = 1,\ldots,k \tag{5.2}$$

berücksichtigt werden.

Mit $\dot{\underline{q}} = \underline{v}$ läßt sich (5.1) auch als System von $2n$ Differentialgleichungen erster Ordnung schreiben:

$$\left. \begin{aligned} \dot{\underline{q}} &= \underline{v} \\[2mm] \dot{\underline{v}} &= \underline{\tilde{f}}(t,\underline{q},\underline{v}) + \tilde{G}(t,\underline{q},\underline{v})\underline{Q}^* \end{aligned} \right\} \tag{5.3}$$

Führt man den Vektor

$$\underline{x} = \left[ \begin{array}{c} \underline{q} \\ \hline \underline{v} \end{array} \right] \tag{5.4}$$

ein, so kann man (5.3) auf die einfachere Form

$$\dot{\underline{x}} = \underline{f}(t,\underline{x}) + G(t,\underline{x})\underline{Q}^* \tag{5.5}$$

bringen. Dabei ist im einzelnen

$$
\underline{x} = \begin{bmatrix} x_1 \\ \vdots \\ x_n \\ \hline x_{n+1} \\ \vdots \\ x_{2n} \end{bmatrix} , \quad
\underline{f} = \begin{bmatrix} f_1 \\ \vdots \\ f_n \\ \hline f_{n+1} \\ \vdots \\ f_{2n} \end{bmatrix} , \quad
f_i = \begin{cases} x_{n+i} & , \text{ für } i \leq n \\[2ex] \tilde{f}_i & , \text{ für } i \geq n+1 \end{cases}
$$

und

$$
G = \begin{bmatrix} O \\ \hline \tilde{G} \end{bmatrix} \quad (2n \times n)\text{-Matrix} \quad .
$$

Der Vektor $\underline{x}$ wird als *Zustandsvektor* bezeichnet, denn er beschreibt
den Zustand des Systems - bestehend aus Lage und Geschwindigkeit - vollständig. Die Anfangsbedingungen $\underline{x}(O)$ für das System (5.5) sind mit der
üblichen Anfangsbedingung $\underline{q}(O)$, $\underline{\dot{q}}(O)$ identisch.

Im nichtholonomen Fall ist das System (5.5) zunächst von der Ordnung $2m$,
wobei $k$ Komponenten der verallgemeinerten Geschwindigkeiten $\dot{q}_i = v_i = x_{m+i}$
durch die nichtholonomen kinematischen Bindungen (5.2) verknüpft sind.
Also lassen sich $k$ Komponenten des Zustandsvektors $\underline{x}$ durch die übrigen $2m-k$ Komponenten ausdrücken. Der neue Zustandsvektor $\underline{x}$ hat dann
nur noch $2m-k$ Komponenten und das System (5.5) reduziert sich auf die
Ordnung $2m-k$ , die sowohl gerade als auch ungerade sein kann. Die Frage,
ob die Ordnung des Systems gerade oder ungerade ist, hat für die folgenden Kapitel, in denen im wesentlichen die Untersuchungsmethoden geschildert werden, keine Bedeutung. Da technische Systeme sowohl holonom als
nichtholonom sein können, nehmen wir im folgenden an, daß der Zustandsvektor $\underline{x}$ von einer beliebigen Ordnung $n$ ist und legen dem Modell
eines technischen Systems die Beziehung

$$
\underline{\dot{x}} = \underline{f}(t,\underline{x}) + G(t,\underline{x})\underline{Q}^* \tag{5.6}
$$

zugrunde. Dabei sind $\underline{x}$ und $\underline{f}$ n-Vektoren, $\underline{Q}^*$ ein r-Vektor und $G$
eine (n×r)-Matrix.

## 5.2  Klassifikation der Kräfte

Einen wichtigen Schritt zu einem tieferen Verständnis der Struktur technischer Systeme stellt der Versuch dar, die auftretenden Kräfte geeignet
zu klassifizieren. Man kann die verallgemeinerten Kräfte $\underline{Q}$ in (5.6)
in drei Gruppen einteilen:

> $\underline{Q}^{(1)}$ – auf das System einwirkende unabhängige, aber bekannte Kräfte,

> $\underline{Q}^{(2)}$ – auf das System einwirkende unabhängige, aber unbekannte oder
> nur teilweise (z.B. statistisch) bekannte Kräfte,

> $\underline{Q}^{(3)}$ – auf das System einwirkende abhängige, d.h. zu bestimmende
> Kräfte.

Am Beispiel der an einem Flugzeug angreifenden Kräfte läßt sich diese
Einteilung verdeutlichen: Zur Gruppe $\underline{Q}^{(1)}$ gehören die Schwerkraft, sowie aerodynamischer Auftrieb und Widerstand. Zur Gruppe $\underline{Q}^{(2)}$ zählt man
atmosphärische Störkräfte, Böen oder durch Vereisung verursachte zusätzliche Gewichtskräfte. Zu den durch den Konstrukteur festzulegenden Kräften der Gruppe $\underline{Q}^{(3)}$ gehören die Schubkraft und die Rudermomente.

Mit der durchgeführten Unterteilung verwandelt sich Gl. (5.6) in

$$\underline{\dot{x}} = \underline{f}(t,\underline{x}) + G(t,\underline{x})\underline{Q}^{(1)^*} + G(t,\underline{x})\underline{Q}^{(2)^*} + G(t,\underline{x})\underline{Q}^{(3)^*} \ . \tag{5.7}$$

Da $\underline{Q}^{(1)} = \underline{Q}^{(1)}(t,\underline{x})$ ist, kann der Term $G\underline{Q}^{(1)}$ dem Vektor $\underline{f}$ zugeschlagen
werden. Der Term $G\underline{Q}^{(2)}$ hat im allgemeinen zufälligen Charakter und soll
aufgrund der Beschränkung auf deterministische Systeme nicht berücksichtigt werden. Die Kräfte $\underline{Q}^{(3)}$ sind die auf das System künstlich ausge-
übten *Steuerkräfte* bzw. *Steuermomente*; sie werden in der Literatur meistens mit $\underline{u}$ bezeichnet. Das *deterministische Modell eines gesteuerten
technischen Systems* ist somit

$$\underline{\dot{x}} = \underline{f}(t,\underline{x}) + G(t,\underline{x})\underline{u} \ . \tag{5.8}$$

Hierbei ist $\underline{x}$ der n-Zustandsvektor, $\underline{u}$ der r-Steuervektor, $\underline{f}$ ein
n-Vektor und $G$ eine (n×r)-Matrix.

## 5.3 Linearisierung

Die in den Händen des Konstrukteurs liegenden Steuerungen $\underline{u}$ dienen dem
gezielten Eingriff in das Systemverhalten, das durch den Vektor $\underline{x} = \underline{x}(t)$
beschrieben wird. Sehr häufig wird ein gewisses Sollverhalten $\underline{x}^0 = \underline{x}^0(t)$
angestrebt, das durch eine entsprechende Steuerung $\underline{u}^0$ erreicht wird.
Abweichungen $\Delta\underline{x}$ vom Sollverhalten des Systems werden dann bekämpft,
indem man auch Änderungen in den Steuerungen um $\Delta\underline{u}$ zuläßt. Bei einem
gut konzipierten System müssen die Abweichungen $\Delta\underline{x}$ stets klein bleiben. Dieser Umstand macht bei gesteuerten Systemen fast immer eine Linearisierung möglich. Setzt man

$$\underline{x} = \underline{x}^0 + \Delta\underline{x} \quad ,$$

$$\underline{u} = \underline{u}^0 + \Delta\underline{u}$$

und entwickelt man $\underline{f}$ und $G$ in TAYLOR-Reihen, so erhält man aus (5.8)

$$\dot{\underline{x}}^0 + \Delta\dot{\underline{x}} = \underline{f}(t,\underline{x}^0) + (\partial\underline{f}/\partial\underline{x})^0\Delta\underline{x} + \ldots$$
$$+ \left[G(t,\underline{x}^0) + (\partial G/\partial\underline{x})^0\Delta\underline{x} + \ldots\right](\underline{u}^0+\Delta\underline{u}) \quad . \tag{5.9}$$

Da die Sollbewegung $\underline{x}^0$, $\underline{u}^0$ auch (5.8) genügt, gilt zusätzlich

$$\dot{\underline{x}}^0 = \underline{f}(t,\underline{x}^0) + G(t,\underline{x}^0)\underline{u}^0 \quad . \tag{5.10}$$

Zieht man (5.10) von (5.9) ab und vernachlässigt man die Glieder höherer
Ordnung in $\Delta\underline{x}$ und $\Delta\underline{u}$ , so erhält man das linearisierte System

$$\Delta\dot{\underline{x}} = (\partial\underline{f}/\partial\underline{x})^0\Delta\underline{x} + \left[(\partial G/\partial\underline{x})^0\Delta\underline{x}\right]\underline{u}^0 + G(t,\underline{x}^0)\Delta\underline{u} \quad . \tag{5.11}$$

Dabei ist Vorsicht geboten beim zweiten Summanden auf der rechten Seite
von (5.11). Jedes Element der Matrix $(\partial G/\partial\underline{x})^0$ ist ein Zeilenvektor.
Erst nach der Multiplikation mit dem Vektor $\Delta\underline{x}$ erhält man die Matrix
$(\partial G/\partial\underline{x})^0\Delta\underline{x}$ mit skalaren Elementen, die Linearkombinationen der Komponenten von $\Delta\underline{x}$ sind. Insgesamt ergeben die beiden ersten Summanden auf
der rechten Seite von (5.11) nach Ausführung aller Multiplikationen
einen Ausdruck von der Form $F(t,\underline{x}^0,\underline{u}^0)\Delta\underline{x}$ .

Da $\underline{x}^0$ und $\underline{u}^0$ als bekannte Funktionen von $t$ angesehen werden können,
haben die um den Sollzustand linearisierten Systemgleichungen (5.8) die

Gestalt

$$\dot{\underline{x}} = A(t)\underline{x} + B(t)\underline{u} \quad , \tag{5.12}$$

wobei für $\Delta\underline{x}$ und $\Delta\underline{u}$ wieder $\underline{x}$ und $\underline{u}$ geschrieben wurde und für die Matrizen $F$ bzw. $G$ die in der Systemtheorie üblichen Bezeichnungen $A$ bzw. $B$ gewählt worden sind.

Hängen die Matrizen $A$ und $B$ explizit von der Zeit ab, so spricht man von einem *zeitvarianten System*. Sind $A$ und $B$ konstante Matrizen (was oft eintritt, wenn $\underline{x}^0$ und $\underline{u}^0$ konstant sind), so spricht man von einem *zeitinvarianten System*:

$$\dot{\underline{x}} = A\underline{x} + B\underline{u} \quad . \tag{5.13}$$

Die geschilderte Vorgehensweise soll am Beispiel der Längsbewegung eines Flugzeuges veranschaulicht werden.


<u>Beispiel 5.1:</u> Betrachtet man das Flugzeug als starren Körper, so besitzt es sechs Freiheitsgrade der Bewegung, die durch sechs gekoppelte Differentialgleichungen beschrieben werden kann. Bei näherer Betrachtung stellt sich jedoch heraus, daß das Gesamtsystem in zwei Teilsysteme von je drei Gleichungen zerfällt, deren gegenseitige Koppelung außerordentlich schwach ist, so daß beide Teilsysteme gesondert untersucht werden können. Das eine Teilsystem beschreibt die Bewegung des Flugzeugs in seiner Symmetrieebene, die sogenannte *Längsbewegung*, das andere die Bewegung in der dazu senkrechten Ebene, die sogenannte *Seitenbewegung*.

Während der Längsbewegung (Bild 5.1) wirken auf das Flugzeug die folgenden Kräfte:

| | | |
|---|---|---|
| $G = mg$ | | Gewicht, |
| $A = \frac{1}{2}c_a\rho v^2$ | | Auftrieb, |
| $W = \frac{1}{2}c_w\rho v^2$ | | Widerstand, |
| $P$ | | Schub, |
| $R$ | | Höhenruderkraft. |

Dabei sind

| | |
|---|---|
| $v$ | Fluggeschwindigkeit, |
| $c_a, c_w$ | aerodynamische Beiwerte. |


Von den Steuerkräften $P$ und $R$ soll später nur die Höhenruderkraft $R$ zur Steuerung herangezogen werden, während der Schub $P$ den Widerstand $W$ ausgleichen soll.

α - Anstellwinkel     θ - Längsneigungswinkel
γ - Flugbahnwinkel    η - Höhenruderausschlag

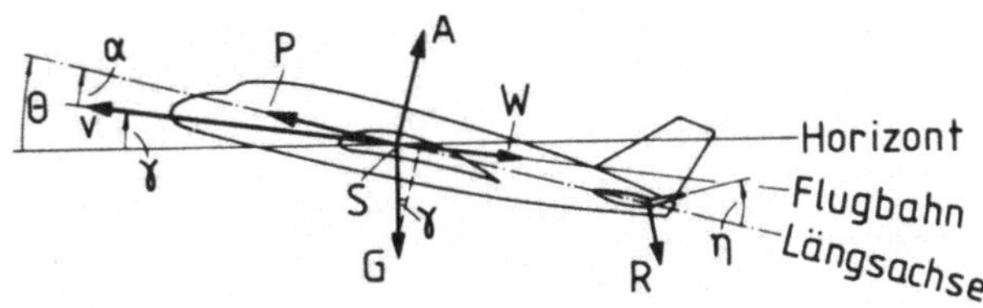


Bild 5.1   Längsbewegung eines Flugzeuges


Die Impulsbilanz in der Flugbahnrichtung und in der dazu senkrechten
Richtung liefert

$$m\dot{v} = P\cos\alpha - G\sin\gamma - W - R_1 \quad , \tag{5.14}$$

$$mv\dot{\gamma} = P\sin\alpha - G\cos\gamma + A - R_2 \quad , \tag{5.15}$$

wobei $R_1$, $R_2$ die Komponenten der Höhenruderkraft und $v\dot{\gamma}$ die Zentrifugalbeschleunigung sind.

Die Momentenbilanz bezüglich des Schwerpunktes lautet:

$$I_S\ddot{\theta} = - k_1 v\dot{\theta} - k_2 v^2 \alpha + k_3 v^2 \eta \quad . \tag{5.16}$$

Dabei ist $I_S$ das Trägheitsmoment bezüglich des Schwerpunktes, $k_1 v\dot{\theta}$
das aerodynamische Dämpfungsmoment, $k_2 v^2 \alpha$ das Moment der aerodynamischen Rückstellkraft und $k_3 v^2 \eta$ das Rudermoment. Das Rückstellmoment
entsteht, weil der Auftrieb eigentlich nicht im Schwerpunkt (wie in Bild
5.1 gezeichnet), sondern im sogenannten Druckmittelpunkt angreift und
deswegen ein Moment um den Schwerpunkt erzeugt.

Das System (5.14) bis (5.16) ist nichtlinear und hat veränderliche Koeffizienten, denn $G = mg$ ändert sich mit der Höhe und infolge des laufen-
den Treibstoffverbrauchs, die aerodynamischen Beiwerte $c_a$ und $c_w$ sind
Funktionen des Anstellwinkels (Bild 5.2), die Schubkraft P ist von der
MACH-Zahl abhängig, usw.. Die allgemeine Untersuchung dieses komplizierten Systems kann nur numerisch erfolgen. Um jedoch Gleichungen zu erhalten, die eine analytische Behandlung zulassen, muß man das System in der
Umgebung der interessierenden stationären Längsbewegung linearisieren.

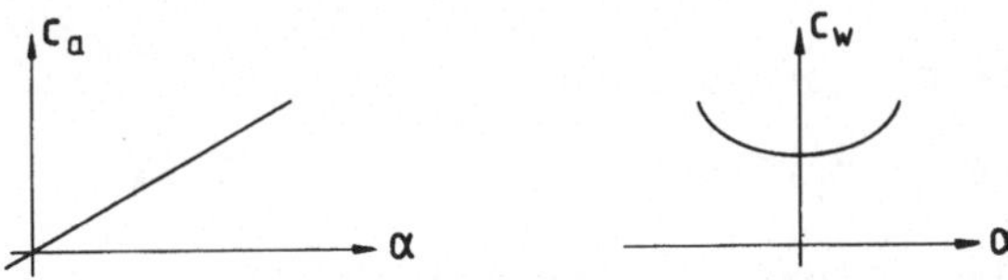


Bild 5.2   Aerodynamische Beiwerte

Ein besonders interessanter stationärer Zustand ist der horizontale Geradeausflug, der durch die konstanten Werte

$$v_0, \quad \alpha_0, \quad \theta_0, \quad \gamma_0 = 0, \quad \eta_0$$

gekennzeichnet ist. In diesem Fall sind  g  und  $\rho$  konstant, auch  m  und  G  können für nicht zu große Zeitintervalle als konstant angesehen werden.

Die in den Bewegungsgleichungen auftretenden Variablen drückt man aus durch die Abweichungen vom stationären Zustand

$$v = v_0+\Delta v, \quad \alpha = \alpha_0+\Delta\alpha, \quad \theta = \theta_0+\Delta\theta, \quad \gamma = \Delta\gamma, \quad \eta = \eta_0+\Delta\eta \quad , \quad (5.17)$$

wo  $\Delta v$, $\Delta\alpha$, $\Delta\theta$, $\Delta\gamma$  und  $\Delta\eta$  klein sein sollen. Für die aerodynamischen Beiwerte kann näherungsweise

$$\left. \begin{array}{l} c_a = c_a'\alpha \\[2mm] c_w = c_{wo} + c_w'\alpha \end{array} \right\} \qquad\qquad (5.18)$$

gesetzt werden, so daß für Auftrieb und Widerstand gilt

$$\left. \begin{array}{l} A = k_a\alpha v^2 \\[2mm] W = k_{wo}v^2 + k_w v^2\Delta\alpha \end{array} \right\} \qquad . \qquad (5.19)$$

Die Ruderkräfte  $R_1$, $R_2$  sind bei kleinen Ruderausschlägen diesen proportional, wobei beide Kräfte klein und  $R_1$  vernachlässigbar ist, so daß man

$$\left. \begin{array}{l} R_1 \approx 0 \\[2mm] R_2 = k_r\eta \end{array} \right\} \qquad\qquad (5.20)$$

setzen kann.

Mit (5.17) bis (5.20) ergibt sich aus (5.14) nach Vernachlässigung der Glieder höherer Ordnung die Bewegungsgleichung

$$m\Delta\dot{v} = P\cos\alpha_0 - P\sin\alpha_0\Delta\alpha - G\Delta\gamma - k_{wo}v_0^2 - 2k_{wo}v_0\Delta v - k_w v_0^2\Delta\alpha \quad . \qquad (5.21)$$

Insbesondere gilt im stationären Zustand  $(\Delta v=\Delta\alpha=\Delta\gamma=0)$

$$0 = P\cos\alpha_0 - k_{wo}v_0^2 \quad , \qquad (5.22)$$

so daß man endgültig die linearisierte Gleichung erhält

$$m\Delta\dot{v} = - P\sin\alpha_0\Delta\alpha - G\Delta\gamma - 2k_{wo}v_0\Delta v - k_w v_0^2\Delta\alpha \quad . \qquad (5.23)$$

In ähnlicher Weise bekommt man nach der Linearisierung von (5.15) und (5.16) die Gleichungen:

$$mv_0\Delta\dot{\gamma} = P\cos\alpha_0\Delta\alpha + 2k_a\alpha_0 v_0\Delta v + k_a v_0^2\Delta\alpha - k_r\Delta\eta \quad , \qquad (5.24)$$

$$I_S\Delta\ddot{\theta} = - k_1 v_0\Delta\dot{\theta} - k_2 v_0^2\Delta\alpha + k_3 v_0^2\Delta\eta \quad . \qquad (5.25)$$

Hinzu kommt die kinematische Beziehung (Bild 5.1)

$$\Delta\dot{\alpha} + \Delta\dot{\gamma} = \Delta\dot{\theta} \quad . \tag{5.26}$$

Eliminiert man aus (5.23) bis (5.26) den Winkel $\Delta\gamma$ , führt man die Winkelbeschleunigung $\Delta\dot{\omega} = \Delta\ddot{\theta}$ ein und faßt man ähnliche Terme zusammen, so
kann man kleine Abweichungen des Flugzeuges vom stationären, horizontalen
Geradeausflug beschreiben durch das lineare zeitinvariante System

$$
\begin{bmatrix} \Delta\dot{v} \\ \Delta\dot{\alpha} \\ \Delta\dot{\theta} \\ \Delta\dot{\omega} \end{bmatrix}
=
\begin{bmatrix}
a_{11} & a_{12} & a_{13} & 0 \\
a_{21} & a_{22} & 0 & a_{24} \\
0 & 0 & 0 & 1 \\
0 & a_{42} & 0 & a_{44}
\end{bmatrix}
\begin{bmatrix} \Delta v \\ \Delta\alpha \\ \Delta\theta \\ \Delta\omega \end{bmatrix}
+
\begin{bmatrix} 0 \\ b_2 \\ 0 \\ b_4 \end{bmatrix}
\Delta\eta \quad . \tag{5.27}
$$

Das System (5.27) ist offenbar von der Form (5.13). Die nähere Untersuchung dieses Systems erfolgt in Kapitel 8.2.


## 5.4  Probleme der Systemdynamik

In den vorangehenden Abschnitten (Kap. 5.1 bis 5.3) wurden die Modelle
von technischen Systemen über die Gln. (5.8), (5.12) und (5.13) bereitgestellt. Daran knüpfen sich eine Reihe von Fragestellungen, von den
die wichtigsten nachfolgend kurz umrissen werden sollen.


Problem I - Lösung

Das größte Interesse gilt dem Verhalten des Systems in Abhängigkeit von
der Steuerung, d.h. der Lösung

$$\underline{x} = \underline{x}(t,\underline{u}) \quad . \tag{5.28}$$

Im Fall des nichtlinearen Systems (5.8) läßt sich dieses Problem im allgemeinen entweder gar nicht oder nur näherungsweise lösen. Im Fall des
linearen zeitvarianten Systems (5.12) läßt sich die Lösung meist nur
formell angeben. Nur im linearen zeitinvarianten Fall (5.13) ist eine
explizite Lösung möglich. Auch hier treten jedoch bei Systemen höherer
Ordnung gewisse Schwierigkeiten auf.

Da die explizite Lösung der Systemgleichungen oft nicht möglich ist, muß
man die Untersuchung des Systems auf Umwegen betreiben und sich auf besonders wichtige Fragestellungen beschränken. Zu diesen gehört:

## Problem II - Stabilität

Von einem technischen System muß man erwarten, daß es im ungesteuerten
Fall weder davonläuft noch "explodiert". Der Zustandsvektor $\underline{x}$ muß also
endlich bleiben und wenn möglich für $\underline{u} \equiv \underline{O}$ einem konstanten Wert zu-
streben. Man ist also am Eigenverhalten der ungesteuerten Systeme

$$
\left.
\begin{array}{l}
\dot{\underline{x}} = \underline{f}(t,\underline{x}) \\[2ex]
\dot{\underline{x}} = A(t)\underline{x} \\[2ex]
\dot{\underline{x}} = A\underline{x}
\end{array}
\right\}
\qquad\qquad (5.29)
$$

interessiert. Einerseits geht es dabei um die Frage, für welche Parame-
terwerte Stabilität herrscht, d.h. grob gesprochen

$$
|\underline{x}(t)| \to \text{const} \qquad \text{für} \quad t \to \infty \;,
$$

andererseits aber auch darum, wann das System instabil wird, d.h.

$$
|\underline{x}(t)| \to \infty \qquad \text{für} \quad t \to \infty \;.
$$

Dabei muß die Frage nach der Stabilität beantwortet werden, ohne die
Gleichungen zu lösen. Dieses Problem wird mit Hilfe der sogenannten Stabilitätskriterien gelöst. Für zeitvariante oder nichtlineare Systeme ist
die Stabilitätsprüfung oft recht aufwendig. Für lineare zeitinvariante
Systeme ist die Beantwortung der Stabilitätsfrage relativ einfach.

## Problem III - Steuerbarkeit

Es ist selbstverständlich, daß der Anwender stets bemüht sein wird, die
Steuerung seines Systems möglichst einfach auszulegen. Dabei entsteht
die Frage, ob das gewählte Modell *steuerbar* ist, d.h. ob man die Steuerung $\underline{u}$ stets so wählen kann, daß das System mit dieser Steuerung aus
einem beliebigen Zustand $\underline{x}(t)$ nach dem Sollzustand $\underline{x}^0$ übergeführt wird.
Für lineare Systeme (5.12), (5.13) ist dieses Problem formuliert und ge-
löst worden. Für nichtlineare Systeme ist die Frage weitgehend noch of-
fen.

## Problem IV - Optimierung

Das Problem der Steuerung eines Systems aus einem Zustand $\underline{x}$ in einen Sollzustand $\underline{x}^0$ kann im Normalfall durch verschiedene Steuerpro-

gramme gelöst werden. Dabei ist es oft von Wichtigkeit, eine solche Steuerung  $\underline{u}$  zu wählen, daß der Vorgang etwa möglichst schnell oder möglichst "billig" abläuft. Die Anforderungen an die Steuerung lassen sich in einem sogenannten *Optimierungskriterium* formulieren. Die Entwicklung der zugehörigen *optimalen Steuerungen* hat in den letzten Jahrzehnten große Fortschritte gemacht. Für lineare Systeme existieren heute mehrere effiziente Optimierungsverfahren; im nichtlinearen Fall sind auch hier noch viele Schwierigkeiten zu überwinden.


Problem V - Regelung


Bei der Festlegung der Steuerung hat man prinzipiell zwei Möglichkeiten: entweder man bestimmt  $\underline{u}$  als Funktion der Zeit -  $\underline{u} = \underline{u}(t)$  - oder aber als Funktion des Zustandes -  $\underline{u} = \underline{u}(\underline{x})$ . Im ersten Fall handelt es sich um eine Steuerung im engeren Sinn. Im zweiten Fall spricht man von einer *Regelung*, und  $\underline{u} = \underline{u}(\underline{x})$  wird durch einen *Regler* erzeugt. Die Bestimmung eines möglichst einfachen und in gewissem Sinne optimalen Reglers ist das Hauptproblem der Regelungstechnik.


Das Verzeichnis der Probleme der modernen Systemdynamik läßt sich beliebig fortsetzen. Es seien nur einige Stichworte genannt wie Identifizierung, Minimalrealisierung, Adaptierung, Filterung, Voraussage. Hier sollen diese Begriffe jedoch nicht weiter erläutert werden, denn die Probleme I bis V genügen bereits, um die Systemdynamik und die klassische Mechanik einander gegenüberzustellen und die Abgrenzung der beiden Disziplinen vorzunehmen.


## 5.5  Systemdynamik und Mechanik


Die Probleme I (Lösung) und II (Stabilität) wurden lange vor der modernen Systemdynamik in der klassischen Mechanik formuliert. Auch die meisten Methoden zur Behandlung der Probleme I und II wurden bereits im vorigen Jahrhundert entwickelt. Die Frage, warum die Mechaniker nie auf die Idee gekommen sind, die sehr naheliegenden Probleme der Steuerbarkeit, Optimierung usw. zu stellen, läßt sich nur aus dem Selbstverständnis der klassischen Mechanik erklären. Diese verstand sich im wesentlichen als ein Teil der Naturwissenschaften und sah ihre Aufgabe in der Deutung der Naturereignisse (KEPLERsche Gesetze, freier Fall, usw.). Dieser Auffassung folgend sprach man auch von einer *Zwangskraft* und nicht von einer *Steuerung*, von einer *erzwungenen Schwingung* und nicht von einer *gesteuer-*

*ten Bewegung.* Die Zwangskraft war dabei im wesentlichen etwas Gegebenes.
Erst mit der Entwicklung und langsamen Wandlung des Ingenieurwesens von
handwerklichen zu wissenschaftlichen Disziplinen konnte die passive Frage
des Naturwissenschaftlers "Was macht das System bei gegebener Zwangskraft?" in die aktive Frage des Ingenieurs "Wie muß das System gesteuert
werden, damit es ein bestimmtes gewünschtes Verhalten zeigt?" umformu-
liert werden.

Diese neue Fragestellung sprengte den Rahmen der klassischen Mechanik
nicht nur inhaltlich, sondern auch gerätetechnisch. Die Realisation von
Regelungen, optimalen Steuerungen usw. ist nur in seltenen Fällen auf
rein mechanischem Wege möglich. Die Erweiterung einer rein mechanischen
Regelstrecke zum Regelkreis durch Einführung eines Reglers bedeutet in
den meisten Fällen einen Übergang zu gemischten elektromechanischen oder
noch komplizierteren Systemen. Dabei nimmt in den vergangenen Jahren
durch die rasante Entwicklung auf dem Gebiet der Elektronik und der Mi-
kroprozessortechnik deren Anteil am Gesamtsystem immer mehr zu. Man denke nur etwa die Regelung eines modernen Flugzeuges, eines Raumfahrzeuges
oder eines Industrieroboters.

Somit gehören geschichtlich und inhaltlich nur die beiden ersten Probleme der Systemdynamik - Lösung und Stabilität - zur Mechanik. Sie werden
Gegenstand der folgenden Kapitel sein. Die restlichen Fragen werden in
der Regelungstechnik bzw. in der Regelungstheorie bzw. in der Theorie
der gesteuerten Systeme behandelt.

# 6 Lösung linearer zeitinvarianter Systeme

Für lineare zeitinvariante Systeme stehen Verfahren zur Bestimmung expli-
ziter Lösungen zur Verfügung, von denen nachfolgend das klassische Verfahren nur kurz erwähnt werden soll, während das heute verwendete moderne Verfahren ausführlich vorgestellt wird.

## 6.1 Klassisches Lösungsverfahren

Betrachtet wird das lineare zeitinvariante System

$$\dot{\underline{x}} = A\underline{x} + B\underline{u} \quad . \tag{6.1}$$

Hierbei ist $\underline{x}$ der n-Zustandsvektor, $\underline{u}$ der r-Steuervektor, A die
(n×n)-Systemmatrix und B die (n×r)-Steuermatrix. Zur Lösung von (6.1)
wird zunächst das homogene System

$$\dot{\underline{x}} = A\underline{x} \tag{6.2}$$

betrachtet. Bei klassischer Vorgehensweise sucht man die Lösung von (6.2)
mit dem Ansatz

$$\underline{x} = \underline{b}e^{st} \quad , \tag{6.3}$$

mit dem man aus (6.2) erhält:

$$(Is-A)\underline{b} = \underline{O} \quad . \tag{6.4}$$

Dieses lineare homogene algebraische Gleichungssystem für die Komponenten $b_j$ des Vektors $\underline{b}$ besitzt nur dann eine nichttriviale Lösung
$\underline{b} \neq \underline{O}$ , wenn die Systemdeterminante verschwindet:

$$\det(Is-A) = O \quad . \tag{6.5}$$

Die Entwicklung der linken Seite von (6.5) führt auf ein Polynom  n-ten
Grades in  s

$$\Delta(s) = s^n + a_1 s^{n-1} + \ldots + a_{n-1} s + a_n \quad , \tag{6.6}$$

und es ergibt sich

$$s^n + a_1 s^{n-1} + \ldots + a_{n-1} s + a_n = 0 \quad . \tag{6.7}$$

Die Beziehung (6.5) bzw. (6.7) heißt *charakteristische Gleichung* der Ma-
trix  A  oder des Systems  $\dot{\underline{x}} = A\underline{x}$ . Das Polynom (6.6) heißt *charakteri-
stisches Polynom*. Die Wurzeln  $s_j$  der charakteristischen Gleichung hei-
ßen *Eigenwerte* von  A  bzw. von  $\dot{\underline{x}} = A\underline{x}$  .

Unter der Voraussetzung, daß alle Eigenwerte von  A

$$s_1, \ s_2, \ \ldots, \ s_n$$

verschieden und demnach einfach sind, entspricht jedem Eigenwert  $s_j$  als
Lösung von (6.4) ein Vektor  $\underline{b}$  , der allerdings nur bis auf einen Faktor
bestimmt ist, da (6.4) bei verschwindender Systemdeterminante für die Bestimmung der  n  Komponenten von  $\underline{b}$  nur noch  (n-1)  unabhängige Gleichungen liefert. Die Vektoren  $\underline{b}$  heißen *Eigenvektoren* von  A  bzw. von
$\dot{\underline{x}} = A\underline{x}$ . Jedem Paar  $s_j$ ,  $\underline{b}$  entspricht gemäß (6.3) eine *partikuläre Lösung*

$$\underline{x}^j = \underline{b}^j e^{s_j t} \quad . \tag{6.8}$$

Die *allgemeine Lösung* von (6.2) ist dann die Linearkombination

$$\underline{x}(t) = \sum_{j=1}^{n} C_j \underline{b}^j e^{s_j t} \quad , \tag{6.9}$$

mit den  n  *Integrationskonstanten*  $C_j$  .

Die Lösung (6.9) wurde unter der Voraussetzung erhalten, daß alle Eigenwerte einfach sind. Bei mehrfachen Eigenwerten ist die Anzahl der *verschiedenen* Eigenwerte kleiner als  n, und es können zwei Fälle eintreten:
Entweder entsprechen einem  k-fachen  Eigenwert  k  unabhängige Eigenvektoren,und die Lösung behält die Gestalt (6.9), oder aber in der Lösung
treten die sogenannten *Säkularglieder* auf, d.h. Glieder der Form (6.8),

bei denen die Koeffizienten $C_j$ aber nicht mehr Konstanten, sondern Polynome in $t$ sind. Die Entscheidung, welcher Fall eintritt, kann im allgemeinen nur mit Hilfe der *Theorie der Elementarteiler* getroffen werden und ist bei Systemen höherer Dimension mit recht großem Rechenaufwand verbunden (vgl. auch Kap. 6.3.4). Diese Schwierigkeit legt es nahe, das klassische Verfahren nicht weiter zu verfolgen und stattdessen ein modernes Verfahren näher zu betrachten, das solche Schwierigkeiten nicht kennt und außerdem eine wesentlich kompaktere Formulierung der Lösung erlaubt.

## 6.2 Modernes Lösungsverfahren

Zur Beschreibung dieses Verfahrens werden einige zusätzliche Kenntnisse aus der Matrizenrechnung benötigt, die aus Gründen der Übersichtlichkeit teilweise im Anhang untergebracht sind.

### 6.2.1 Potenz und Funktion einer Matrix

Gegeben sei die $(n \times n)$-Matrix $A$ mit der charakteristischen Gleichung

$$s^n + a_1 s^{n-1} + \ldots + a_{n-1} s + a_n = 0 \quad . \tag{6.7}$$

Dann gilt der *Satz von CAYLEY-HAMILTON*:

Jede Matrix genügt ihrer charakterischen Gleichung, d.h.

$$A^n + a_1 A^{n-1} + \ldots + a_{n-1} A + a_n I = 0 \quad . \tag{6.10}$$

Aus (6.10) folgt sofort, daß sich die $n$-te Potenz einer $(n \times n)$-Matrix $A$ als Linearkombination der ersten $(n-1)$ Potenzen von $A$ darstellen läßt:

$$A^n = - a_n I - a_{n-1} A - \ldots - a_1 A^{n-1} \quad .$$

Multipliziert man diese Beziehung mit $A$ und wendet dieselbe Überlegung nochmals an, so erhält man:

$$A^{n+1} = - a_n A - \ldots - a_2 A^{n-1} - a_1 (-a_n I - a_{n-1} A - \ldots - a_1 A^{n-1})$$

$$= b_0 I + b_1 A + \ldots + b_{n-1} A^{n-1} \quad ,$$

d.h. auch die (n+1)-te Potenz von $A$ ist eine Linearkombination der ersten (n-1) Potenzen. Fährt man in dieser Weise fort, so stellt man fest: Für jede $(n\times n)$-Matrix $A$ und jedes $k>n$ lassen sich die Potenzen $A^k$ als Linearkombination der ersten (n-1) Potenzen der Matrix $A$ darstellen:

$$A^k = c_0 I + c_1 A + \ldots + c_{n-1} A^{n-1} \quad , \qquad k>n \quad . \tag{6.11}$$

Die Einführung der Potenz einer Matrix erlaubt es, auch die Funktion einer Matrix sehr einfach einzuführen, indem man sich der Potenzreihendarstellung von Funktionen bedient. Ist $f(z)$ eine durch eine konvergente Potenzreihe darstellbare Funktion

$$f(z) = a_0 + a_1 z + a_2 z^2 + \ldots \quad ,$$

so wird die Funktion $f(A)$ der Matrix $A$ definiert als

$$f(A) = a_0 I + a_1 A + a_2 A^2 + \ldots \quad .$$

Offenbar ist $f(A)$ wieder eine Matrix. Als Beispiele für Matrizenfunktionen seien genannt:

$$\sin A = A - \frac{1}{3!}A^3 + \frac{1}{5!}A^5 - + \ldots \quad ,$$

$$\cos A = I - \frac{1}{2!}A^2 + \frac{1}{4!}A^4 - + \ldots \quad ,$$

$$e^A = I + A + \frac{1}{2!}A^2 + \frac{1}{3!}A^3 + \ldots \quad .$$

Berücksichtigt man Gl. (6.11), so ist leicht einzusehen, daß es für eine Funktion $f(A)$ einer $(n\times n)$-Matrix $A$ stets eine Darstellung der Form gibt

$$f(A) = \beta_0 I + \beta_1 A + \beta_2 A^2 + \ldots + \beta_{n-1} A^{n-1} \quad . \tag{6.12}$$

## 6.2.2 Die Matrix $e^{At}$

Für die Lösung des Systems (6.1) ist die Matrix

$$e^{At} = I + At + \frac{1}{2!}A^2 t^2 + \ldots + \frac{1}{j!}A^j t^j + \ldots \tag{6.13}$$

von besonderer Wichtigkeit. Daneben benötigt man noch für die Eigenwerte  s

$$e^{st} = 1 + st + \frac{1}{2!}s^2t^2 + \ldots + \frac{1}{j!}s^jt^j + \ldots \quad . \tag{6.14}$$

Mit den Überlegungen des vorigen Abschnittes lassen sich die Gln. (6.13),
(6.14) auf die Form bringen (siehe Anhang):

$$e^{At} = \mu_0 I + \mu_1 A + \ldots + \mu_{n-1} A^{n-1} \quad , \tag{6.15}$$

$$e^{st} = \mu_0 + \mu_1 s + \ldots + \mu_{n-1} s^{n-1} \quad , \tag{6.16}$$

mit

$$\mu_k = \frac{t^k}{k!} + \sum_{j=n}^{\infty} \frac{t^j}{j!} c_k^j \quad , \qquad k = 0,\ldots,n-1 \quad . \tag{6.17}$$

Die Beziehung (6.16) gilt für jeden Eigenwert von  A . Hat  A  insbesondere  n  verschiedene Eigenwerte, so erhält man aus (6.16) ein System von
n  linearen Gleichungen für die Bestimmung der  n  Faktoren  $\mu_0$, $\mu_1$, $\ldots$,
$\mu_{n-1}$ :

$$\left.\begin{array}{l} e^{s_1 t} = \mu_0 + \mu_1 s_1 + \ldots + \mu_{n-1} s_1^{n-1} \\[2ex] e^{s_2 t} = \mu_0 + \mu_1 s_2 + \ldots + \mu_{n-1} s_2^{n-1} \\[1ex] \quad \vdots \\[1ex] e^{s_n t} = \mu_0 + \mu_1 s_n + \ldots + \mu_{n-1} s_n^{n-1} \end{array}\right\} \quad . \tag{6.18}$$

Setzt man die aus (6.18) bestimmten Faktoren  $\mu_k$  in (6.15) ein, so bekommt man eine explizite Darstellung von  $e^{At}$  durch eine endliche Summe
von Matrizen.

Treten mehrfache Eigenwerte auf, so wird die Anzahl der sich unterschei-
denden Gleichungen (6.18) kleiner als die Anzahl der zu bestimmenden Faktoren  $\mu_k$ . Die fehlenden Beziehungen erhält man in diesem Fall, indem
man die einem i-fachen Eigenwert  $s_j$  entsprechende Gleichung (6.18)
(i-1)-mal nach  $s_j$  differenziert. Ist z.B.  $s_1$  ein 3-facher Eigenwert,
so gilt zunächst

$$e^{s_1 t} = \mu_0 + \mu_1 s_1 + \mu_2 s_1^2 + \ldots + \mu_{n-1} s_1^{n-1} \quad . \tag{6.18a}$$

Außerdem gelten aber noch die beiden durch Differentiation nach $s_1$ entstehenden Beziehungen

$$\left.\begin{array}{l} te^{s_1 t} = \mu_1 + 2\mu_2 s_1 + \ldots + (n-1)\mu_{n-1} s_1^{n-2} \\[2ex] t^2 e^{s_1 t} = 2\mu_2 + \ldots + (n-1)(n-2)\mu_{n-1} s_1^{n-3} \end{array}\right\} \quad . \qquad (6.18\text{b})$$

Insgesamt wird auch dann wieder eine explizite Darstellung von $e^{At}$ durch eine endliche Summe von Matrizen möglich.

Einige wichtige Eigenschaften der Matrix $e^{At}$ sind im folgenden zusammengestellt (siehe auch Anhang):

1. Die Matrix $e^{At}$ ist differenzierbar:

$$\frac{d}{dt} e^{At} = A e^{At} \quad . \qquad (6.19)$$

2. Die Matrix $e^{At}$ ist regulär:

$$\det(e^{At}) \neq 0 \quad . \qquad (6.20)$$

3. Es gilt

$$e^{At_1} \cdot e^{At_2} = e^{A(t_1 + t_2)} \quad . \qquad (6.21)$$

4. Dagegen gilt

$$e^{A_1 t} \cdot e^{A_2 t} = e^{(A_1 + A_2)t} \qquad (6.22)$$

nur, falls für die Matrizen $A_1$ und $A_2$

$$A_1 A_2 = A_2 A_1 \quad . \qquad (6.23)$$

5. Aus (6.22) mit (6.23) folgt insbesondere

$$\left(e^{At}\right)^{-1} = e^{-At} \quad . \qquad (6.24)$$

### 6.2.3  <u>Lösung der homogenen Gleichung</u>

Mit Hilfe der Eigenschaft (6.19) überprüft man leicht durch direktes Einsetzen, daß die Lösung der homogenen Gleichung (6.2)

$$\dot{\underline{x}} = A\underline{x}$$

gegeben ist durch

$$\boxed{\underline{x}(t) = e^{At}\underline{x}(0) ,}$$

(6.25)

bzw. allgemeiner durch

$$\boxed{\underline{x}(t) = e^{A(t-t_0)}\underline{x}(t_0) \quad .}$$

(6.26)

Um aus dem Zustand $\underline{x}(0)$ bzw. $\underline{x}(t_0)$ in den Zustand $\underline{x}(t)$ zu kommen, muß man also $\underline{x}(0)$ bzw. $\underline{x}(t_0)$ mit der Matrix $e^{At}$ bzw. $e^{A(t-t_0)}$ multiplizieren. Man bezeichnet die Matrix

$$\boxed{\Omega(t) = e^{At}}$$

(6.27)

bzw.

$$\boxed{\Phi(t,t_0) = e^{A(t-t_0)}}$$

(6.28)

als *Fundamentalmatrix (state transition matrix)*.

Für die Bewegung auf einer Trajektorie von $\underline{x}(t_0)$ über $\underline{x}(t_1)$ nach $\underline{x}(t_2)$ ist einerseits

$$\underline{x}(t_2) = \Phi(t_2,t_1)\underline{x}(t_1) = \Phi(t_2,t_1)\Phi(t_1,t_0)\underline{x}(t_0)$$

und andererseits

$$\underline{x}(t_2) = \Phi(t_2,t_0)\underline{x}(t_0) \quad .$$

Ein Vergleich beider Ausdrücke liefert die sogenannte *Gruppeneigenschaft* der Fundamentalmatrizen:

$$\Phi(t_2,t_1)\Phi(t_1,t_0) = \Phi(t_2,t_0) \quad , \qquad t_0 \leq t_1 \leq t_2 \quad .$$

(6.29)

Offenbar gelten ferner mit (6.21) bzw. (6.24) die Beziehungen

$$\left.\begin{aligned}
\Phi(t,t_0) &= \Omega(t-t_0)\\
\Phi(t,t) &= \Omega(0) = I\\
\Phi^{-1}(t,t_0) &= \Phi(t_0,t)\\
\Omega^{-1}(t) &= \Omega(-t)
\end{aligned}\right\} \quad .$$

(6.30)

<u>Beispiel 6.1:</u> Man ermittle die Lösungen für die beiden Systeme

$$\left.\begin{aligned} \dot{x}_1 &= \lambda x_1 + x_2 \\ \dot{x}_2 &= \lambda x_2 \end{aligned}\right\} \quad , \tag{6.31}$$

$$\left.\begin{aligned} \dot{y}_1 &= s_1 y_1 \\ \dot{y}_2 &= s_2 y_2 \end{aligned}\right\} \quad . \tag{6.32}$$

Die entsprechenden Systemmatrizen $A_1$ und $A_2$ sind

$$A_1 = \begin{bmatrix} \lambda & 1 \\ 0 & \lambda \end{bmatrix} \quad , \qquad A_2 = \begin{bmatrix} s_1 & 0 \\ 0 & s_2 \end{bmatrix} \quad . \tag{6.33}$$

Die charakteristische Gleichung von $A_1$

$$\begin{vmatrix} s - \lambda & -1 \\ 0 & s - \lambda \end{vmatrix} = 0$$

besitzt den doppelten Eigenwert

$$s_1 = s_2 = \lambda \quad . \tag{6.34}$$

Die Koeffizienten $\mu_0$, $\mu_1$ der Darstellung

$$e^{A_1 t} = \mu_0 I + \mu_1 A_1 = \begin{bmatrix} \mu_0 + \mu_1 \lambda & \mu_1 \\ 0 & \mu_0 + \mu_1 \lambda \end{bmatrix}$$

werden bestimmt aus

$$\left.\begin{aligned} e^{\lambda t} &= \mu_0 + \mu_1 \lambda \\ t e^{\lambda t} &= \mu_1 \end{aligned}\right\} \quad .$$

Somit ist

$$\left.\begin{aligned} \mu_0 &= e^{\lambda t} - \lambda t e^{\lambda t} \\ \mu_1 &= t e^{\lambda t} \end{aligned}\right\}$$

und

$$e^{A_1 t} = \begin{bmatrix} e^{\lambda t} & t e^{\lambda t} \\ 0 & e^{\lambda t} \end{bmatrix} \quad . \tag{6.35}$$

Die Matrix $A_2$ hat offenbar die Eigenwerte $s_1$ und $s_2$ , so daß die Koeffizienten $\mu_0$, $\mu_1$ der Darstellung

$$e^{A_2 t} = \mu_0 I + \mu_1 A_2 = \begin{bmatrix} \mu_0 + \mu_1 s_1 & 0 \\ 0 & \mu_0 + \mu_1 s_2 \end{bmatrix}$$

bestimmt werden aus

$$\left. \begin{aligned} e^{s_1 t} &= \mu_0 + \mu_1 s_1 \\ e^{s_2 t} &= \mu_0 + \mu_1 s_2 \end{aligned} \right\} \ .$$

Man sieht sofort, daß stets

$$e^{A_2 t} = \begin{bmatrix} e^{s_1 t} & 0 \\ 0 & e^{s_2 t} \end{bmatrix} \qquad\qquad (6.36)$$

ist.

Nun überprüft man direkt die Eigenschaft (6.22), (6.23): Für $s_1 \neq s_2$ ist einerseits

$$A_1 A_2 \neq A_2 A_1$$

und andererseits

$$e^{A_1 t} \cdot e^{A_2 t} \neq e^{A_2 t} \cdot e^{A_1 t} \quad .$$

Somit wird

$$e^{A_1 t} \cdot e^{A_2 t} \neq e^{(A_1 + A_2) t} \quad .$$

Mit den Fundamentalmatrizen (6.35) bzw. (6.36) lauten die Lösungen von (6.31) bzw. (6.32):

$$\left. \begin{aligned} x_1(t) &= e^{\lambda t} x_1(0) + t e^{\lambda t} x_2(0) \\ x_2(t) &= e^{\lambda t} x_2(0) \end{aligned} \right\} \ , \qquad (6.37)$$

$$\left. \begin{aligned} y_1(t) &= e^{s_1 t} y_1(0) \\ y_2(t) &= e^{s_2 t} y_2(0) \end{aligned} \right\} \ . \qquad (6.38)$$

Das System (6.31) hat den doppelten Eigenwert (6.34) und in der Lösung (6.37) tritt ein Säkularglied auf. Wenn man beim System (6.32)

$$s_1 = s_2 = s_0$$

setzt, so hat auch dieses System einen doppelten Eigenwert, die Lösung enthält jedoch auch in diesem Fall keine Säkularglieder. Auf diese Möglichkeit wurde bereits am Ende von Kapitel 6.1 hingewiesen; nähere Untersuchungen hierzu sind in Kapitel 6.3.4 zu finden. ∎

### 6.2.4  Lösung der inhomogenen Gleichung

Die Lösung des gesteuerten Systems (6.1)

$$\dot{\underline{x}} = A\underline{x} + B\underline{u}$$

sucht man, ausgehend von der Lösung des homogenen Systems (6.2), durch Variation der Konstanten mit dem Ansatz

$$\underline{x}(t) = e^{At}\underline{z}(t) \quad . \tag{6.39}$$

Es ist dann

$$\dot{\underline{x}}(t) = Ae^{At}\underline{z}(t) + e^{At}\dot{\underline{z}}(t) = A\underline{x}(t) + e^{At}\dot{\underline{z}}(t) \quad .$$

Eingesetzt in (6.1) liefert das zur Bestimmung von $\underline{z}(t)$ die Gleichung

$$\dot{\underline{z}}(t) = e^{-At}B\underline{u}(t) \ ,$$

mit der Lösung

$$\underline{z}(t) - \underline{z}(0) = \int_{0}^{t} e^{-A\tau}B\underline{u}(\tau)d\tau \quad .$$

Wegen $\underline{z}(0) = \underline{x}(0)$ wird

$$\underline{z}(t) = \underline{x}(0) + \int_{0}^{t} e^{-A\tau}B\underline{u}(\tau)d\tau \quad . \tag{6.40}$$

Eingesetzt in den Ansatz (6.39) liefert das die gesuchte Lösung

$$\underline{x}(t) = e^{At}\underline{x}(0) + \int_{0}^{t} e^{A(t-\tau)}B\underline{u}(\tau)d\tau \tag{6.41}$$

bzw.

$$\boxed{\underline{x}(t) = e^{At}\left[\underline{x}(0) + \int_{0}^{t} e^{-A\tau}B\underline{u}(\tau)d\tau\right] \quad .} \tag{6.42}$$

Naheliegende weitere Darstellungen erhält man mit Hilfe der Matrix (6.28):

$$\boxed{\underline{x}(t) = \Phi(t,t_0)\left[\underline{x}(t_0) + \int_{t_0}^{t} \Phi(t_0,\tau)B\underline{u}(\tau)d\tau\right] \ , \tag{6.43}}$$

$$\boxed{\underline{x}(t) = \Phi(t,t_0)\left[\underline{x}(t_0) + \int_{t_0}^{t} \Phi^{-1}(\tau,t_0)B\underline{u}(\tau)d\tau\right] \quad . \tag{6.44}}$$

<u>Beispiel 6.2:</u> Betrachtet wird die erzwungene Schwingung

$$\ddot{x} + x = \sin t \quad , \tag{6.45}$$

die für diese Erregung einen Schwinger im Resonanzfall beschreibt. Bei Anwendung klassischer Verfahren entstehen hier gewisse Schwierigkeiten, da Eigenfrequenz und Erregerfrequenz des Schwingers gleich sind und in der Lösung Säkularglieder auftreten. Verwendet man dagegen das hier geschilderte Lösungsverfahren, so treten diese Schwierigkeiten nicht in Erscheinung.

In Systemform lautet Gl. (6.45) mit $x_1 = x$ und $x_2 = \dot{x}$

$$\left.\begin{aligned} \dot{x}_1 &= x_2 \\ \dot{x}_2 &= -x_1 + \sin t \end{aligned}\right\} \quad ,$$

d.h. in der Form $\underline{\dot{x}} = A\underline{x} + B\underline{u}$

$$\begin{bmatrix} \dot{x}_1 \\ \dot{x}_2 \end{bmatrix} = \begin{bmatrix} 0 & 1 \\ -1 & 0 \end{bmatrix} \begin{bmatrix} x_1 \\ x_2 \end{bmatrix} + \begin{bmatrix} 0 \\ 1 \end{bmatrix} \sin t \quad . \tag{6.46}$$

Die Matrix $A$ hat die Eigenwerte

$$s_1 = +i \quad , \quad s_2 = -i \quad ,$$

und es ist

$$e^{At} = \mu_0 I + \mu_1 A \quad .$$

Die Bestimmung von $\mu_0, \mu_1$ erfolgt aus dem System

$$\left.\begin{aligned} e^{it} &= \mu_0 + \mu_1 i \\ e^{-it} &= \mu_0 - \mu_1 i \end{aligned}\right\}$$

und ergibt

$$\left.\begin{aligned} \mu_0 &= \cos t \\ \mu_1 &= \sin t \end{aligned}\right\} \quad .$$

Also ist die Fundamentalmatrix

$$e^{At} = \begin{bmatrix} \cos t & \sin t \\ -\sin t & \cos t \end{bmatrix} \quad .$$

Die Lösung des Systems (6.46) ist für verschwindende Anfangsbedingungen $\underline{x}(0) = \underline{0}$ über (6.42) gegeben durch

$$\begin{bmatrix} x_1 \\ x_2 \end{bmatrix} = \int_0^t \begin{bmatrix} \cos(t-\tau) & \sin(t-\tau) \\ -\sin(t-\tau) & \cos(t-\tau) \end{bmatrix} \begin{bmatrix} 0 \\ \sin\tau \end{bmatrix} d\tau = \int_0^t \begin{bmatrix} \sin\tau\sin(t-\tau) \\ \sin\tau\cos(t-\tau) \end{bmatrix} d\tau$$

und daraus

$$\begin{bmatrix} x_1 \\ x_2 \end{bmatrix} = \frac{1}{2} \begin{bmatrix} \sin t - t\cos t \\ t\sin t \end{bmatrix} \tag{6.47}$$

oder

$$\left. \begin{aligned} x_1(t) &= \frac{1}{2}(\sin t - t\cos t) \\ x_2(t) &= \frac{1}{2}t\sin t \end{aligned} \right\} \quad \cdot \; \blacksquare \tag{6.48}$$


## 6.2.5  Physikalische Deutung der Fundamentalmatrix

Um die Fundamentalmatrix physikalisch zu deuten, führt man die sogenannte DIRACsche $\delta$-Funktion ein. Sie ist definiert durch:

$$\delta(t-\tau) = 0 \quad , \quad \text{für} \quad t \neq \tau \; , \tag{6.49}$$

$$\int_{-\infty}^{\infty} \delta(t-\tau)\,dt = 1 \quad . \tag{6.50}$$

Die letzte Forderung kann offenbar ersetzt werden durch

$$\int_{\tau-\varepsilon}^{\tau+\varepsilon} \delta(t-\tau)\,dt = 1 \quad , \quad \text{für alle} \quad \varepsilon > 0 \; . \tag{6.51}$$

Anschaulich kann man sich die DIRACsche $\delta$-Funktion als eine unendlich große, aber unendlich kurz wirkende Kraft vorstellen, die zum Zeitpunkt $t = \tau$ angreift (Bild 6.1). Das Integral ergibt dann nach (6.50) bzw. (6.51) einen Impuls vom Betrage Eins.

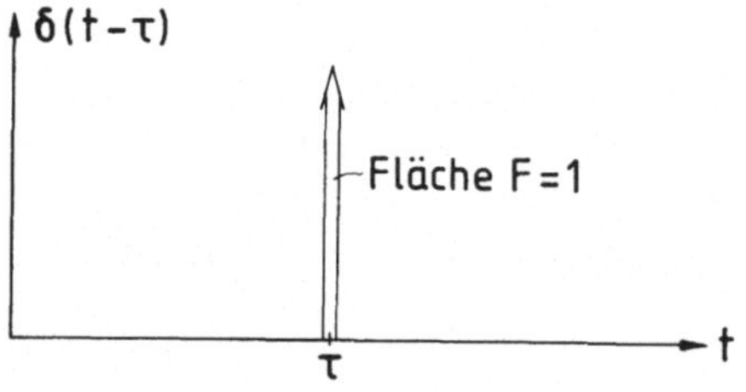

Bild 6.1   Zur DIRACschen $\delta$-Funktion

Streng genommen ist die DIRACsche $\delta$-Funktion keine Funktion im Sinne der klassischen Analysis, sondern eine sogenannte verallgemeinerte Funktion oder Distribution. Das Rechnen mit den Distributionen gehorcht besonde-

ren, von der klassischen Analysis z.T. abweichenden Regeln. Man benötigt
jedoch weiter unten nur die folgende, recht plausible Eigenschaft der
$\delta$-Funktion. Es sei  f(t)  eine in  $t = \tau$  stetige Funktion. Dann erscheint folgende Rechnung für sehr kleine  $\varepsilon > 0$  einleuchtend:

$$\int_{-\infty}^{\infty} f(t)\,\delta(t-\tau)\,dt = \int_{\tau-\varepsilon}^{\tau+\varepsilon} f(t)\,\delta(t-\tau)\,dt = f(\tau) \int_{\tau-\varepsilon}^{\tau+\varepsilon} \delta(t-\tau)\,dt = f(\tau) \quad ,$$

d.h. es gilt die Beziehung

$$\int_{-\infty}^{\infty} f(t)\,\delta(t-\tau)\,dt = f(\tau) \quad , \tag{6.52}$$

wobei  f(t)  an der Stelle  $t = \tau$  als stetig vorausgesetzt ist.

Betrachtet wird jetzt wieder das gesteuerte System (6.1)

$$\dot{\underline{x}} = A\underline{x} + B\underline{u} \quad ,$$

mit

$$\left.\begin{aligned}
&\underline{x}(0) = \underline{0} \\[2mm]
&\underline{u}(t) = \delta(t) \\[2mm]
&B^{*} = (0,..,0,1,0,..,0) \\
&\qquad\qquad\;\; \underset{\text{k-te Komponente}}{\uparrow}
\end{aligned}\right\} \quad . \tag{6.53}$$

Anschaulich heißt dies, daß das System in der Ruhelage einer Stoßerregung
ausgesetzt wird, die nur auf die  k-te  Gleichung des Systems einwirkt,
da die Matrix  B  nur in der  k-ten  Zeile besetzt ist.

Die allgemeine Lösung von (6.1) kann angeschrieben werden als

$$\underline{x}(t) = \Omega(t)\underline{x}(0) + \int_{0}^{t} \Omega(t-\tau)B\underline{u}(\tau)\,d\tau \quad .$$

Setzt man hier (6.53) ein, so erhält man die Reaktion des Systems auf
den betrachteten Stoß, die *Impulsantwort*

$$\underline{x}_{\delta}^{k}(t) = \int_{0}^{t} \Omega(t-\tau)B\delta(\tau)\,d\tau = \Omega(t)B = \underline{\Omega}_{k}(t) \quad , \tag{6.54}$$

wo  $\underline{\Omega}_{k}$  die  k-te  Spalte der Fundamentalmatrix  $\Omega$  bezeichnet. Dieses
Ergebnis führt zu der Feststellung:

Die Fundamentalmatrix kann gedeutet werden als die *Matrix der Impulsantworten:*

$$\Omega = \left( \overset{1}{\underline{x}}_\delta, \ \overset{2}{\underline{x}}_\delta, \ \ldots, \ \overset{n}{\underline{x}}_\delta \right) \tag{6.55}$$

Da die Impulsantworten $\overset{k}{\underline{x}}_\delta$ in vielen Fällen direkt gemessen werden können, kann man die Fundamentalmatrix mit Hilfe von (6.55) auch experimentell bestimmen.

Bei einer beliebigen Erregung aus der Ruhelage ist

$$\underline{x}(t) = \int\limits_O^t \Omega(t-\tau)B\underline{u}(\tau)d\tau \quad . \tag{6.56}$$

Schreibt man den Integranden explizit an, so lautet die k-te Komponente der Lösung

$$x_k(t) = \int\limits_O^t \Big\{ \omega_{k1}(t-\tau)\big[ b_{11}\,u_1 + \,..\, + b_{1r}u_r \big] + \,.. $$
$$\tag{6.57}$$
$$+ \ \omega_{kn}(t-\tau)\big[ b_{n1}\,u_1 + \,..\, + b_{nr}u_r \big] \Big\}d\tau \quad , $$

d.h. die Elemente $\omega_{ki}$ der Fundamentalmatrix $\Omega$ erscheinen in der Lösung als Gewichtsfaktoren vor den Anregungen. Dies erklärt, daß man die Fundamentalmatrix oft auch *Matrix der Gewichtsfunktionen* nennt.


<u>Beispiel 6.3:</u> Bei mechanischen Systemen mit Stoßerregung müssen Gleichungen vom Typ

$$m\ddot{x} + d\dot{x} + cx = \delta(t)$$

gelöst werden. Da auf der rechten Seite eine Distribution steht, ist die Lösung selbst auch eine Distribution, die mit Hilfe der Betrachtungen des vorangegangenen Abschnittes einfach zu bestimmen ist. Das Vorgehen sei am Beispiel eines stoßerregten, ungedämpften Schwingers erläutert, für den gilt

$$\ddot{x} + \omega^2 x = u(t) \quad . \tag{6.58}$$

Der Schwinger sei für $t<O$ in Ruhe und erhalte in den Zeitpunkten $t_1 = +O$, $t_2 = \xi$ und $t_3 = 1$ die Impulse vom Betrage $\alpha$, $1$ und $\beta$ , d.h. $u(t)$ kann geschrieben werden als

$$u(t) = \alpha\delta(t) + \delta(t-\xi) + \beta\delta(t-1) \quad , \qquad O<\xi<1 \quad . \tag{6.59}$$

Man bemesse  $\alpha$  und  $\beta$  so, daß der aus der Ruhelage  $x(0) = 0$, $\dot{x}(0) = 0$ angestoßene Schwinger sofort nach dem dritten Impuls wieder in die Ruhelage kommt, d.h. daß  $x(t) \equiv 0$, $\dot{x}(t) \equiv 0$  für  $t > 1$  gilt.

Als System erster Ordnung lautet Gl. (6.58) mit  $x_1 = x$  und  $x_2 = \dot{x}$

$$\left. \begin{array}{l} \dot{x}_1 = x_2 \\[2mm] \dot{x}_2 = - \omega^2 x_1 + u(t) \end{array} \right\} \quad ,$$

was in der Form  $\underline{\dot{x}} = A\underline{x} + B\underline{u}$  geschrieben werden kann als

$$\begin{bmatrix} \dot{x}_1 \\ \dot{x}_2 \end{bmatrix} = \begin{bmatrix} 0 & 1 \\ -\omega^2 & 0 \end{bmatrix} \begin{bmatrix} x_1 \\ x_2 \end{bmatrix} + \begin{bmatrix} 0 \\ 1 \end{bmatrix} u \quad . \tag{6.60}$$

Die Lösung von (6.60) ist dann

$$\underline{x}(t) = \int_0^t e^{A(t-\tau)} B u(\tau) d\tau \quad . \tag{6.61}$$

Man findet leicht, daß

$$e^{At} = \begin{bmatrix} \cos\omega t & \frac{1}{\omega}\sin\omega t \\[2mm] -\omega\sin\omega t & \cos\omega t \end{bmatrix}$$

und somit

$$e^{A(t-\tau)} B = \begin{bmatrix} \frac{1}{\omega}\sin\omega(t-\tau) \\[2mm] \cos\omega(t-\tau) \end{bmatrix}$$

ist. Setzt man diesen Ausdruck zusammen mit (6.59) in die Lösung (6.61) ein, so erhält man

$$\underline{x}(t) = \int_0^t \begin{bmatrix} \frac{1}{\omega}\sin\omega(t-\tau) \\[2mm] \cos\omega(t-\tau) \end{bmatrix} \Big[ \alpha\delta(\tau) + \delta(\tau-\xi) + \beta\delta(\tau-1) \Big] d\tau \quad . \tag{6.62}$$

Unter Beachtung von (6.52) folgt aus (6.62) die explizite Lösung. Intervallweise angeschrieben lautet sie:

Intervall I:   $+0 \leq t < \xi$

$$\left. \begin{array}{l} x_1{}^I(t) = \frac{\alpha}{\omega}\sin\omega t \\[2mm] x_2{}^I(t) = \alpha\cos\omega t \end{array} \right\} \quad , \tag{6.63}$$

Intervall II:   $\xi \leq t < 1$

$$\left. \begin{array}{l} x_1{}^{II}(t) = \frac{\alpha}{\omega}\sin\omega t + \frac{1}{\omega}\sin\omega(t-\xi) \\[2mm] x_2{}^{II}(t) = \alpha\cos\omega t + \cos\omega(t-\xi) \end{array} \right\} \quad , \tag{6.64}$$

Intervall III:   $t \geq 1$

$$x_1^{III}(t) = \frac{\alpha}{\omega}\sin\omega t + \frac{1}{\omega}\sin\omega(t-\xi) + \frac{\beta}{\omega}\sin\omega(t-1)$$
$$x_2^{III}(t) = \alpha\cos\omega t + \cos\omega(t-\xi) + \beta\cos\omega(t-1) \qquad \Bigg\} \qquad . \qquad (6.65)$$

Man sieht, daß $x_1$ stetig verläuft, während sich $x_2$ um die Größen der Impulse $\alpha$, 1 und $\beta$ sprungartig ändert.

Damit das System nach dem dritten Impuls in Ruhe ist, muß

$$x_1^{III}(1) = O \quad , \quad x_2^{III}(1) = O$$

bzw.

$$x_1^{III}(1) = O \quad , \quad x_1^{III}(t) \equiv O \quad \text{für} \quad t>1$$

erfüllt sein. Beide Forderungen führen nach einigen Umformungen auf die gesuchten Werte

$$\alpha = - \frac{\sin\omega(1-\xi)}{\sin\omega}$$
$$\beta = - \frac{\sin\omega\xi}{\sin\omega} \qquad \Bigg\} \cdot \blacksquare \qquad\qquad (6.66)$$

Die bisherigen Überlegungen dieses Kapitels lassen sich wie folgt zusammenfassen: Die Lösung des linearen zeitinvarianten Systems (6.1)

$$\dot{\underline{x}} = A\underline{x} + B\underline{u}$$

kann mit Hilfe der Fundamentalmatrix

$$\Phi(t,t_0) = \Omega(t-t_0) = e^{A(t-t_0)}$$

über die Beziehungen (6.42) bis (6.44) angeschrieben werden. Die explizite Berechnung der Fundamentalmatrix erfolgt wie in Kapitel 6.2.2 beschrieben. Die angegebene Methode hat außer ihrer kompakten Schreibweise folgende Vorteile:

1. Das Verfahren funktioniert sowohl bei einfachen wie bei mehrfachen Eigenwerten.

2. Das Verfahren funktioniert bei Stoßerregung und im Resonanzfall.

3. Die Beziehungen (6.42) bis (6.44) liefern explizit die Abhängigkeit der Bewegung von der Anfangsbedingung $\underline{x}(O)$ , von den Matrizen A und B und vom Steuervektor $\underline{u}(t)$ und sind deswegen gut

geeignet sowohl für ihre numerische Auswertung auf dem Computer
als auch für die geschlossene Durchrechnung komplizierter, allgemein formulierter Probleme.

Diesen Vorteilen steht der Nachteil gegenüber, daß der Einfluß der einzelnen Eigenwerte auf die Gesamtbewegung in den Beziehungen (6.42) bis
(6.44) explizit nicht zum Ausdruck kommt. Dieses Problem wird im folgenden Abschnitt näher erörtert.


## 6.3  Normalkoordinaten

Durch geeignete Transformationen lassen sich Gleichungen oft in eine Form
bringen, die eine weitere Behandlung in vereinfachter Form zulassen. Man
denke z.B. an die Hauptachsentransformation der Kegelschnitte oder auch
an die konforme Abbildung in der Strömungsmechanik. Bei der Untersuchung
eines linearen zeitinvarianten Systems (6.1) ist es naheliegend, sich auf
*lineare Transformationen*

$$\underline{x} = L\underline{y} \tag{6.67}$$

zu beschränken, da eine nichtlineare Transformation das System (6.1) auf
eine nichtlineare, d.h. kompliziertere Form bringen würde, was sicherlich
nicht wünschenswert ist. Dabei ist  L  die  $(n \times n)$-Transformationsmatrix
mit den Elementen $l_{ij}$ und  $\underline{y}$  der neue Zustandsvektor. Ferner sollte
stets eine eindeutige *Rücktransformation*

$$\underline{y} = L^{-1}\underline{x} \tag{6.68}$$

existieren. Also muß  L  *regulär* sein, d.h. der Bedingung genügen:

$$\det L \neq 0 \quad . \tag{6.69}$$


### 6.3.1  Invarianz der Eigenwerte

Unterwirft man ein System (6.1) einer Transformation (6.67), die (6.69)
erfüllt, so erhält man durch direktes Einsetzen von (6.67) in (6.1) zunächst

$$L\dot{\underline{y}} = AL\underline{y} + B\underline{u}$$

und nach einer Multiplikation von links mit $L^{-1}$ die *Bewegungsgleichung
in den neuen Koordinaten:*

$$\dot{\underline{y}} = L^{-1}AL\underline{y} + L^{-1}B\underline{u} \quad . \tag{6.70}$$

Man sieht, daß durch die Transformation die Systemmatrix $A$ in die Matrix $L^{-1}AL$ übergeführt wird. Die Matrizen $A$ und $L^{-1}AL$ heißen *ähnlich;* sie haben *gleiche Eigenwerte.* Um diese bemerkenswerte Eigenschaft nachzuweisen, schreibt man die charakteristische Gleichung von $L^{-1}AL$ an:

$$\det(sI-L^{-1}AL) = 0 \quad . \tag{6.71}$$

Nun formt man diese Gleichung nach den Regeln der Matrizenrechnung schrittweise wie folgt um:

$$\det\left[L^{-1}L(sI-L^{-1}AL)L^{-1}L\right] = 0 \quad ,$$

$$\det\left[L^{-1}(sI-A)L\right] = 0 \quad ,$$

$$\det L^{-1}\cdot\det(sI-A)\cdot\det L = 0 \quad .$$

Da $\det L$ und $\det L^{-1}$ wegen (6.69) von Null verschieden sind, folgt daraus

$$\det(sI-A) = 0 \quad , \tag{6.72}$$

d.h. die charakteristische Gleichung von $A$ . Aus der Übereinstimmung der charakteristischen Gleichungen folgt aber sofort, daß $A$ und $L^{-1}AL$ die gleichen Eigenwerte haben:

Die Eigenwerte eines linearen Systems sind invariant gegenüber linearen Transformationen!

Will man durch eine Transformation (6.67) irgendwelche Vorteile oder Vereinfachungen erzielen, so muß man bemüht sein, $L$ so zu wählen, daß die Matrizen $L^{-1}AL$ und $L^{-1}B$ in der transformierten Gleichung (6.70) eine möglichst einfache oder günstige Gestalt erhalten. Was dabei unter "einfach" bzw. "günstig" zu verstehen ist, hängt wesentlich vom Ziel der Untersuchung ab. In der klassischen Regelungstechnik ist es z.B. üblich, durch lineare Transformationen (6.67) Systeme (6.1) von Differentialgleichungen erster Ordnung in eine einzige Differentialgleichung n-ter Ordnung überzuführen. Bei den vorliegenden Betrachtungen kommt es darauf

an, mit Hilfe einer linearen Transformation den direkten Zusammenhang
zwischen den einzelnen Eigenwerten und der Bewegung des Systems aufzu-
decken, d.h. die am Ende des vorigen Abschnittes erwähnte Lücke zu
schließen.


## 6.3.2  Ungesteuerte Bewegung bei einfachen Eigenwerten

Gegeben sei ein ungesteuertes System (6.2)

$$\dot{\underline{x}} = A\underline{x} \quad .$$

Die Matrix  A  habe die Eigenwerte  $s_1$, $s_2$, ..., $s_n$, und es sei zunächst
angenommen, daß *alle  n  Eigenwerte verschieden* und somit einfach sind.
In diesem Fall besagt ein bekannter Satz der Matrizenrechnung, daß es
stets eine solche reguläre lineare Transformation  L  gibt, daß die transformierte Systemmatrix  $L^{-1}AL$  Diagonalgestalt hat, wobei in der Diagonale
die  n  Eigenwerte stehen, d.h. es ist

$$L^{-1}AL = \begin{bmatrix} s_1 & & & & \\ & s_2 & & \bigcirc & \\ & & \ddots & & \\ & & & s_{n-1} & \\ & \bigcirc & & & s_n \end{bmatrix} \quad . \tag{6.73}$$

Das transformierte System

$$\dot{\underline{y}} = L^{-1}AL\underline{y}$$

ist damit *vollständig entkoppelt:*

$$\left. \begin{aligned} \dot{y}_1 &= s_1 y_1 \\ \dot{y}_2 &= s_2 y_2 \\ &\cdots\cdots\cdots \\ &\cdots\cdots\cdots \\ \dot{y}_n &= s_n y_n \end{aligned} \right\} \quad . \tag{6.74}$$

Die  n-dimensionale Gesamtbewegung  $\underline{y}(t)$  setzt sich damit aus den Einzelbewegungen

$$\begin{bmatrix} y_1(t) \\ 0 \\ 0 \\ \vdots \\ 0 \\ 0 \end{bmatrix}, \begin{bmatrix} 0 \\ y_2(t) \\ 0 \\ \vdots \\ 0 \\ 0 \end{bmatrix}, \begin{bmatrix} 0 \\ 0 \\ y_3(t) \\ \vdots \\ 0 \\ 0 \end{bmatrix}, \dots, \begin{bmatrix} 0 \\ 0 \\ 0 \\ \vdots \\ 0 \\ y_n(t) \end{bmatrix} \tag{6.75}$$

zusammen. Da die Vektoren (6.75) zueinander orthogonal sind, spricht man bei  $y_1, \dots, y_n$  auch von *Normalkoordinaten*. Man sieht, daß in Normalkoordinaten jeder Eigenwert sich nur auf eine einzige Koordinate auswirkt.

Die Darstellung (6.74) hat aber den Nachteil, daß beim Auftreten komplexer Eigenwerte Gleichungen mit komplexen Koeffizienten auftreten. Dieser Nachteil kann durch eine weitere Transformation leicht beseitigt werden. Die Matrix  A  habe zwei konjugiert komplexe Eigenwerte der Form

$$\sigma \pm i\omega \quad .$$

Die entsprechenden Gleichungen in (6.74) seien ohne Einschränkung

$$\left.\begin{aligned} \dot{y}_1 &= (\sigma+i\omega)y_1 \\ \dot{y}_2 &= (\sigma-i\omega)y_2 \end{aligned}\right\} \quad . \tag{6.76}$$

Führt man zusätzlich die Transformation

$$\left.\begin{aligned} y_1 &= \frac{1}{2}z_1 - \frac{i}{2}z_2 \\ y_2 &= \frac{1}{2}z_1 + \frac{i}{2}z_2 \end{aligned}\right\} \tag{6.77}$$

durch (sie beeinflußt die übrigen Koordinaten nicht!) und setzt man (6.77) in (6.76) ein, so folgt nach Addition und Subtraktion:

$$\left.\begin{aligned} \dot{z}_1 &= \sigma z_1 + \omega z_2 \\ \dot{z}_2 &= -\omega z_1 + \sigma z_2 \end{aligned}\right\} \quad . \tag{6.78}$$

Wendet man solche zusätzlichen Transformationen auf alle Gleichungen (6.74) mit komplexen Koeffizienten an, so erhält die Matrix des transformierten Systems die reelle Gestalt

$$
L^{-1}AL = \begin{bmatrix}
\begin{matrix} s_1 & & \\ & s_2 & \\ & & \ddots \\ & & & s_l \end{matrix} & 0 & 0 & \cdots & 0 \\
0 & \begin{matrix} \sigma_1 & \omega_1 \\ -\omega_1 & \sigma_1 \end{matrix} & 0 & \cdots & 0 \\
0 & 0 & \begin{matrix} \sigma_2 & \omega_2 \\ -\omega_2 & \sigma_2 \end{matrix} & \cdots & 0 \\
\vdots & \vdots & \vdots & \ddots & \vdots \\
0 & 0 & 0 & 0 & \begin{matrix} \sigma_k & \omega_k \\ -\omega_k & \sigma_k \end{matrix}
\end{bmatrix} \cdot \tag{6.79}
$$

Dabei ist angenommen, daß die Matrix $A$ die $l$ reellen Eigenwerte

$$s_1, \ s_2, \ \ldots, \ s_l$$

und die $2k$ komplexen Eigenwerte

$$\sigma_m \pm i\omega_m \ , \ m = 1, \ \ldots, \ k \ ,$$

besitzt.

Das explizit angeschriebene transformierte System ist dann

$$
\left. \begin{aligned}
\dot{y}_1 &= s_1 y_1 \\
\dot{y}_2 &= s_2 y_2 \\
&\cdots\cdots\cdots \\
\dot{y}_l &= s_l y_l \\
\dot{y}_{l+1} &= \sigma_1 y_{l+1} + \omega_1 y_{l+2} \\
\dot{y}_{l+2} &= -\omega_1 y_{l+1} + \sigma_1 y_{l+2} \\
&\cdots\cdots\cdots\cdots\cdots\cdots \\
&\cdots\cdots\cdots\cdots\cdots\cdots \\
\dot{y}_{n-1} &= \sigma_k y_{n-1} + \omega_k y_n \\
\dot{y}_n &= -\omega_k y_{n-1} + \sigma_k y_n
\end{aligned} \right\} \cdot \tag{6.80}
$$

Die ersten $l$ Gleichungen entsprechen den reellen Eigenwerten und sind vollständig entkoppelt. Die restlichen Gleichungen sind jeweils paarweise gekoppelt. Die Paare gekoppelter Gleichungen können auch durch je eine Gleichung zweiter Ordnung ersetzt werden, indem man immer die zweite Koordinate eliminiert. Dann lautet das transformierte System

$$\left.\begin{aligned}
&\dot{y}_1 = s_1 y_1 \\
&\cdots\cdots\cdots \\
&\dot{y}_1 = s_1 y_1 \\
&\ddot{y}_{1+1} - 2\sigma_1 \dot{y}_{1+1} + (\omega_1^2 + \sigma_1^2) y_{1+1} = 0 \\
&\cdots\cdots\cdots\cdots\cdots\cdots\cdots\cdots\cdots \\
&\ddot{y}_{1+k} - 2\sigma_k \dot{y}_{1+k} + (\omega_k^2 + \sigma_k^2) y_{1+k} = 0
\end{aligned}\right\} . \tag{6.81}$$

Man sieht, daß die Gesamtbewegung nach der Transformation in l *aperiodische Bewegungen*, die den reellen Eigenwerten entsprechen, und in k *schwingende Bewegungen*, die den komplexen Eigenwerten entsprechen, zerfällt.

Die expliziten Lösungen erhält man mit Hilfe der Fundamentalmatrix. Sie hat hier die Form

$$e^{L^{-1}ALt} = \begin{bmatrix}
\begin{smallmatrix} e^{s_1 t} & & 0 \\ & \ddots & \\ 0 & & e^{s_1 t} \end{smallmatrix} & 0 & \cdots & 0 \\
0 & \begin{smallmatrix} e^{\sigma_1 t}\cos\omega_1 t & e^{\sigma_1 t}\sin\omega_1 t \\ -e^{\sigma_1 t}\sin\omega_1 t & e^{\sigma_1 t}\cos\omega_1 t \end{smallmatrix} & \cdots & 0 \\
\vdots & \vdots & \ddots & \vdots \\
0 & 0 & \cdots & \begin{smallmatrix} e^{\sigma_k t}\cos\omega_k t & e^{\sigma_k t}\sin\omega_k t \\ -e^{\sigma_k t}\sin\omega_k t & e^{\sigma_k t}\cos\omega_k t \end{smallmatrix}
\end{bmatrix} . \tag{6.82}$$

Die Lösungen im einzelnen sind also

$$\left.\begin{aligned}
y_1(t) &= e^{s_1 t} y_1(0) \\
&\cdots\cdots\cdots\cdots\cdots \\
y_1(t) &= e^{s_1 t} y_1(0) \\
y_{1+1}(t) &= e^{\sigma_1 t}(y_{1+1}(0)\cos\omega_1 t + y_{1+2}(0)\sin\omega_1 t) \\
&\cdots\cdots\cdots\cdots\cdots\cdots\cdots\cdots\cdots\cdots \\
y_n(t) &= e^{\sigma_k t}(-y_{n-1}(0)\sin\omega_k t + y_n(0)\cos\omega_k t)
\end{aligned}\right\} . \tag{6.83}$$

Da laut (6.67) die alten Koordinaten $x_m$ mit den neuen Koordinaten $y_j$ durch die Beziehung $\underline{x} = L\underline{y}$ verknüpft sind, ergeben sich die Lösungen des ursprünglichen Systems (6.2) als Linearkombinationen der Lösungen

(6.83), d.h. es gilt

$$x_m(t) = \sum_{i=1}^{l} C_{mi} e^{s_i t} + \sum_{i=1}^{k} D_{mi} e^{\sigma_i t} \sin\omega_i t + \sum_{i=1}^{k} E_{mi} e^{\sigma_i t} \cos\omega_i t \; ,$$

$$(6.84)$$

$$m = 1,\ldots,n$$

bzw.

$$x_m(t) = \sum_{i=1}^{l} C_{mi} e^{s_i t} + \sum_{i=1}^{k} F_{mi} e^{\sigma_i t} \sin(\omega_i t + \phi_{mi}) \; , \quad m = 1,\ldots,n. \quad (6.85)$$

Mit den Darstellungen (6.84) bzw. (6.85) ist der gesuchte explizite Zusammenhang zwischen den Eigenwerten und den Lösungen des ungesteuerten
Systems (6.2) gefunden: Bei einem beliebigen linearen System (6.2) entspricht jedem reellen Eigenwert eine aperiodische und jedem komplexen
Eigenwert eine periodische Teilbewegung.

Man beachte, daß von den Konstanten C,D,E bzw. C,F,$\phi$ nur jeweils n
unabhängig sind, denn alle Konstanten lassen sich durch die Elemente $l_{mj}$
der Transformationsmatrix L und durch die n Anfangsbedingungen
$\underline{y}(0) = L^{-1}\underline{x}(0)$ ausdrücken. Will man die Darstellung (6.84) zur Lösung
von (6.2) benutzen, so ist es meistens am einfachsten, die Lösung zu-
nächst mit unabhängigen Konstanten in der Form (6.84) anzusetzen und
dann die Abhängigkeiten der Konstanten durch Einsetzen dieses Ansatzes -
in die Gleichungen (6.2) zu berücksichtigen.

<u>Beispiel 6.4:</u> Das System

$$\left.\begin{array}{l} \dot{x}_1 = x_2 \\ \dot{x}_2 = -x_2 \end{array}\right\}$$

hat die Eigenwerte

$$s_1 = 0 \; , \quad s_2 = -1 \; .$$

Also hat die Lösung die Bauart (6.84)

$$\left.\begin{array}{l} x_1(t) = C_{11} + C_{12} e^{-t} \\ x_2(t) = C_{21} + C_{22} e^{-t} \end{array}\right\} \; .$$

Eingesetzt in die Bewegungsgleichungen

$$\left.\begin{array}{l} -C_{12} e^{-t} = C_{21} + C_{22} e^{-t} \\ -C_{22} e^{-t} = -C_{21} - C_{22} e^{-t} \end{array}\right\}$$

folgt sofort, daß  $C_{21} = 0$  und  $C_{22} = -C_{12}$  sein muß. Also lautet die
allgemeine Lösung

$$\left.\begin{aligned} x_1(t) &= C_{11} + C_{12}e^{-t} \\ x_2(t) &= \phantom{C_{11} +} - C_{12}e^{-t} \end{aligned}\right\} \cdot \blacksquare$$

### 6.3.3  Auswirkungen mehrfacher Eigenwerte

Die Auswirkung mehrfacher Eigenwerte soll zunächst an einem System zweiter Ordnung und danach einem System dritter Ordnung exemplarisch untersucht werden.

Die Matrizen

$$C = \begin{bmatrix} s_1 & 0 \\ 0 & s_1 \end{bmatrix} \quad , \quad D = \begin{bmatrix} s_1 & 1 \\ 0 & s_1 \end{bmatrix} \tag{6.86}$$

haben beide den zweifachen Eigenwert  $s_1$ . Es fragt sich nun, ob es eine
reguläre lineare Transformation  $L$  gibt, durch welche die Matrix  $D$
auf die Form  $C$  gebracht wird. Es müßte dann

$$D = L^{-1}CL \quad \text{bzw.} \quad LD = CL$$

gelten. Setzt man hier die Matrix  $L$  allgemein an als

$$L = \begin{bmatrix} l_{11} & l_{12} \\ l_{21} & l_{22} \end{bmatrix}$$

und multipliziert beide Seiten mit  $C$  und  $D$  aus, so folgt sofort, daß

$$l_{11} = l_{21} = 0$$

sein müßte, womit aber  $\det L = 0$  würde! Das bedeutet, daß es keine reguläre lineare Ähnlichkeitstransformation  $L$  gibt, die  $C$  in  $D$  über-
führt. Trotz gleicher Eigenwerte sind die Matrizen  $C$  und  $D$  nicht ähnlich!

Der physikalische Hintergrund dieser Tatsache wird deutlich, wenn man
sich den Systemen zuwendet, welche die Matrizen  $C$  und  $D$  beschreiben.

Der Matrix  C  entspricht das System

$$\left.\begin{aligned}
\dot{x}_1 &= s_1 x_1 \\
\dot{x}_2 &= s_1 x_2
\end{aligned}\right\}, \tag{6.87}$$

der Matrix  D  das System

$$\left.\begin{aligned}
\dot{y}_1 &= s_1 y_1 + y_2 \\
\dot{y}_2 &= s_1 y_2
\end{aligned}\right\}. \tag{6.88}$$

Die Lösungen sind

$$\left.\begin{aligned}
x_1(t) &= x_1(0)e^{s_1 t} \\
x_2(t) &= x_2(0)e^{s_1 t}
\end{aligned}\right\}$$

bzw.

$$\left.\begin{aligned}
y_1(t) &= (y_1(0) + y_2(0)t)e^{s_1 t} \\
y_2(t) &= y_2(0)e^{s_1 t}
\end{aligned}\right\}.$$

Daß beide Bewegungen völlig verschiedene physikalische Erscheinungen beschreiben, wird augenfällig, wenn man  $s_1 = 0$  wählt. Dann ist

$$\left.\begin{aligned}
\dot{x}_1 &= 0 \\
\dot{x}_2 &= 0
\end{aligned}\right\},$$

und das System (6.87) befindet sich somit in der Ruhelage  $x_1(0)$, $x_2(0)$ .
Das System (6.88) ist dagegen

$$\left.\begin{aligned}
\dot{y}_1 &= y_2 \\
\dot{y}_2 &= 0
\end{aligned}\right\}$$

und bewegt sich somit mit konstanter Geschwindigkeit:

$$\left.\begin{aligned}
y_1(t) &= y_2(0)t + y_1(0) \\
y_2(t) &= y_2(0)
\end{aligned}\right\}.$$

Es ist selbstverständlich, daß man durch eine einfache Koordinatentrans-
formation aus einer Ruhelage keine gleichförmige Bewegung und umgekehrt
machen kann.

Andererseits läßt es sich zeigen, daß jedes System zweiter Ordnung mit
einem zweifachen Eigenwert entweder auf die Form (6.87) oder auf die
Form (6.88) gebracht werden kann. Die entsprechenden Grundformen der Systemmatrizen sind durch (6.86) gegeben.

Bei Systemen dritter Ordnung mit einem dreifachen Eigenwert $s_1$ können
bereits drei Grundformen auftreten, die durch die drei folgenden Matrizen charakterisiert sind:

$$K = \begin{bmatrix} s_1 & 0 & 0 \\ 0 & s_1 & 0 \\ 0 & 0 & s_1 \end{bmatrix} , \quad M = \begin{bmatrix} s_1 & 1 & 0 \\ 0 & s_1 & 0 \\ 0 & 0 & s_1 \end{bmatrix} , \quad N = \begin{bmatrix} s_1 & 1 & 0 \\ 0 & s_1 & 1 \\ 0 & 0 & s_1 \end{bmatrix} . \tag{6.89}$$

Falls $s_1 = 0$ ist, entsprechen diesen Matrizen die Systeme

$$\left. \begin{aligned} \dot{x}_1 &= 0 \\ \dot{x}_2 &= 0 \\ \dot{x}_3 &= 0 \end{aligned} \right\} , \quad \left. \begin{aligned} \dot{x}_1 &= x_2 \\ \dot{x}_2 &= 0 \\ \dot{x}_3 &= 0 \end{aligned} \right\} , \quad \left. \begin{aligned} \dot{x}_1 &= x_2 \\ \dot{x}_2 &= x_3 \\ \dot{x}_3 &= 0 \end{aligned} \right\} . \tag{6.90}$$

Das erste System beschreibt das Verharren im Ruhezustand, das zweite
eine Bewegung mit konstanter Geschwindigkeit und das dritte eine Bewegung mit konstanter Beschleunigung.

Wie man sieht, besteht bei mehrfachen Eigenwerten keine eindeutige Zu-
ordnung zwischen den Eigenwerten und den Bewegungen. Diese Eindeutigkeit
kann mit Hilfe des Begriffs der Elementarteiler wiederhergestellt werden, die im nächsten Abschnitt eingeführt werden.


## 6.3.4  JORDANsche Normalform

In der Theorie der Matrizen wird gezeigt, daß eine beliebige $(n \times n)$-Ma-
trix A durch eine Ähnlichkeitstransformation stets *eindeutig* auf die
sogenannte *JORDANsche Normalform* gebracht werden kann, wobei diese Normalform *nicht nur durch die Eigenwerte von A*, sondern auch noch durch die
sogenannten *Elementarteiler von A* bestimmt wird. Systemen mit gleichen
Eigenwerten können so verschiedene Normalformen entsprechen.

Die Konstruktion der JORDAN-Matrix erfolgt in mehreren Schritten nach
folgendem Prinzip:

1. Man schreibt in die Hauptdiagonale der Matrix zuerst alle einfachen Eigenwerte je einmal und dann die mehrfachen Eigenwerte ihrer
   Vielfachheit entsprechend mehrfach und achtet bei den mehrfachen
   Eigenwerten darauf, daß die gleichen Eigenwerte hintereinanderste-
   hen.

   Hat z.B. die Matrix  A  die einfachen Eigenwerte  $s_1$, $s_2$, $s_3$ ,
   den zweifachen Eigenwert  $s_4$  und den dreifachen Eigenwert  $s_5$ ,
   so hat die Hauptdiagonale folgendes Aussehen:

$$\begin{bmatrix} s_1 & & & & & & & \\ & s_2 & & & & & & \\ & & s_3 & & & & & \\ & & & s_4 & & & & \\ & & & & s_4 & & & \\ & & & & & s_5 & & \\ & & & & & & s_5 & \\ & & & & & & & s_5 \end{bmatrix} .$$

   Insgesamt müssen in der Hauptdiagonale - entsprechend der Dimension der Matrix - genau  n  Elemente stehen.

2. Anschließend trennt man in der aufzubauenden Matrix durch vertika-
   le und horizontale Striche die einfachen Eigenwerte von den mehrfachen und außerdem die Gruppen verschiedener mehrfacher Eigenwerte voneinander, im obigen Schema also

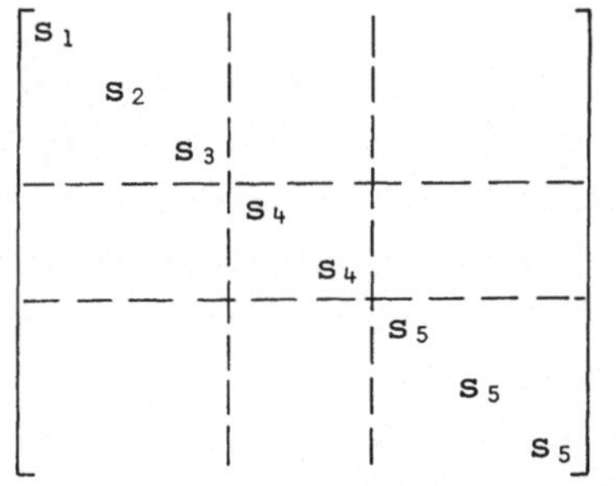

3. Alle Felder unterhalb der Hauptdiagonale und oberhalb der ersten
   oberen Nebendiagonale werden mit Nullen aufgefüllt; desgleichen
   alle noch freien Elemente der Untermatrix mit einfachen Eigenwer-

ten, sowie diejenigen Felder der oberen Nebendiagonale, die zu den
außerhalb der Hauptdiagonale liegenden Untermatrizen gehören. Im
Fall des oben betrachteten Schemas erhält man dann die nachfolgende Matrix:

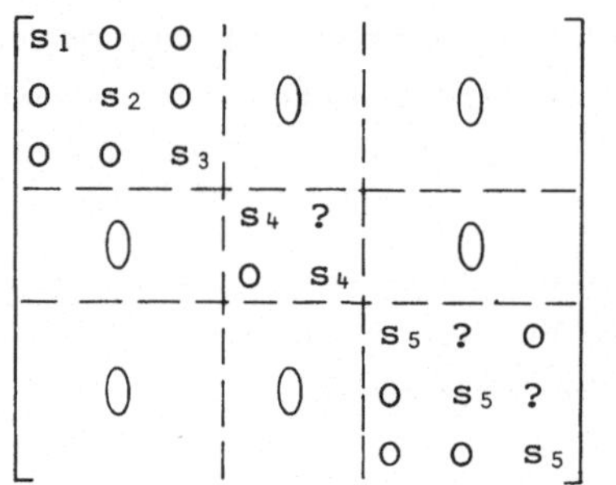

4. Unbesetzt sind noch die mit Fragezeichen versehenen Felder, d.h.
   die Felder der oberen Nebendiagonale der zu den mehrfachen Eigenwerten gehörenden Untermatrizen. Die Entscheidung, wie diese Felder zu besetzen sind, wird für alle zu den mehrfachen Eigenwerten
   gehörenden Untermatrizen der Hauptdiagonale nach der gleichen Regel getroffen. Diese Regel wird nun am Beispiel eines  k-fachen
   Eigenwertes  $s_q$  erläutert:

Wenn die  (n×n)-Matrix  A  einen  k-fachen Eigenwert  $s_q$  besitzt,
so ist das charakteristische Polynom

$$\Delta(s) \equiv \begin{vmatrix} s-a_{11} & -a_{12} & \cdots & -a_{1n} \\ -a_{21} & s-a_{22} & \cdots & -a_{2n} \\ \cdot & \cdot & & \cdot \\ \cdot & \cdot & & \cdot \\ -a_{n1} & -a_{n2} & \cdots & s-a_{nn} \end{vmatrix}$$

durch  $(s-s_q)^k$  ohne Rest teilbar. Man bildet nun von  $\Delta(s)$  alle
Minoren der Ordnung  (n-1) , indem man in der Determinante  $\Delta(s)$
je eine Zeile und je eine Spalte streicht. Man untersucht, durch
welche höchste Potenz von  $(s-s_q)$  alle diese Minoren teilbar
sind. Diese höchste Potenz sei  $k_1$ . Man bildet dann alle Minoren
der Ordnung  (n-2) , indem man je zwei Zeilen und zwei Spalten in
$\Delta(s)$  streicht, und untersucht wieder, durch welche höchste Potenz
von  $(s-s_q)$  alle diese Minoren teilbar sind. Diese höchste Potenz
sei  $k_2$ . Man fährt so fort und erhält die sicherlich endliche
Folge von ganzen positiven Zahlen  $k_o = k, k_1, k_2, k_3, \ldots, k_m$ ,
wo  m>0  die Anzahl der Schritte ist, bei denen eine Division min-

destens durch die erste Potenz von $(s-s_q)$ möglich ist. Es ist einleuchtend, daß diese Zahlen die strengen Ungleichungen erfüllen

$$k_o > k_1 > k_2 > \ldots\ldots > k_m > 0 \quad . \tag{6.91}$$

Gibt es bereits Minoren der Ordnung $(n-1)$ , die nicht durch $(s-s_q)$ teilbar sind, so ist $m = 0$ und damit

$$k_o = k_m = k > 0 \quad .$$

Aus dieser Zahlenfolge bildet man nun die neue Zahlenfolge

$$l_1 = k_o-k_1, \; l_2 = k_1-k_2, \ldots, \; l_m = k_{m-1}-k_m, \; l_{m+1} = k_m \quad . \tag{6.92}$$

Offenbar gilt dann:

$$\left. \begin{array}{l} l_i \geq 1 \; , \qquad\qquad i = 1,\ldots,m+1 \\[2ex] \displaystyle\sum_{i=1}^{m+1} l_i = k \end{array} \right\} \quad , \tag{6.93}$$

wobei $k$ die Vielfachkeit des Eigenwertes ist.

Die Potenzen

$$(s-s_q)^{l_1} \; , \quad (s-s_q)^{l_2} \; , \quad \ldots, \quad (s-s_q)^{l_{m+1}} \tag{6.94}$$

heißen die *Elementarteiler* von $A$ , die zu dem mehrfachen Eigenwert $s_q$ gehören. Die Zahlen $l_1, l_2, \ldots$ heißen die *Ordnungen der Elementarteiler*.

5. Nachdem die Elementarteiler bestimmt sind, kann die Nebendiagonale der zum Eigenwert $s_q$ gehörenden Untermatrix der JORDAN-Matrix ausgefüllt werden. Diese Untermatrix hat die Form

$$\begin{bmatrix} s_q & ? & 0 & 0 & . & . & . & . & . & 0 \\ 0 & s_q & ? & 0 & . & . & . & . & . & 0 \\ 0 & 0 & s_q & ? & . & . & . & . & . & 0 \\ 0 & 0 & 0 & s_q & . & . & . & . & . & 0 \\ . & . & . & . & & & & & & . \\ . & . & . & . & & & & & & . \\ . & . & . & . & & & & & & . \\ 0 & 0 & 0 & 0 & . & . & . & . & . & s_q \end{bmatrix} \quad .$$

Sie wird jetzt abermals unterteilt, indem man die Hauptdiagonale
in Abschnitte der Längen $l_1$, $l_2$, ..., $l_{m+1}$ aufteilt und die betrachtete Untermatrix entsprechend in weitere Untermatrizen auf-
spaltet. Die obere Nebendiagonale wird dann nach folgendem Prinzip
besetzt: Felder der Nebendiagonale, die zu den längs der Hauptdiagonale angeordneten Untermatrizen gehören, werden mit Einsen besetzt; Felder, die zu den außerhalb der Hauptdiagonalen liegenden
Matrizen gehören, werden durch Nullen ausgefüllt. Insgesamt erhält
man ein Schema der folgenden Bauart:

$$
\left[
\begin{array}{ccc|c|cc}
s_q & 1 & 0 & & & \\
0 & s_q & 1 & 0 & & 0 \\
0 & 0 & s_q & & & \\
\hline
 & 0 & & s_q & & 0 \\
\hline
 & & & & s_q & 1 \\
 & 0 & & 0 & 0 & s_q
\end{array}
\right]
\begin{array}{l}
\left.\rule{0pt}{24pt}\right\} \; l_1 \\
\left.\rule{0pt}{12pt}\right\} \; l_2 \\
\left.\rule{0pt}{18pt}\right\} \; l_3
\end{array}
\quad , \quad \sum l_i = k \; . \qquad (6.95)
$$

Aus dieser Konstruktion folgt, daß die JORDAN-Matrix genau dann Diagonalgestalt hat, wenn sämtliche Elementarteiler einfach sind.

<u>Beispiel 6.5:</u> Die Matrix

$$
A = \begin{bmatrix} -1 & 1 & 1 \\ 1 & -1 & 1 \\ 1 & 1 & -1 \end{bmatrix}
$$

hat die Eigenwerte $s_1 = 1$, $s_2 = s_3 = -2$ . Die Vielfachheit des Eigen-
werts $-2$ ist also $k = 2$ . Das charakteristische Polynom ist

$$
\Delta(s) \equiv \begin{vmatrix} s+1 & -1 & -1 \\ -1 & s+1 & -1 \\ -1 & -1 & s+1 \end{vmatrix} \; .
$$

Die Minoren zweiter Ordnung sind

$$
\begin{vmatrix} s+1 & -1 \\ -1 & s+1 \end{vmatrix} = s(s+2) \; , \quad
\begin{vmatrix} -1 & -1 \\ -1 & s+1 \end{vmatrix} = -(s+2) \; , \quad
\begin{vmatrix} -1 & -1 \\ s+1 & -1 \end{vmatrix} = s+2 \; ,
$$

$$
\begin{vmatrix} -1 & -1 \\ -1 & s+1 \end{vmatrix} = -(s+2) \; , \quad
\begin{vmatrix} s+1 & -1 \\ -1 & s+1 \end{vmatrix} = s(s+2) \; , \quad
\begin{vmatrix} s+1 & -1 \\ -1 & -1 \end{vmatrix} = -(s+2) \; ,
$$

$$
\begin{vmatrix} -1 & s+1 \\ -1 & -1 \end{vmatrix} = s+2 \; , \quad
\begin{vmatrix} s+1 & -1 \\ -1 & -1 \end{vmatrix} = -(s+2) \; , \quad
\begin{vmatrix} s+1 & -1 \\ -1 & s+1 \end{vmatrix} = s(s+2) \; .
$$

Alle Minoren der Ordnung zwei sind höchstens durch $(s+2)^1$ teilbar, also ist $k_1 = 1$ . Man erhält die Folge

$$k_0 = k = 2 > k_1 = 1$$

und daraus die Folge

$$l_1 = k_0 - k_1 = 1 \quad , \quad l_2 = k_1 = 1 \quad ; \quad l_1 + l_2 = 2 = k \quad .$$

Die JORDAN-Matrix erhält dann die Gestalt

$$J = \left[\begin{array}{c|c|c} 1 & 0 & 0 \\ \hline 0 & -2 & 0 \\ \hline 0 & 0 & -2 \end{array}\right] \begin{array}{l} \\ \left.\right\} \ l_1 \\ \left.\right\} \ l_2 \end{array} \quad .$$

Die Matrix hat Diagonalgestalt, weil nur einfache Elementarteiler auftreten. ∎

<u>Beispiel 6.6:</u> Die Matrix

$$A = \begin{bmatrix} 0 & 1 & 1 \\ 1 & 1 & -1 \\ 0 & 1 & 1 \end{bmatrix}$$

hat die Eigenwerte $s_1 = 0$, $s_2 = s_3 = 1$ . Damit ist $k = 2$ die Vielfachheit des Eigenwertes $1$ . Das charakteristische Polynom ist

$$\Delta(s) \equiv \begin{vmatrix} s & -1 & -1 \\ -1 & s-1 & 1 \\ 0 & -1 & s-1 \end{vmatrix} \quad .$$

Von den Minoren zweiter Ordnung ist

$$\begin{vmatrix} s & -1 \\ -1 & s-1 \end{vmatrix} = s^2 - s - 1$$

durch $(s-1)$ nicht teilbar. Also ist $k_0 = k_m = k$ , und die $l$-Folge besteht wegen $m = 0$ nur aus $l_1 = k_m = 2$ .

Die JORDAN-Matrix ist damit

$$J = \left[\begin{array}{c|cc} 0 & 0 & 0 \\ \hline 0 & 1 & 1 \\ 0 & 0 & 1 \end{array}\right] \begin{array}{l} \\ \left.\right\} \ l_1 = 2 \end{array} \quad . \quad ∎$$

### 6.3.5  Ungesteuerte und gesteuerte Bewegung bei mehrfachen Eigenwerten

Betrachtet man zunächst ein ungesteuertes System (6.2), besteht die JOR-
DANsche Normalform der Matrix  A  somit aus einer Anzahl von Untermatrizen, die entweder Diagonalmatrizen sind oder aber in der Hauptdiagonale
ein und denselben mehrfachen Eigenwert und in der oberen Nebendiagonale
nur Einsen stehen haben. Den Diagonalmatrizen werden transformierte Gleichungen vom Typ (6.74) entsprechen. Den in der Nebendiagonale besetzten
Untermatrizen entsprechen Gleichungen vom Typ

$$
\left.
\begin{aligned}
\dot{y}_1 &= s_1 y_1 + y_2 \\[4pt]
\dot{y}_2 &= \phantom{s_1 y_1 +} s_1 y_2 + y_3 \\
&\;\cdots\cdots\cdots\cdots\cdots \\
\dot{y}_{l_i - 1} &= \phantom{xxxxxxx} s_1 y_{l_i - 1} + y_{l_i} \\
\dot{y}_{l_i} &= \phantom{xxxxxxxxxxx} s_1 y_{l_i}
\end{aligned}
\right\} \,, \qquad (6.96)
$$

wobei  $s_1$  den mehrfachen Eigenwert und  $l_i$  die Ordnung des zugehörigen
Elementarteilers bezeichnet.

Das System (6.96) kann einfach gelöst werden, indem man mit der letzten
Gleichung beginnt, ihre Lösung in die zweite Gleichung von unten einsetzt, dann diese zweite Gleichung löst, usw.. Man sieht leicht ein,
daß die Lösung dabei Säkularglieder bekommt, d.h. Glieder von der Form
$P(t)e^{s_i t}$ , wo  $P(t)$  ein Polynom in  t  ist. Dabei hat das Polynom  $P(t)$
höchstens den Grad  $(l_i - 1)$ .

Die Lösung des ursprünglichen ungesteuerten Systems (6.2) behält offenbar
ihre Gestalt (6.84) bzw. (6.85), die Konstanten  C,D,E  bzw.  C,F,$\phi$
müssen jedoch teilweise durch Polynome ersetzt werden, deren Ordnung sich
über die Ordnung der Elementarteiler bestimmen läßt.

Zusammenfassend stellt man fest: Hat man die Systemmatrix auf die JORDAN-
sche Normalform transformiert, so ist die Struktur der Lösungen des
transformierten und des ursprünglichen Systems bis auf Konstanten eindeutig bestimmt, und man kann diese Kenntnis zur expliziten Lösung der
Systemgleichungen benutzen.

Betrachtet man jetzt das gesteuerte System (6.1), so kann es durch eine
Transformation (6.67) auf die Form (6.70) gebracht werden. Wählt man für

$L^{-1}AL$  die JORDANsche Normalform und treten nur einfache Eigenwerte auf,
so ist das System (6.70) in den neuen Zustandsgrößen  $y_i$  vollständig
entkoppelt. Eine Kopplung in den Steuerungen  $u_i$  bleibt dabei im allgemeinen bestehen bzw. sie entsteht erst durch die Multiplikation von
$Bu$  mit  $L^{-1}$ . Aus diesem Grunde wird die JORDANsche Normalform in der
Regelungstechnik, wo das Steuerglied  $Bu$  von besonderem Interesse ist,
nur selten benutzt. Man bevorzugt dort Transformationen, die sowohl  A
als auch  B  in günstiger Weise verändern. Ein weiteres Argument gegen
die Verwendung der JORDANschen Normalform bei der Untersuchung gesteuerter Bewegungen ist die Tatsache, daß man zwar die JORDANsche Normalform
von  A  auch ohne Kenntnis der Transformationsmatrix  L  bestimmen kann,
daß man aber zur Bestimmung des transformierten Steuergliedes  $L^{-1}Bu$
die Matrix  L  unbedingt benötigt. Die Bestimmung von  L  ist aber meistens schwieriger als die Bestimmung der JORDANschen Normalform. Ein
steuerungstechnisches Problem, bei dem sich die Verwendung der JORDAN-
schen Normalform jedoch als vorteilhaft erweist, wird im nächsten Abschnitt betrachtet.


## 6.4  Anwendungsbeispiel Rendezvous-Problem

Die Anwendbarkeit der Lösungsverfahren für lineare zeitinvariante Systeme
läßt sich an einem klassischen Problem der Satellitendynamik anschaulich vorführen: dem Rendezvous-Problem. Betrachtet wird dabei die ebene
Bewegung eines Satelliten auf einer Kreisbahn, an den ein in der Nähe
fliegender, angetriebener Flugkörper weich, d.h. mit verschwindender re-
lativer Endgeschwindigkeit angekoppelt werden soll. Satellit und Flugkörper sollen als Punktmassen behandelt werden; der Flugkörper habe der
Einfachheit halber die Masse  $m = 1$ .


### 6.4.1  Bewegungsgleichungen

Die Bewegung des Satelliten  S  auf der Kreisbahn um das Gravitationszentrum  O  ist durch den Bahnradius  R  und die konstante Bahnwinkelgeschwindigkeit  $\Omega$  festgelegt. Für die Bewegung des mit der Schubkraft
$u$  angetriebenen Flugkörpers  F  gelten im Inertialsystem  x,y  zunächst
allgemein die Bewegungsgleichungen (Bild 6.2)

$$\left.\begin{array}{l} \ddot{x} + \dfrac{\mu x}{r^3} = u_x \\[2ex] \ddot{y} + \dfrac{\mu y}{r^3} = u_y \end{array}\right\} \quad . \tag{6.97}$$

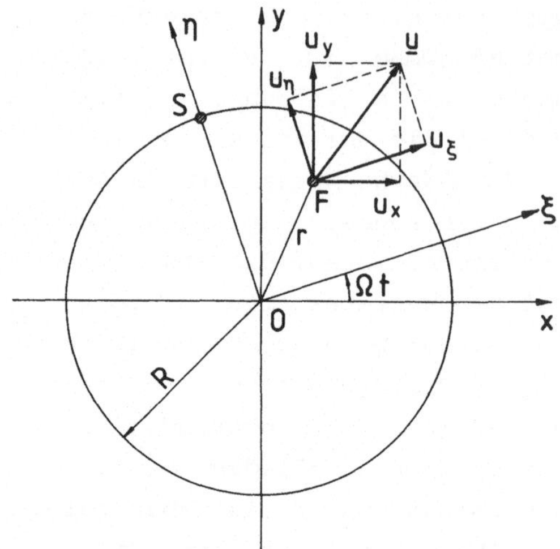


Bild 6.2   Satellit und Flugkörper im Inertialsystem und im mitbeweg-
          ten System

Dabei ist  r  der Abstand des Flugkörpers vom Gravitationszentrum und  $\mu$
die spezielle Gravitationskonstante von Beispiel 3.5 (Kap. 3.4).

Da man sich für die Bewegung des Flugkörpers relativ zum Satelliten interessiert, ist es zweckmäßig, deren Beschreibung auf ein mit dem Satelliten umlaufenden Koordinatensystem  $\xi,\eta$  zu transformieren. Man erhält:

$$\left.\begin{array}{l}\ddot{\xi} - \Omega^2\xi - 2\Omega\dot{\eta} + \dfrac{\mu}{r^3}\xi = u_\xi \\[3mm] \ddot{\eta} - \Omega^2\eta + 2\Omega\dot{\xi} + \dfrac{\mu}{r^3}\eta = u_\eta\end{array}\right\} \quad . \tag{6.98}$$

Geht man davon aus, daß sich der Flugkörper bereits in der Nähe des Satelliten befindet, so erscheint eine Linearisierung der Bewegungsgleichungen (6.98) gemäß den Überlegungen von Kapitel 5.3 gerechtfertigt. Da
der Satellit die Koordinaten  $\xi_s \equiv 0,\ \eta_s \equiv R$  hat, setzt man für den Flugkörper

$$\xi = \Delta\xi \quad , \qquad \eta = R + \Delta\eta \quad .$$

Weiterhin ist es sinnvoll, eine Normierung auf den Einheitsradius  R = 1
durchzuführen. Aus dem Gleichgewicht von Zentrifugalbeschleunigung  $R\Omega^2$
und Gravitationsbeschleunigung  $\mu/R^2$  folgt damit sofort

$$\Omega^2 = \mu \quad . \tag{6.99}$$

Führt man noch die dimensionslose Zeit $\tau = \Omega t$ ein und bezeichnet die Ableitung nach $\tau$ weiterhin mit " $\cdot$ " , so erhält man schließlich aus (6.98) mit $r^2 = \xi^2 + \eta^2$ und folglich

$$\frac{1}{r^3} \simeq (1+2\Delta\eta)^{-\frac{3}{2}} \simeq 1 - 3\Delta\eta \tag{6.100}$$

die linearisierten, normierten Bewegungsgleichungen

$$\left. \begin{aligned} \ddot{\Delta\xi} - 2\dot{\Delta\eta} &= \frac{u_\xi}{\Omega^2} \\[2mm] \ddot{\Delta\eta} + 2\dot{\Delta\xi} - 3\Delta\eta &= \frac{u_\eta}{\Omega^2} \end{aligned} \right\} \cdot \tag{6.101}$$

Mit den Zustandsgrößen

$$\left. \begin{aligned} x_1 &= \Delta\xi \\ x_2 &= \dot{\Delta\xi} \\ x_3 &= \Delta\eta \\ x_4 &= \dot{\Delta\eta} \end{aligned} \right\} \tag{6.102}$$

und den normierten Schubkomponenten

$$u_\phi = \frac{u_\xi}{\Omega^2} \ , \qquad u_r = \frac{u_\eta}{\Omega^2} \tag{6.103}$$

bekommt man endgültig

$$\left. \begin{aligned} \dot{x}_1 &= x_2 \\ \dot{x}_2 &= 2x_4 + u_\phi \\ \dot{x}_3 &= x_4 \\ \dot{x}_4 &= -\,2x_2 + 3x_3 + u_r \end{aligned} \right\} \cdot \tag{6.104}$$

Diese Gleichungen wurden erstmals von WILTSHIRE und CLOHESSY aufgestellt und in den sechziger Jahren von verschiedenen Autoren intensiv untersucht.

Die Indizes $\phi$ und $r$ bei den Schubkomponenten in (6.104) sind nicht zufällig. Sie sollen andeuten, daß die streng genommen parallel zur $\eta$-Achse wirkende Beschleunigung $u_r$ in der Nähe von $S$ fast radial wirkt, während $u_\phi$ in der Nähe von $S$ fast die Richtung der Umlaufgeschwindigkeit von $S$ hat.

### 6.4.2   Lösung in den Koordinaten $x_i$

Das System (6.104) kann offenbar in der Form (6.1)

$$\dot{\underline{x}} = A\underline{x} + B\underline{u} \quad ,$$

geschrieben werden mit

$$\underline{x} = \begin{bmatrix} x_1 \\ x_2 \\ x_3 \\ x_4 \end{bmatrix} \;,\; A = \begin{bmatrix} 0 & 1 & 0 & 0 \\ 0 & 0 & 0 & 2 \\ 0 & 0 & 0 & 1 \\ 0 & -2 & 3 & 0 \end{bmatrix} \;,\; B = \begin{bmatrix} 0 & 0 \\ 1 & 0 \\ 0 & 0 \\ 0 & 1 \end{bmatrix} \;,\; \underline{u} = \begin{bmatrix} u_\phi \\ u_r \end{bmatrix} \quad . \qquad (6.105)$$

Die charakteristische Gleichung der Matrix $A$

$$\begin{vmatrix} s & -1 & 0 & 0 \\ 0 & s & 0 & -2 \\ 0 & 0 & s & -1 \\ 0 & 2 & -3 & s \end{vmatrix} = s^2(s^2+1) = 0 \qquad (6.106)$$

hat die Eigenwerte

$$\left. \begin{array}{l} s_1 = s_2 = 0 \\ s_3 = i \\ s_4 = -i \end{array} \right\} \quad . \qquad (6.107)$$

Die Fundamentalmatrix ist dann nach Gl. (6.15)

$$e^{At} = \mu_0 I + \mu_1 A + \mu_2 A^2 + \mu_3 A^3 \quad .$$

Die $\mu_i$ können dabei über das Gleichungssystem (6.18) bestimmt werden.

Durch Einsetzen der Eigenwerte erhält man das System:

$$\left. \begin{array}{ll} s_1 \ldots & 1 = \mu_0 \\[2mm] s_2 \ldots & t = \mu_1 \\[2mm] s_3 \ldots & e^{it} = \mu_0 + \mu_1 i - \mu_2 - \mu_3 i \\[2mm] s_4 \ldots & e^{-it} = \mu_0 - \mu_1 i - \mu_2 + \mu_3 i \end{array} \right\} \quad . \qquad (6.108)$$

Daraus folgen

$$\mu_0 = 1 \quad , \quad \mu_1 = t \quad , \quad \mu_2 = 1 - \cos t \quad , \quad \mu_3 = t - \sin t, \quad (6.109)$$

und die Fundamentalmatrix wird

$$e^{At} = \begin{bmatrix} 1 & -3t+4\sin t & 6t-6\sin t & 2-2\cos t \\ 0 & -3 +4\cos t & 6 -6\cos t & 2\sin t \\ 0 & -2 +2\cos t & 4 -3\cos t & \sin t \\ 0 & -2\sin t & 3\sin t & \cos t \end{bmatrix} \cdot \qquad (6.110)$$

Die Lösung des gesteuerten Systems (6.104) kann nach (6.42) berechnet werden. Mit der Fundamentalmatrix (6.110) sowie der Steuermatrix B und dem Steuervektor $\underline{u}$ aus (6.105) ergibt sich

$$\underline{x}(t) = e^{At}\left[\underline{x}(0) + \int_0^t \left\{ \begin{bmatrix} 3\tau-4\sin\tau \\ -3+4\cos\tau \\ -2+2\cos\tau \\ 2\sin\tau \end{bmatrix} u_\phi(\tau) + \begin{bmatrix} 2-2\cos\tau \\ -2\sin\tau \\ -\sin\tau \\ \cos\tau \end{bmatrix} u_r(\tau)\right\} d\tau\right]. \quad (6.111)$$

Bei Betrachtung der gekoppelten Bewegungsgleichungen (6.104) sowie deren Lösung (6.111) stellt sich nun die Frage, inwieweit daraus Aussagen über die Auslegung eines Schubprogrammes für die Steuerungen $u_\phi$ und $u_r$ gewonnen werden können, das ein Rendezvous zwischen Flugkörper und Satellit tatsächlich ermöglicht. Aus der komplizierten Gestalt der Lösung (6.111) ist ein solches Steuerprogramm nur schwer zu entnehmen. Es ist daher naheliegend, die Bewegungsgleichungen durch eine Transformation auf JORDANsche Normalform zu entkoppeln.


## 6.4.3 Bewegungsgleichungen in Normalkoordinaten

Den beiden einfachen Eigenwerten $s_3 = i$, $s_4 = -i$ entspricht nach Gl. (6.79) in der JORDANschen Normalform die Untermatrix

$$\begin{bmatrix} 0 & 1 \\ -1 & 0 \end{bmatrix} \cdot \qquad (6.112)$$

Der zweifache Eigenwert $s_1 = s_2 = 0$ (k=2) muß auf seine Elementarteiler untersucht werden. Durch Streichung der zweiten Zeile und der ersten

Spalte im charakteristischen Polynom (siehe Gl. (6.106)) erhält man den Minor

$$
\begin{vmatrix} -1 & 0 & 0 \\ 0 & s & -1 \\ 2 & -3 & s \end{vmatrix} = -s^2 + 3 \quad ,
$$

der bereits durch (s-0) nicht teilbar ist. Damit folgt aber nach den Überlegungen von Kapitel 6.3.4, daß $k_1 = 0$, $l_1 = 2$ und somit nur der Elementarteiler $s^2$ vorhanden ist. Folglich entspricht in der JORDAN-Matrix dem zweifachen Eigenwert $s_1 = s_2 = 0$ die Untermatrix

$$
\begin{bmatrix} 0 & 1 \\ 0 & 0 \end{bmatrix} \quad . \tag{6.113}
$$

Mit (6.112), (6.113) erhält man schließlich die JORDAN-Matrix

$$
J = L^{-1}AL = \left[\begin{array}{cc|cc} 0 & 1 & & \\ 0 & 0 & & 0 \\ \hline & & 0 & 1 \\ 0 & & -1 & 0 \end{array}\right] \quad . \tag{6.114}
$$

Zur Bestimmung des Steuerungsgliedes $L^{-1}B\underline{u}$ braucht man noch die Matrix $L^{-1}$, deren Elemente mit $k_{ij}$ bezeichnet seien. Aus (6.114) folgt

$$
JL^{-1} = L^{-1}A \quad . \tag{6.115}
$$

Die Auswertung von (6.115) liefert Verknüpfungen der Elemente $k_{ij}$. Daraus erhält man zunächst

$$
L^{-1} = \begin{bmatrix} k_{11} & k_{12} & -2k_{12} & 2k_{11} \\ 0 & -3k_{11} & 6k_{11} & 0 \\ 0 & 2k_{44} & -3k_{44} & k_{34} \\ 0 & -2k_{34} & 3k_{34} & k_{44} \end{bmatrix} \quad . \tag{6.116}
$$

Bei der Festlegung der verbleibenden Elemente $k_{ij}$ ist entscheidend, daß die Bedingung $\det(L^{-1}) \neq 0$ eingehalten wird. Es ist

$$
\det(L^{-1}) = -3k_{11}^2(k_{34}^2 + k_{44}^2) \quad . \tag{6.117}
$$

Da $k_{12}$ in (6.117) nicht vorkommt, kann man $k_{12} = 0$ setzen. Ferner kann entweder $k_{34}$ oder $k_{44}$ gleich null gesetzt werden. Wählt man $k_{11} = -\frac{1}{3}$ , $k_{34} = -\frac{1}{2}$ und $k_{44} = 0$ , dann ist endgültig

$$
L^{-1} = \begin{bmatrix} -\frac{1}{3} & 0 & 0 & -\frac{2}{3} \\[2mm] 0 & 1 & -2 & 0 \\[2mm] 0 & 0 & 0 & -\frac{1}{2} \\[2mm] 0 & 1 & -\frac{3}{2} & 0 \end{bmatrix} \quad , \tag{6.118}
$$

und das Steuerglied wird

$$
L^{-1}B\underline{u} = \begin{bmatrix} -\frac{2}{3}\,u_r \\[2mm] u_\phi \\[2mm] -\frac{1}{2}\,u_r \\[2mm] u_\phi \end{bmatrix} \quad . \tag{6.119}
$$

Somit lauten die transformierten Bewegungsgleichungen

$$
\left. \begin{aligned} \dot{y}_1 &= y_2 - \tfrac{2}{3}u_r \\[2mm] \dot{y}_2 &= u_\phi \\[2mm] \dot{y}_3 &= y_4 - \tfrac{1}{2}u_r \\[2mm] \dot{y}_4 &= -y_3 + u_\phi \end{aligned} \right\} \quad . \tag{6.120}
$$

Dabei gelten wegen $\underline{y} = L^{-1}\underline{x}$ für die neuen Variablen folgende Beziehungen

$$
\left. \begin{aligned} y_1 &= -\tfrac{1}{3}x_1 - \tfrac{2}{3}x_4 \\[2mm] y_2 &= x_2 - 2x_3 \\[2mm] y_3 &= -\tfrac{1}{2}x_4 \\[2mm] y_4 &= x_2 - \tfrac{3}{2}x_3 \end{aligned} \right\} \quad . \tag{6.121}
$$

### 6.4.4  Diskussion

Obwohl die neuen Koordinaten (6.121) offensichtlich keine direkte physikalische Deutung zulassen, kann man aus dem System (6.120) wesentlich mehr herauslesen als aus der ursprünglichen Form (6.104).

1. Ohne Schub $(u_r \equiv 0, u_\phi \equiv 0)$ kann ein Rendezvous nie zustande kommen, denn die dann teilweise entkoppelten Bewegungsgleichungen (6.120) haben die Lösungen

$$y_1(t) = y_1(0) + y_2(0)t \quad ,$$

$$y_2(t) \equiv y_2(0) = const \quad ,$$

$$y_3^2(t) + y_4^2(t) \equiv y_3^2(0) + y_4^2(0) = const \quad .$$

Bei keiner von null verschiedenen Anfangsbedingung $\underline{y}(0)$ erreicht man also im Freiflug das Ziel $\underline{y} = \underline{0}$ , das nach (6.121) mit $\underline{x} = \underline{0}$ identisch ist.

2. Mit radialem Schub allein, d.h. $u_r \neq 0$, $u_\phi \equiv 0$ kommt man ebenfalls nicht zum Ziel, denn es bleibt immer $y_2(t) = const$ .

3. Im Fall $u_r \equiv 0$, $u_\phi \neq 0$ hat man zwei bekannte Bewegungen:

$$\left. \begin{aligned} \dot{y}_1 &= y_2 \\ \dot{y}_2 &= u_\phi \end{aligned} \right\} \tag{6.122}$$

und

$$\left. \begin{aligned} \dot{y}_3 &= y_4 \\ \dot{y}_4 &= -y_3 + u_\phi \end{aligned} \right\} . \tag{6.123}$$

4. Von praktischer Bedeutung sind in diesem Fall insbesondere die am leichtesten realisierbaren Steuerungen

$$u_\phi = \begin{cases} u_{max} \\ 0 \quad , \\ -u_{max} \end{cases} \tag{6.124}$$

wo $u_{max}$ den maximalen Schub bezeichnet. Die entsprechenden Trajektorien sind in der Zustandsebene $y_1$, $y_2$ Geraden bzw. Parabeln, in der Zustandsebene $y_3$, $y_4$ erhält man dagegen Kreise (Bild 6.3).

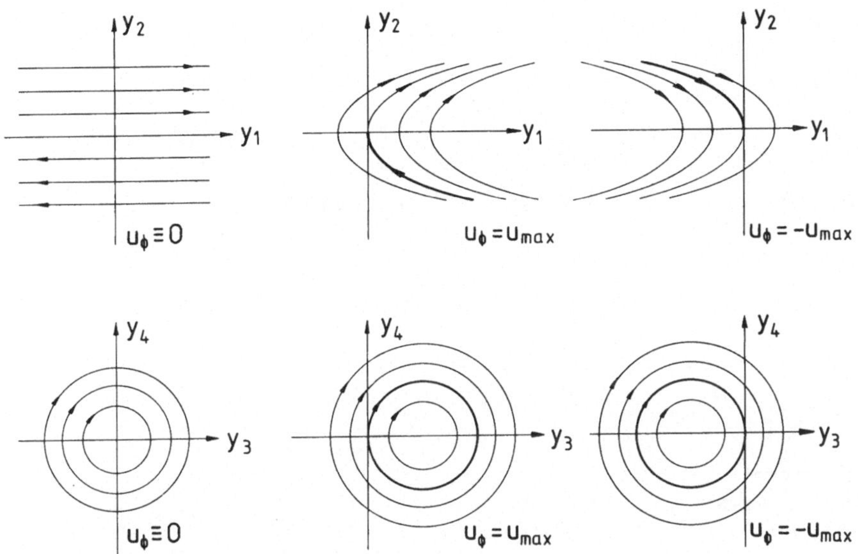


Bild 6.3  Zustandskurven der Bewegungen (6.122) und (6.123) im Freiflug und bei extremem Schub

Man sieht, daß bei beliebigen Anfangsbedingungen die Zielpunkte $y_1 = y_2 = 0$ und $y_3 = y_4 = 0$ nur durch kombinierte Schubprogramme zu erreichen sind. Bild 6.4 zeigt einen möglichen Anflug an den Zielpunkt $y_1 = y_2 = 0$ mit dem Programm

$$u_\phi = \begin{cases} -u_{max} & , \quad 0 < t < t_1 \\ 0 & , \quad t_1 < t < t_2 \\ u_{max} & , \quad t_2 < t < T_1 \end{cases} , \qquad (6.125)$$

wobei $T_1$ die gesamte Flugdauer ist.

Bild 6.5 zeigt den Anflug an den Zielpunkt $y_3 = y_4 = 0$ mit dem Programm

$$u_\phi = \begin{cases} +u_{max} & , \quad 0 < t < t_3 \\ \\ -u_{max} & , \quad t_3 < t < T_2 \end{cases} . \qquad (6.126)$$

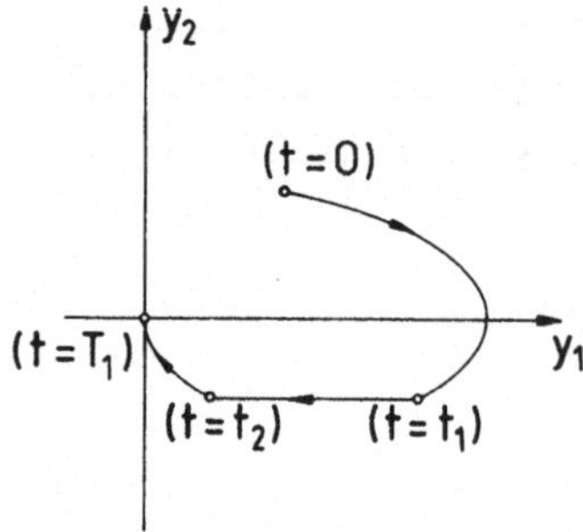

Bild 6.4   Anflug von  $y_1 = y_2 = 0$   mit dem Programm (6.125)

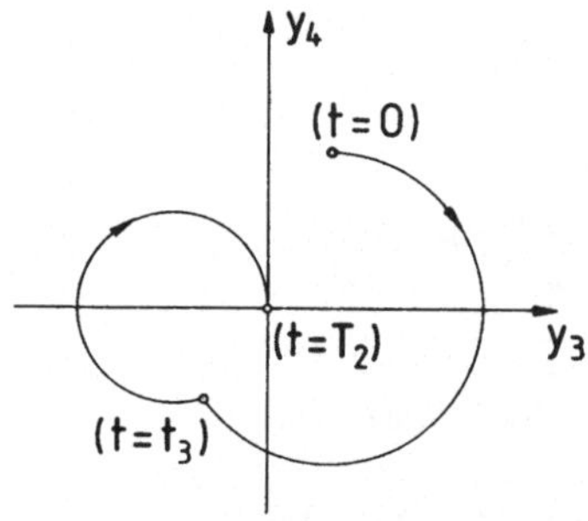

Bild 6.5   Anflug von  $y_3 = y_4 = 0$   mit dem Programm (6.126)


Das Problem der Schubauslegung besteht nun darin, ein Programm zu bestimmen, das simultan $(y_1,y_2)$ und $(y_3,y_4)$ nach $(0,0)$ bringt und damit ein "weiches" Rendezvous ermöglicht und gleichzeitig einen minimalen Treibstoffverbrauch garantiert. Dies ist ein typisches Optimierungsproblem, das mit der Theorie der optimalen Steuerungen von verschiedenen Autoren untersucht worden ist.

# 7 Stabilität linearer zeitinvarianter Systeme

Im vorangehenden Kapitel wurden Verfahren zur Bestimmung der Lösung eines
linearen zeitinvarianten Systems (6.1) bzw. (6.2) angegeben. In allen
Verfahren mußte dabei die charakteristische Gleichung, d.h. eine algebraische Gleichung  n-ter  Ordnung gelöst werden. Nun ist aber seit
GALOIS (1811-1832) bekannt, daß es nur für  $n \leq 4$  möglich ist, die Wurzeln einer algebraischen Gleichung explizit durch ihre Koeffizienten aus-
zudrücken. Übertragen auf die charakteristische Gleichung bedeutet dies,
daß die Abhängigkeit der Eigenwerte - und damit der Bewegung - von den
Parametern des Systems nur für  $n \leq 4$  explizit angegeben werden kann.
Andererseits ist man aber gerade bei Systemen höherer Ordnung an den expliziten Zusammenhängen zwischen Parametern und Eigenwerten besonders interessiert, da die Systeme höherer Ordnung meistens eine große Zahl -
mehr oder weniger frei - wählbarer Parameter enthalten. Man ist damit auf
eine rein numerische Bestimmung der Eigenwerte angewiesen.

In diesem Kapitel wird ein wichtiges Teilproblem des hier angeschnittenen
allgemeinen Problems untersucht: Es wird die Frage nach dem zeitlichen
Verhalten der ungesteuerten Eigenbewegung (6.2) gestellt. Dabei wird gezeigt, wie man bereits ohne explizite Kenntnis der Eigenwerte das Verhalten der Lösung für  $t \to \infty$  ermitteln kann.

## 7.1 Gleichgewichtslagen

Das System

$$\dot{\underline{x}} = A\underline{x} \tag{7.1}$$

hat die charakteristische Gleichung

$$\det(sI-A) \equiv \Delta(s) \equiv s^n + a_1 s^{n-1} + \ldots + a_{n-1}s + a_n = 0 \quad . \tag{7.2}$$

Das auf JORDANsche Normalform transformierte System

$$\dot{\underline{y}} = J\underline{y} \tag{7.3}$$

hat die charakteristische Gleichung

$$\det(sI-J) = 0 \tag{7.4}$$

mit

$$\det(sI-J) = \begin{vmatrix} s-s_1 & \times & & & \\ & s-s_2 & \times & & \\ & & \ddots & & \\ & & & \ddots & \times \\ & & & & s-s_n \end{vmatrix} \quad , \tag{7.5}$$

wobei $s_1$, $s_2$, ... die Eigenwerte von A sind und die durch Kreuze an-
gedeutete obere Nebendiagonale durch Nullen oder Einsen besetzt ist.

Entwickelt man die Determinante (7.5) sukzessive nach den Elementen der
jeweils ersten Spalte, so wird

$$\det(sI-J) = (s-s_1)(s-s_2)\ldots(s-s_n) \quad . \tag{7.6}$$

Da die charakteristischen Gleichungen der Systeme (7.1) und (7.3) identisch sind (vgl. Kap. 6.3.1), kann man das charakteristische Polynom von
A ebenfalls in der Form (7.6) schreiben. Ferner folgt für die Koeffizienten $a_1$ und $a_n$ :

$$a_1 = - (s_1+s_2+\ldots+s_n) = - \text{Sp}A = - \sum_{i=1}^{n} a_{ii} \quad , \tag{7.7}$$

$$a_n = (-1)^n s_1 s_2 \ldots s_n = (-1)^n \det A \quad . \tag{7.8}$$

Nun sind $a_1$ und $a_n$ als Koeffizienten der charakteristischen Gleichung
gegenüber den Ähnlichkeitstransformationen invariant, so daß auch detA
und SpA diese Eigenschaft haben: Determinante und Spur sind die wesentlichsten *Invarianten einer Matrix*.

Das System (7.1) befindet sich in einer *Gleichgewichtslage*

$$\underline{x} = \underline{x}^0 = \text{const} \quad ,$$

# 7.1 Gleichgewichtslagen

wenn $\dot{\underline{x}} = \dot{\underline{x}}^0 = \underline{O}$ , d.h.

$$A\underline{x}^0 = \underline{O} \tag{7.9}$$

ist. Die Beziehung (7.9) ist ein lineares homogenes Gleichungssystem für die Komponenten $x_i^0$ von $\underline{x}^0$ .

Wenn $\det A \neq O$ ist, besitzt (7.9) die einzige Lösung

$$\underline{x}^0 = \underline{O} \quad . \tag{7.10}$$

Das System (7.1) hat in diesem Fall also nur die eine Gleichgewichtslage (7.10), die in der Mathematik oft als die *Null-Lösung* bzw. *triviale Lösung* und in der Stabilitätstheorie oft als die *ungestörte Bewegung* bezeichnet wird.

Ist dagegen $\det A = O$ , so füllen die Lösungen von (7.9), d.h. die Gleichgewichtslagen, ganze Geraden, Ebenen oder andere Unterräume des n-dimensionalen Raumes aus. Über die Dimension dieser Unterräume entscheidet der *Rang der Matrix* $A$ , d.h. die Ordnung der größten nicht verschwindenden Unterdeterminante von $\det A$ . Ist

$$\text{Rang } A = r \quad , \tag{7.11}$$

so bilden die Gleichgewichtslagen einen $(n-r)$-dimensionalen linearen Unterraum.

<u>Beispiel 7.1:</u> Für das System

$$\begin{aligned}
\dot{x}_1 &= ax_1 + bx_3 \\
\dot{x}_2 &= cx_1 + dx_2 \\
\dot{x}_3 &= ex_1 + fx_2
\end{aligned} \Bigg\}$$

mit $a,b,c,d,e,f$ jeweils von null verschieden gilt:

$$\det A = \begin{vmatrix} a & O & b \\ c & d & O \\ e & f & O \end{vmatrix} = b(cf-de) \quad .$$

Im Fall

$$cf \neq de$$

ist  detA $\neq$ 0 , und es existiert nur die Gleichgewichtslage

$$x_1 = x_2 = x_3 = 0 \quad .$$

Für

$$cf = de$$

ist dagegen  detA = 0 . Der Rang von  A  ist  r = 2 , da z.B. die Unter-determinante

$$\begin{vmatrix} a & 0 \\ c & d \end{vmatrix} = ad \neq 0$$

ist. Also bilden die Gleichgewichtslagen einen Raum der Dimension
n - r = 1 , d.h. eine Gerade. Diese Gerade ist die Schnittgerade der Ebe-nen

$$\left. \begin{array}{l} ax_1 + bx_3 = 0 \\ cx_1 + dx_2 = 0 \end{array} \right\} \quad . \quad \blacksquare$$


## 7.2  Zeitliches Verhalten der Lösungen

In Kapitel 6.3.2 wurde festgestellt, daß die allgemeine Lösung des Systems
(7.1), das mit (6.2) identisch ist, die Gestalt hat

$$x_m(t)=\sum_{i=1}^{l} C_{mi}e^{s_i t}+\sum_{i=1}^{k} e^{\sigma_i t}(D_{mi}\sin\omega_i t+E_{mi}\cos\omega_i t), \quad m=1,\dots,n \quad .(6.84)$$

Dabei sind die Koeffizienten $C_{mi}$, $D_{mi}$  und $E_{mi}$  konstant, falls alle
Eigenwerte verschieden bzw. alle Elementarteiler einfach sind, und die
Koeffizienten sind Polynome in  t  vom Grade  $l_i-1$ , wenn nicht einfache
Elementarteiler  $(s-s_j)^{l_i}$, $l_i>1$, auftreten.

Der Darstellung (6.84) entnimmt man, daß das asymptotische Verhalten der
Lösung $\underline{x} = \underline{x}(t)$  für  $t \to \infty$  von der Lage der Eigenwerte in der komple-xen Ebene (Wurzelebene) abhängt. Dabei sind folgende Fälle möglich:

<u>Fall I:</u> *Alle Eigenwerte liegen in der linken Halbebene.*
Da die Eigenwerte links von der imaginären Achse liegen, gilt:

$$Re(s_j) < 0 \quad , \qquad j = 1,\dots,n \quad , \tag{7.12}$$

bzw.

$$s_i < 0 \quad , \quad i = 1,\ldots,l \quad ,$$
$$\sigma_i < 0 \quad , \quad i = 1,\ldots,k \quad . \tag{7.13}$$

Damit streben alle Summanden von (6.84) mit wachsender Zeit nach Null, d.h. insgesamt

$$|\underline{x}(t)| \to 0 \quad \text{für} \quad t \to \infty \quad . \tag{7.14}$$

Dabei ist $\underline{x} = \underline{0}$ die einzige Gleichgewichtslage des Systems, denn aus (7.12) folgt, daß kein Eigenwert verschwindet, so daß $\det A \neq 0$ . Systeme mit dem Verhalten (7.14) heißen *asymptotisch stabil*. Häufig sagt man auch, daß in diesem Fall die Gleichgewichtslage $\underline{x} = \underline{0}$ (bzw. die triviale Lösung oder die ungestörte Bewegung) asymptotisch stabil ist. Darunter versteht man, daß das System bei Auslenkungen aus der Gleichgewichtslage von selbst diese wieder anstrebt. Da die Auslenkungen im vorliegenden Fall beliebig groß sein dürfen, spricht man auch von einer *asymptotischen Stabilität im Großen*.

**Fall II:** *Mindestens ein reeller Eigenwert oder ein Paar konjugiert komplexer Eigenwerte liegt in der rechten Halbebene.*
Damit ist

$$\mathrm{Re}(\sigma_k) > 0 \quad \text{für mindestens ein} \quad k \in (1,\ldots,n) \quad . \tag{7.15}$$

In diesem Fall wird in (6.84) entweder ein Summand $C_{mi}e^{s_i t}$ oder ein Summand $e^{\sigma_i t}(D_{mi}\sin\omega_i t + E_{mi}\cos\omega_i t)$ mit wachsender Zeit betragsmäßig beliebig groß, d.h.

$$|\underline{x}(t)| \to \infty \quad \text{mit} \quad t \to \infty \quad . \tag{7.16}$$

Systeme mit diesem Verhalten heißen *instabil*. Man spricht auch von einer instabilen Gleichgewichtslage bzw. von instabilen Gleichgewichtslagen (hier können ja die Gleichgewichtslagen auch ein Kontinuum bilden, denn (7.15) schließt einen verschwindenden Eigenwert nicht aus).

**Fall III:** *Einige Eigenwerte liegen auf der imaginären Achse, die restlichen Eigenwerte liegen in der linken Halbebene.*
Hier gilt

$$\mathrm{Re}(s_j) \leq 0 \quad , \qquad j = 1,\ldots,n \tag{7.17}$$

und

$$\text{Re}(s_k) = 0 \quad \text{für mindestens ein} \quad k \in (1,\dots,n) \ . \qquad (7.18)$$

Jetzt müssen zwei Unterfälle betrachtet werden:


<u>Fall IIIa:</u> Alle Eigenwerte auf der Achse sind einfach oder haben nur einfache Elementarteiler. Dann haben die Summanden in (6.84), die diesen Eigenwerten entsprechen, konstante Koeffizienten, so daß ein Eigenwert $s_k = 0$ zur Lösung einen konstanten Beitrag leistet, während ein Eigenwertpaar $\pm\omega_k i$ eine ungedämpfte Schwingung mit endlicher Amplitude verursacht. Da den übrigen (in der linken Halbebene liegenden) Eigenwerten nach Null strebende Summanden entsprechen, hat man folgendes Ergebnis: Erfüllen die Eigenwerte die Bedingungen (7.17), (7.18) und sind alle Elementarteiler, die den auf der imaginären Achse liegenden Eigenwerten entsprechen, einfach, so strebt die Lösung zwar nicht nach Null, bleibt aber für alle Zeiten endlich

$$|\underline{x}(t)| \leq |\underline{x}_{max}| < \infty \quad \text{für alle} \quad t \ . \qquad (7.19)$$

Systeme mit diesem Verhalten werden in der Mechanik als *stabil* und in der Regelungstechnik als *grenzstabil* bezeichnet. Ist insbesondere die eindeutige Gleichgewichtslage $\underline{x} = \underline{0}$ vorhanden (d.h. es gibt keinen Eigenwert $s = 0$ ), so heißt diese Gleichgewichtslage in der Mechanik stabil. Nachdem die Glieder mit $\text{Re}(s) < 0$ abgeklungen sind, d.h. hinreichend klein geworden sind, schwingt das System mit konstanter Amplitude um diese Gleichgewichtslage. Man spricht von *einer stationären Lösung* oder *stationären Bewegung*.


<u>Fall IIIb:</u> Auf der imaginären Achse liegen mehrfache Eigenwerte mit nicht einfachen Elementarteilern. In diesem Fall sind die Koeffizienten der entsprechenden Summanden in (6.84) Polynome und diese Summanden werden mit wachsender Zeit betragsmäßig beliebig groß, d.h. das System bzw. die Gleichgewichtslage ist *instabil*

$$|\underline{x}(t)| \rightarrow \infty \quad \text{mit} \quad t \rightarrow \infty \ . \qquad (7.20)$$

Zusammenfassend ergibt sich folgende wichtige Feststellung:

> **Satz 7.1**
> Damit die Gleichgewichtslage  $\underline{x} = \underline{0}$  des Systems (7.1) asympto-
> tisch stabil ist, ist es notwendig und hinreichend, daß alle
> Eigenwerte der Matrix  A  in der linken Halbebene liegen, d.h.
> es muß gelten
>
> $$\mathrm{Re}(s_j) < 0 \quad , \qquad j = 1,\ldots,n \quad . \tag{7.21}$$

## 7.3  Stabilitätskriterien

In Kapitel 7.2 basierten alle Aussagen über das Stabilitätsverhalten auf
der Kenntnis der Eigenwerte. Nun ist aber, wie zu Beginn dieses Kapitels
erwähnt, die Lösung der charakteristischen Gleichung oft sehr umständlich
oder gar unmöglich. Daher ist man an Stabilitätsaussagen interessiert,
die ohne die charakteristische Gleichung zu lösen, d.h. ohne Kenntnis der
Eigenwerte möglich sind.

### 7.3.1  Notwendige Stabilitätsbedingungen

Es ist unmittelbar einleuchtend, daß für die asymptotische Stabilität
gelten muß:

$$\det A \neq 0 \quad , \quad \mathrm{Sp} A \neq 0 \quad .$$

Aus  $\det A = s_1 s_2 \ldots s_n = 0$  (vgl. (7.8)) würde nämlich folgen, daß mindestens ein Eigenwert auf der imaginären Achse liegt, und

$$\mathrm{Sp} A = s_1 + s_2 + \ldots + s_n = 0$$

(vgl. (7.7)) bedeutet, daß entweder alle Eigenwerte verschwindende Realteile haben oder daß die Eigenwerte sowohl links als auch rechts von der
imaginären Achse liegen.

Die Forderungen $\det A \neq 0$, $\mathrm{Sp}\,A \neq 0$ sind Sonderfälle der folgenden notwendigen Stabilitätsbedingung:

> <u>Satz 7.2</u>
>
> Für die asymptotische Stabilität der Gleichgewichtslage $\underline{x} = \underline{0}$ ist es notwendig, daß alle Koeffizienten der charakteristischen Gleichung (7.2)
>
> $$s^n + a_1 s^{n-1} + \ldots + a_{n-1} s + a_n = 0$$
>
> streng positiv sind:
>
> $$a_1 > 0 \ , \quad a_2 > 0 \ , \quad \ldots \ , \quad a_{n-1} > 0 \ , \quad a_n > 0 \ . \qquad (7.22)$$

Der Beweis für die Bedingungen (7.22) ist sehr einfach: Aus Kapitel 7.1 folgt, daß man das charakteristische Polynom anschreiben kann als

$$\Delta(s) = (s-s_1) \ldots (s-s_n) \quad .$$

Wenn das System asymptotisch stabil ist, sind die reellen Eigenwerte negativ

$$s_i = - \alpha_i^2 \ , \quad i = 1,\ldots,l \ ,$$

und die konjugiert komplexen Eigenwerte haben negative Realteile

$$\sigma_j \pm i\omega_j = - \beta_j^2 \pm i\omega_j \ , \quad j = 1,\ldots,k \ .$$

Setzt man diese Ausdrücke in (7.6) ein und faßt man die konjugiert komplexen Eigenwerte paarweise zusammen, so wird

$$\Delta(s) = (s+\alpha_1^2) \ldots (s+\alpha_l^2) \left[ (s+\beta_1^2)^2 + \omega_1^2 \right] \ldots\ldots \left[ (s+\beta_k^2)^2 + \omega_k^2 \right] \ . \quad (7.23)$$

Da auf der rechten Seite alles reell ist und ein Minuszeichen überhaupt nicht vorkommt, erhält man nach Ausmultiplizieren ein Polynom, dessen sämtliche Koeffizienten positiv sind.

### 7.3.2  <u>Notwendige und hinreichende Stabilitätsbedingungen</u>

Für Systeme zweiter Ordnung sind die Bedingungen (7.22) auch hinreichend, denn hier ist $a_1 = -(s_1+s_2)$, $a_2 = s_1 s_2$ und aus $a_1 > 0$, $a_2 > 0$ folgt $s_1 + s_2 < 0$, $s_1 s_2 > 0$ . Diese Ungleichungen können aber nur dann erfüllt

sein, wenn beide Eigenwerte in der linken Halbebene liegen und somit
asymptotische Stabilität vorliegt. Es gilt also:

---

**Satz 7.3**

Für die asymptotische Stabilität der Gleichgewichtslage $\underline{x} = \underline{0}$
eines Systems zweiter Ordnung

$$\underline{\dot{x}} = A\underline{x} \quad , \quad A = \begin{bmatrix} a_{11} & a_{12} \\ a_{21} & a_{22} \end{bmatrix}$$

ist es notwendig und hinreichend, daß die beiden Koeffizienten
der charakteristischen Gleichung positiv sind.

---

Notwendige und hinreichende Stabilitätsbedingungen für lineare zeitinvariante Systeme beliebiger Ordnung wurden 1875 zuerst von ROUTH und unabhängig davon 1891 von HURWITZ angegeben. Da es sich in beiden Fällen um
notwendige und hinreichende Bedingungen handelt, sind die Kriterien von
ROUTH und HURWITZ äquivalent.

## Stabilitätskriterium von ROUTH

Die charakteristische Gleichung des Systems (7.1) sei

$$a_0 s^n + a_1 s^{n-1} + \dots + a_{n-1} s + a_n = 0 \quad , \quad a_0 = 1 \quad , \tag{7.24}$$

Man schreibt die Koeffizienten der charakteristischen Gleichung (7.24)
in zwei Zeilen untereinander, wobei in der ersten Zeile die Koeffizienten
mit geraden Indizes und in der zweiten Zeile die mit den ungeraden Indizes stehen. Man ergänzt weiter zu einer Matrix nach dem folgendem Schema:

| $a_0$ | $a_2$ | $a_4$ | $a_6$ | $\dots$ |
|---|---|---|---|---|
| $a_1$ | $a_3$ | $a_5$ | $a_7$ | $\dots$ |
| $b_1 = \dfrac{a_1 a_2 - a_0 a_3}{a_1}$ | $b_2 = \dfrac{a_1 a_4 - a_0 a_5}{a_1}$ | $b_3 = \dfrac{a_1 a_6 - a_0 a_7}{a_1}$ | $b_4 = \dfrac{a_1 a_8 - a_0 a_9}{a_1}$ | $\dots$ |
| $c_1 = \dfrac{b_1 a_3 - a_1 b_2}{b_1}$ | $c_2 = \dfrac{b_1 a_5 - a_1 b_3}{b_1}$ | $c_3 = \dfrac{b_1 a_7 - a_1 b_4}{b_1}$ | $c_4 = \dfrac{b_1 a_9 - a_1 b_5}{b_1}$ | $\dots$ |
| $d_1 = \dfrac{c_1 b_2 - b_1 c_2}{c_1}$ | $d_2 = \dfrac{c_1 b_3 - b_1 c_3}{c_1}$ | $d_3 = \dfrac{c_1 b_4 - b_1 c_4}{c_1}$ | $d_4 = \dfrac{c_1 b_5 - b_1 c_5}{c_1}$ | $\dots$ |
| $\dots$ | $\dots$ | $\dots$ | $\dots$ | $\dots$ |

Insgesamt werden  n+1  Zeilen angeschrieben. Die Aussage des *Stabilitäts-kriteriums von ROUTH* lautet dann:

> Für die asymptotische Stabilität der Ruhelage  $\underline{x} = \underline{0}$  des Systems
>
> $$\underline{\dot{x}} = A\underline{x}$$
>
> ist es notwendig und hinreichend, daß alle Elemente der ersten Spalte der obigen Matrix positiv sind
>
> $$a_1 > 0 \ , \quad b_1 > 0 \ , \quad c_1 > 0 \ , \quad d_1 > 0 \ , \quad \ldots \ . \tag{7.25}$$

Dieses Kriterium ist für praktische Anwendungen offenbar dann besonders geeignet, wenn die Koeffizienten der charakteristischen Gleichung nume-risch gegeben sind. Ist das nicht der Fall, so ist das nachfolgende Kri-terium von HURWITZ vorzuziehen.

## Stabilitätskriterium von HURWITZ

Aus den Koeffizienten der charakteristischen Gleichung (7.24) bildet man die  $(n \times n)$-Determinante

$$H_n = \begin{vmatrix}
a_1 & a_3 & a_5 & a_7 & \cdots & \cdots & 0 & 0 \\
a_0 & a_2 & a_4 & a_6 & \cdots & \cdots & 0 & 0 \\
0 & a_1 & a_3 & a_5 & \cdots & \cdots & 0 & 0 \\
0 & a_0 & a_2 & a_4 & \cdots & \cdots & 0 & 0 \\
0 & 0 & a_1 & a_3 & \cdots & \cdots & 0 & 0 \\
0 & 0 & a_0 & a_2 & \cdots & \cdots & 0 & 0 \\
\cdots & \cdots & \cdots & \cdots & \cdots & \cdots & \cdots & \cdots \\
\cdots & \cdots & \cdots & \cdots & \cdots & \cdots & \cdots & \cdots \\
0 & 0 & 0 & 0 & \cdots & \cdots & a_{n-1} & 0 \\
0 & 0 & 0 & 0 & \cdots & \cdots & a_{n-2} & a_n
\end{vmatrix} \ . \tag{7.26}$$

Die Hauptminoren dieser Determinante sind

$$H_1 = a_1, \quad H_2 = \begin{vmatrix} a_1 & a_3 \\ a_0 & a_2 \end{vmatrix}, \quad H_3 = \begin{vmatrix} a_1 & a_3 & a_5 \\ a_0 & a_2 & a_4 \\ 0 & a_1 & a_3 \end{vmatrix}, \ldots, \quad H_n = a_n H_{n-1} \ . \tag{7.27}$$

Auf der Basis von (7.27) läßt sich das *Stabilitätskriterium von HURWITZ* dann wie folgt formulieren:

> Für die asymptotische Stabilität der Ruhelage $\underline{x} = \underline{O}$ des Systems
>
> $$\underline{\dot{x}} = A\underline{x}$$
>
> ist es notwendig und hinreichend, daß die $n$ Bedingungen erfüllt sind
>
> $$H_1 > O \ , \quad H_2 > O \ , \quad H_3 > O \ , \quad \ldots \ , \quad H_{n-1} > O \ , \quad H_n > O. \tag{7.28}$$

Die Determinante $H_n$ aus (7.26) wird *HURWITZ-Determinante* genannt, aber auch die Minoren (7.27) heißen oft HURWITZ-Determinanten. Polynome (7.24), deren Koeffizienten die *HURWITZ-Bedingungen* (7.28) erfüllen, heißen *HURWITZ-Polynome*. Aus (7.28) folgt im übrigen sofort, daß alle Koeffizienten von (7.24) positiv sind (vgl. Satz 7.2).

<u>Beispiel 7.2:</u> Für ein System dritter Ordnung lautet die charakteristische Gleichung

$$s^3 + a_1 s^2 + a_2 s + a_3 = O \ .$$

Die entsprechenden Hauptminoren sind

$$H_3 = \begin{vmatrix} a_1 & a_3 & O \\ 1 & a_2 & O \\ O & a_1 & a_3 \end{vmatrix} \ ; \qquad H_2 = \begin{vmatrix} a_1 & a_3 \\ 1 & a_2 \end{vmatrix} \ , \qquad H_1 = a_1$$

und die Stabilitätsbedingungen von HURWITZ

$$(a_1 a_2 - a_3) a_3 > O \ , \qquad a_1 a_2 - a_3 > O \ , \qquad a_1 > O \ . \tag{7.29}$$

Aus den beiden ersten Bedingungen folgt, daß $a_3 > O$ ist. Aus den beiden letzten folgt dann, daß auch $a_2 > O$ sein muß. ∎

Der Rechenaufwand bei der Anwendung des HURWITZ-Kriteriums kann reduziert werden, wenn bereits bekannt ist, daß die Koeffizienten der charakteristischen Gleichung positiv sind. Nach LIENARD und CHIPART (1914) können dann die Bedingungen (7.28) ersetzt werden durch

$$H_{n-1} > O \ , \qquad H_{n-3} > O \ , \qquad H_{n-5} > O \ , \qquad \ldots \ , \tag{7.30}$$

d.h. man braucht nur jeden zweiten Hauptminor zu überprüfen.

In diesem Fall lauten die expliziten Stabilitätsbedingungen

$$
\left.
\begin{aligned}
&\text{für } n = 3:\ a_1 a_2 - a_0 a_3 > 0 \\[4pt]
&\text{für } n = 4:\ a_3(a_1 a_2 - a_0 a_3) - a_4 a_1^2 > 0 \\[4pt]
&\text{für } n = 5:\ a_1 a_2 - a_0 a_3 > 0 \\
&\qquad\qquad (a_1 a_2 - a_0 a_3)(a_3 a_4 - a_2 a_5) - (a_1 a_4 - a_0 a_5)^2 > 0 \\[4pt]
&\text{für } n = 6:\ a_3(a_1 a_2 - a_0 a_3) - a_1(a_1 a_4 - a_0 a_5) > 0 \\
&\qquad\qquad (a_1 a_2 - a_0 a_3)\left[a_5(a_4 a_3 - a_2 a_5) + a_6(2a_1 a_5 - a_3^2)\right] + \\
&\qquad\qquad + (a_1 a_4 - a_0 a_5)\left[a_1 a_3 a_6 - a_5(a_1 a_4 - a_0 a_5)\right] - a_1^3 a_6^2 > 0
\end{aligned}
\right\} \cdot (7.31)
$$

## 7.4  Stabilitätsgebiete, Stabilitätsreserve, Stabilitätsgrad

Die Aussagen der Stabilitätskriterien des vorangehenden Abschnitts lassen
sich auf verschiedene Weisen auswerten und veranschaulichen. So werden Gebiete, in denen alle Stabilitätsbedingungen erfüllt sind, als *Stabili-
tätsgebiete* bezeichnet; Gebiete, in denen das nicht der Fall ist, heißen
*Instabilitätsgebiete*. Stabilitäts- und Instabilitätsgebiete werden getrennt durch die *Stabilitätsgrenze*. Diese Aussagen lassen sich recht verschieden interpretieren.

In der *Wurzelebene* ist die Halbebene links der imaginären Achse das Stabilitätsgebiet, die rechte Halbebene das Instabilitätsgebiet. Die imaginäre Achse ist die Stabilitätsgrenze.

Im *Raum der Koeffizienten der charakteristischen Gleichung* dagegen ist
derjenige Teil des Raumes, in dem alle HURWITZ-Determinanten positiv sind,
das Stabilitätsgebiet. Die Stabilitätsgrenze wird durch die Punktmengen
gebildet, auf denen $H_1 = 0$, $H_2 = 0$, ..., $H_n = 0$ ist. Ist z.B. $n = 3$ ,
so ist der Koeffizientenraum $a_1$, $a_2$, $a_3$ dreidimensional; das Stabilitätsgebiet ist durch

$$a_1 > 0 , \quad a_2 > 0 , \quad a_3 > 0 , \quad a_1 a_2 - a_3 > 0 \tag{7.32}$$

gekennzeichnet. Die Stabilitätsgrenzen sind die Linien

$$a_1 = 0 , \quad a_2 = 0 , \quad a_3 = 0 , \quad a_1 a_2 - a_3 = 0 \ . \tag{7.33}$$

Am wichtigsten für praktische Anwendungen ist die Betrachtung im *Parameterraum*. Die Koeffizienten der charakteristischen Gleichung $a_k$ enthal-

ten die Systemparameter $p_i$ . Interpretiert man (7.32) und (7.33) im Raum der wesentlichen Paramter, so wird oft eine anschauliche Darstellung in der Ebene (bei zwei wesentlichen Systemparametern) oder im Raum (bei drei wesentlichen Parametern) möglich.

**Beispiel 7.3:** Für ein System dritter Ordnung mit der charakteristischen Gleichung

$$s^3 + (p_1+p_2)s^2 + (p_1-p_2)s + p_2(1-p_2) = 0 \qquad (7.34)$$

und den beiden Systemparametern $p_1$, $p_2$ lauten die Stabilitätsbedingungen nach (7.32):

$$\left.\begin{array}{l} p_1 + p_2 > 0 \\[1ex] p_1 - p_2 > 0 \\[1ex] p_2(1-p_2) > 0 \\[1ex] (p_1+p_2)(p_1-p_2) - p_2(1-p_2) > 0 \end{array}\right\} \ . \qquad (7.35)$$

Die dritte Bedingung ist äquivalent mit der Forderung

$$0 < p_2 < 1 \ . \qquad (7.36)$$

Die vierte Bedingung führt auf

$$p_2 < p_1^2 \ . \qquad (7.37)$$

Das entsprechende Stabilitätsgebiet in der Parameterebene $p_1$, $p_2$ zeigt Bild 7.1. ∎

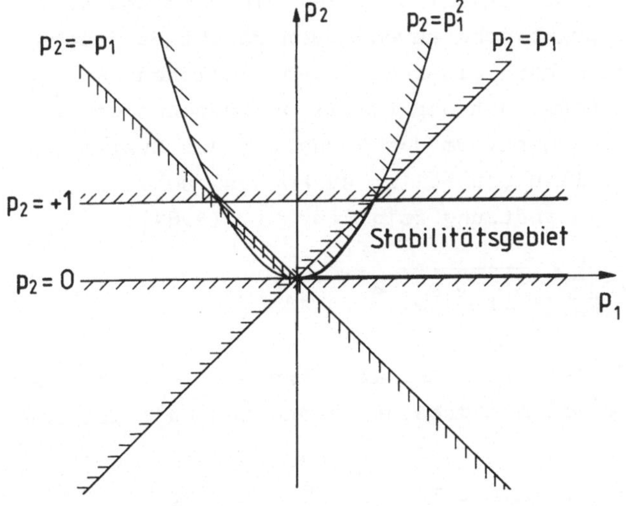


Bild 7.1  Stabilitätsgebiet im Parameterraum

Die Bestimmung des Stabilitätsgebiets im Parameterraum kann zweierlei
Zwecken dienen:

1. Man kann auf diese Weise feststellen, ob ein gegebenes System
   mit festen Parametern stabil ist.

2. Man kann die frei wählbaren Parameter so festlegen, daß das
   System stabil ist.

Im zweiten Fall wird man bei der Festlegung der Parameter die unmittelba-
re Nähe der Stabilitätsgrenze meiden und die Wahl so treffen, daß eine
gewisse *Stabilitätsreserve* vorhanden ist. Denn für viele Systeme kann das
tatsächliche Stabilitätsgebiet kleiner sein als das berechnete. Diese be-
dauerliche Tatsache hat eine Reihe von Gründen: bei der Aufstellung der
Bewegungsgleichungen werden meist Vernachlässigungen getroffen, die sich
auf das Stabilitätsgebiet negativ auswirken können; die in den Gleichungen auftretenden festen Parameter sind oft experimentell bestimmt und
deswegen fehlerbehaftet, so beträgt z.B. der Fehler bei der Bestimmung
der aerodynamischen Beiwerte im Windkanal häufig 5 - 10 %.

Als quantitatives Maß für die Stabilitätsreserve bietet sich die Entfer-
nung der festgelegten Paramterwerte von der Stabilitätsgrenze an. Nach
LURJE stellt sich bei näherer Betrachtung jedoch heraus, daß dieses Maß
mit Vorsicht zu verwenden ist, da die Annäherung an verschiedene Stabilitätsgrenzen im verschiedenen Grade "gefährlich" sein kann.

Theoretisch erreicht ein asymptotisch stabiles System die Ruhelage erst
nach unendlich langer Zeit. Für praktische Anwendungen reicht es jedoch
vollständig aus, wenn die Bewegung nach einer gewissen endlichen Zeit so
stark abgeklungen ist, daß vom Standpunkt der Praxis aus gesehen die Ruhelage bereits als erreicht gelten kann. Um das Verhalten des Systems
auf solchen endlichen Zeitintervallen beurteilen zu können, schätzt man
die Lösungen ab. Die einfachste Abschätzung folgt aus Gl. (6.84):

$$|x_m(t)| \leq \sum_{i=1}^{l} |C_{mi}| e^{s_i t} + \sum_{i=1}^{k} \sqrt{D_{mi}^2 + E_{mi}^2}\, e^{\sigma_i t} \quad .$$

Da für $\alpha < \beta$ stets $e^{\alpha t} < e^{\beta t}$ ist, kann man alle Exponentialfunktionen
$e^{s_i t}$ und $e^{\sigma_i t}$ durch diejenige mit dem größten Exponenten majorisieren
und erhält

$$|x_m(t)| \leq \left[ \sum_{i=1}^{l} |C_{mi}| + \sum_{i=1}^{k} \sqrt{D_{mi}^2 + E_{mi}^2} \right] \exp\left[ \max_{i,j}(s_i, \sigma_j) \cdot t \right] , \quad (7.38)$$

d.h. eine Abschätzung

$$|x_m(t)| \le K_m e^{-ht} \quad , \qquad m = 1,\ldots,n \quad , \tag{7.39}$$

wobei die $K_m$ Konstanten sind und

$$h = - \max_{i,j}(s_i,\sigma_j) \quad , \qquad i = 1,\ldots,l; \quad j = 1,\ldots,k \tag{7.40}$$

bzw.

$$h = - \max_{i}(\mathrm{Re}(s_i)) \quad , \qquad i = 1,\ldots,n \tag{7.41}$$

ist.

Für asymptotisch stabile Systeme ist $h > 0$ und wird in der Regelungstechnik *Stabilitätsgrad* genannt. Offenbar ist der Stabilitätsgrad identisch mit dem Abstand des am weitesten rechts gelegenen Eigenwertes von
der imaginären Achse. Der Lösung (6.84) bzw. der Abschätzung (7.39) entnimmt man, daß der Stabilitätsgrad für die Abklingzeit entscheidend ist.
Je größer der Stabilitätsgrad, desto schneller klingt die Bewegung ab.
Allerdings setzt die Abschätzung (7.39) die Kenntnis der Eigenwerte vor-
aus.

## 7.5  Stabilität in erster Näherung

In Kapitel 7.4 wurde bereits erwähnt, daß die bei der Erstellung der Bewegungsgleichungen getroffenen Vereinfachungen dazu führen können, daß
das Stabilitätsgebiet des mathematischen Modells (6.2) vom Stabilitätsgebiet des tatsächlichen technischen Systems verschieden sein kann. Der
Einfluß der einzelnen Vernachlässigungen läßt sich im allgemeinen nur
sehr schwer abschätzen. Dagegen lassen sich über den Einfluß der bei
einer Linearisierung vernachlässigten Glieder höherer Ordnung genaue An-
gaben machen. Von den Ergebnissen der in den Bereich der nichtlinearen
Systeme gehörenden Untersuchungen seien einige wichtige hier zusammengestellt. (Gleichzeitig stehen diese Aussagen in unmittelbarem Zusammenhang
mit den qualitativen Betrachtungen linearer Systeme in Kap. 7.7.) Die wesentlichen Aussagen sind:

1.  Liegen alle Eigenwerte des linearisierten Systems in der linken
    Halbebene, so ist nicht nur die Gleichgewichtslage des lineari-
    sierten Systems, sondern auch die entsprechende Gleichgewichtslage

des ursprünglichen nichtlinearen Systems asymptotisch stabil. Die letztere braucht allerdings nicht mehr stabil im großen zu sein, d.h. Bewegungen mit hinreichend kleinen Anfangsauslenkungen streben nach null, Bewegungen mit hinreichend großen Anfangsauslenkungen brauchen es nicht zu tun. Die Übereinstimmung des linearen und nichtlinearen Verhaltens ist also nur lokal, nicht global!

2. Besitzt das linearisierte System Eigenwerte in der rechten Halbebene, so sind sowohl die Gleichgewichtslagen des linearisierten Systems als auch die entsprechenden Gleichgewichtslagen des ursprünglichen nichtlinearen Systems instabil. Dabei ist die Instabilität der Ruhelage des nichtlinearen Systems auch in diesem Fall nur lokal zu verstehen, d.h. alle Trajektorien streben von der Gleichgewichtslage weg, sie brauchen aber nicht nach unendlich zu gehen.

3. Besitzt das linearisierte System Eigenwerte auf der imaginären Achse, so können aus dem Stabilitätsverhalten des linearisierten Systems keine Schlüsse auf die Stabilität der entsprechenden Gleichgewichtslage des ursprünglichen nichtlinearen Systems gezogen werden.

<u>Beispiel 7.4:</u> Gegeben sei das nichtlineare System

$$\left.\begin{aligned}
\dot{x}_1 &= x_2 + \alpha x_1(x_1^2+x_2^2) \\
\dot{x}_2 &= -x_1 + \alpha x_2(x_1^2+x_2^2)
\end{aligned}\right\} \cdot \tag{7.42}$$

Die einzige Gleichgewichtslage ist offenbar durch $x_1 = x_2 = 0$ gekennzeichnet.

Das bezüglich $x_1 = x_2 = 0$ linearisierte System

$$\left.\begin{aligned}
\dot{x}_1 &= x_2 \\
\dot{x}_2 &= -x_1
\end{aligned}\right\} \tag{7.43}$$

hat die rein imaginären Eigenwerte $s_{1,2} = \pm i$ . Somit ist die Gleichgewichtslage $x_1 = x_2 = 0$ von (7.43) (grenz)stabil. Daß man hieraus keine Schlüsse auf die Stabilität der Gleichgewichtslage $x_1 = x_2 = 0$ von (7.42) ziehen kann, beweist eine nähere Untersuchung von (7.42). Führt man in (7.42) Polarkoordinaten

$$\left.\begin{aligned}
x_1 &= r\cos\phi \\
x_2 &= r\sin\phi
\end{aligned}\right\} ,$$

ein, so bekommt man

$$\left.\begin{aligned}
\dot{r}\cos\phi - r\dot{\phi}\sin\phi &= r\sin\phi + \alpha r^3\cos\phi \\
\dot{r}\sin\phi + r\dot{\phi}\cos\phi &= -r\cos\phi + \alpha r^3\sin\phi
\end{aligned}\right\} \cdot$$

Multipliziert man die erste Gleichung mit $\cos\phi$ , die zweite mit $\sin\phi$ , so folgt nach der Addition

$$\dot{r} = \alpha r^3 \quad . \tag{7.44}$$

Die Integration liefert

$$r^2(t) = \frac{r^2(0)}{1-2\alpha r^2(0)\cdot t} \quad . \tag{7.45}$$

Für $\alpha < 0$ ist das System (7.42) asymptotisch stabil, da $r^2 \to 0$ mit $t \to \infty$ ; für $\alpha > 0$ wird dagegen $r^2$ schon in endlicher Zeit unendlich groß, d.h. (7.42) ist instabil. ∎

Die oben getroffene dritte Aussage ist der tiefere Grund dafür, daß man in der Regelungstechnik Systeme mit rein imaginären Eigenwerten als grenz-stabil und die imaginäre Achse als Stabilitätsgrenze bezeichnet. Abwei-chend von dieser (neueren) Sprachregelung werden in der klassischen Me-chanik Systeme, deren linearisierte Gleichungen rein imaginäre Eigenwer-te besitzen, als stabil bezeichnet. Man unterstellt damit, daß sich das tatsächliche nichtlineare System genau so verhält wie sein lineares Mo-dell. Dies führt häufig dazu, daß unzulässigerweise von der (Grenz-)Stabi-lität eines linearen Modells auf die Stabilität der tatsächlichen, nicht-linearen Bewegung geschlossen wird. Dieser Vorgehensweise, die verschie-dene - teilweise historische - Ursachen hat, stehen heute eine Reihe von Methoden zur qualitativen Untersuchung nichtlinearer dynamischer Systeme gegenüber, mit denen diese Schwierigkeiten vermieden werden können (vgl. auch Kap. 7.7).

## 7.6  Anwendungsbeispiel Stabilität einer Drehzahlregelung

Zur automatischen Regelung von Drehzahlen werden mindestens seit WATT (1736-1819) Fliehkraftregler eingesetzt. Sie funktionierten einwandfrei bis zur Mitte des 19. Jahrhunderts. In der zweiten Hälfte des 19. Jahr-hunderts wurden die Fliehkraftregler jedoch zunehmend unzuverlässig und versagten immer öfter den Dienst. Die Gründe für dieses plötzliche Ver-sagen eines altbewährten Gerätes erschienen so rätselhaft, daß selbst MAXWELL (1831-1879) sich dieses Problems annahm. Er erkannte sehr bald, daß die Erklärung im Stabilitätsverhalten des Fliehkraftreglers zu suchen ist, und regte ROUTH zu dessen Stabilitätskriterium an. Mit dem gleichen Problem beschäftigen sich etwas später STODOLA (1859-1942) in der Schweiz und WYSCHNEGRADSKI (1831-1895) in Rußland. Auf Anregung STODOLAS ent-stand das Stabilitätskriterium von HURWITZ. Da heute diese Stabilitäts-kriterien zur Verfügung stehen, kann die Erklärung für das Versagen der Fliehkraftregler im Rahmen eines Beispiels erarbeitet werden.

### 7.6.1  Bewegungsgleichungen

Die Funktionsweise des Fliehkraftreglers ist aus dem in Bild 7.2 schematisch dargestellten System einfach zu ersehen.

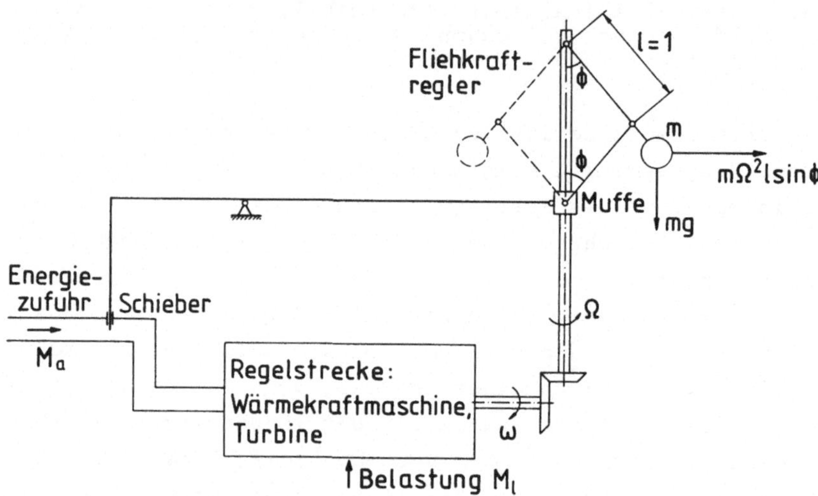


Bild 7.2  Drehzahlregelung

Die Gleichung der Regelstrecke ist

$$\theta\dot{\omega} = M_a - M_1 \quad ,$$ (7.46)

wobei $\theta$ das Trägheitsmoment der Strecke, $M_a$ das Antriebsmoment und $M_1$ das Lastmoment ist.

Für das Antriebsmoment gilt die Beziehung

$$M_a - \tilde{M}_a = k(\cos\phi - \cos\tilde{\phi}) \quad .$$ (7.47)

Hier ist $\tilde{\phi}$ die mittlere Stellung des Pendels, $\tilde{M}_a$ das entsprechende mittlere Antriebsmoment und $k$ ein Proportionalitätsfaktor, der von der Länge der Hebelarme abhängt. Die Bewegung des Fliehkraftpendels mit der Masse $m$ genügt dem Drallsatz und wird für die normierte Länge $l = 1$ durch die Gleichung beschrieben:

$$m\ddot{\phi} = m\Omega^2\sin\phi\cos\phi - mg\sin\phi - b\dot{\phi} \quad .$$ (7.48)

Dabei ist $m\Omega^2\sin\phi$ die Zentrifugalkraft, und im Reibungsmoment $-b\dot\phi$ sind näherungsweise alle durch Reibung verursachten Dämpfungseffekte zusammengefaßt. Für die Zahnradübertragung gilt

$$\Omega = n\omega \quad . \tag{7.49}$$

Nach der Elimination des Antriebsmoments $M_a$ aus (7.46) und (7.47) bzw. der Winkelgeschwindigkeit $\Omega$ aus (7.48) und (7.49) erhält man die Gleichungen

$$\theta\dot\omega = k\cos\phi - F \tag{7.50}$$

mit

$$F = k\cos\tilde\phi - \tilde M_a + M_1 \tag{7.51}$$

und außerdem

$$\ddot\phi = n^2\omega^2\sin\phi\cos\phi - g\sin\phi - \frac{b}{m}\dot\phi \quad . \tag{7.52}$$

Die Gleichungen (7.50) und (7.52) sind äquivalent dem System

$$\left.\begin{aligned}
\dot\phi &= \nu \\[4pt]
\dot\nu &= n^2\omega^2\sin\phi\cos\phi - g\sin\phi - \frac{b}{m}\nu \\[4pt]
\dot\omega &= \frac{k}{\theta}\cos\phi - \frac{F}{\theta}
\end{aligned}\right\} \quad . \tag{7.53}$$

Im stationären Zustand sei

$$\left.\begin{aligned}
\phi &= \phi_0 = \text{const} \\[4pt]
\nu &= 0 \\[4pt]
\omega &= \omega_0 = \text{const} \\[4pt]
F &= F_0 = \text{const}
\end{aligned}\right\} \quad . \tag{7.54}$$

Da die stationären Werte (7.54) den Bewegungsgleichungen (7.53) genügen, erfüllen sie die Bedingungen:

$$\left.\begin{aligned}
0 &= n^2\omega_0^2\sin\phi_0\cos\phi_0 - g\sin\phi_0 \\[4pt]
0 &= \frac{k}{\theta}\cos\phi_0 - \frac{F_0}{\theta}
\end{aligned}\right\} \quad ,$$

d.h. es ist

$$n^2\omega_0^2 = \frac{g}{\cos\phi_0} \tag{7.55}$$

und

$$\frac{F_0}{k} = \cos\phi_0 \quad . \tag{7.56}$$

Um die Bewegung in der Nähe des Gleichgewichtszustands (7.54) zu untersuchen, linearisiert man das System (7.53), indem man setzt

$$\left.\begin{aligned} \phi &= \phi_0 + \Delta\phi \\ \nu &= \Delta\nu \\ \omega &= \omega_0 + \Delta\omega \\ F &= F_0 + \Delta F \end{aligned}\right\} \quad . \tag{7.57}$$

Das linearisierte System lautet damit

$$\begin{bmatrix} \dot{\Delta\phi} \\ \dot{\Delta\nu} \\ \dot{\Delta\omega} \end{bmatrix} = \begin{bmatrix} 0 & 1 & 0 \\ n^2\omega_0^2\cos 2\phi_0 - g\cos\phi_0 & -\frac{b}{m} & n^2\omega_0\sin 2\phi_0 \\ -\frac{k}{\theta}\sin\phi_0 & 0 & 0 \end{bmatrix} \begin{bmatrix} \Delta\phi \\ \Delta\nu \\ \Delta\omega \end{bmatrix} + \begin{bmatrix} 0 \\ 0 \\ -\frac{1}{\theta} \end{bmatrix} \Delta F \quad . \tag{7.58}$$

## 7.6.2  Stabilitätsbedingungen

Die charakteristische Gleichung von (7.58) ist

$$\begin{vmatrix} s & -1 & 0 \\ -n^2\omega_0^2\cos 2\phi_0 + g\cos\phi_0 & s + \frac{b}{m} & -n^2\omega_0\sin 2\phi_0 \\ \frac{k}{\theta}\sin\phi_0 & 0 & s \end{vmatrix} = 0$$

bzw.

$$s^3 + \frac{b}{m}s^2 + (g\cos\phi_0 - n^2\omega_0^2\cos 2\phi_0)s + \frac{k}{\theta}n^2\omega_0\sin\phi_0\sin 2\phi_0 = 0 \quad .$$

Unter Berücksichtigung von (7.55) erhält man endgültig:

$$s^3 + \frac{b}{m}s^2 + g\frac{\sin^2\phi_0}{\cos\phi_0}s + \frac{2kg}{\theta\omega_0}\sin^2\phi_0 = 0 \quad . \tag{7.59}$$

Da die Koeffizienten der charakteristischen Gleichung (7.59) positiv
sind, existiert nur eine wesentliche Stabilitätsbedingung, nämlich

$$\frac{b}{m} \cdot g\frac{\sin^2\phi_0}{\cos\phi_0} - \frac{2kg}{\theta\omega_0}\sin^2\phi_0 > 0 \quad .$$

Mit (7.56) ergibt sich schließlich die recht übersichtliche Bedingung

$$\frac{b\theta}{mF_0} > \frac{2}{\omega_0} \quad . \tag{7.60}$$

### 7.6.3 Diskussion

Aus der Stabilitätsbedingung (7.60) sieht man sofort, daß für die Stabilität der Drehzahlregelung folgende Faktoren schädlich sind:

Verkleinerung des Reibungskoeffizienten $b$ ,

Verkleinerung des Trägheitsmoments $\theta$ ,

Vergrößerung der Masse $m$ ,

Vergrößerung des in $F_0$ enthaltenen stationären (mittleren)
Lastmoments $M_{l0}$ .

Damit erklärt sich aber sehr einfach, daß das Versagen der Drehzahlrege-
lungen in der zweiten Hälfte des 19. Jahrhunderts eine zwar unerwartete,
aber logische Folge des technischen Fortschrittes war: die verbesserte
Oberflächenqualität verkleinerte den Reibungskoeffizienten $b$ , aufgrund
höherer Festigkeiten konnte das Trägheitsmoment $\theta$ der Wellen reduziert
werden, die vergrößerten Anlagen hatten größere Schieber (vgl. Bild 7.2)
und benötigten daher größere Massen $m$ für die Fliehkraftpendel, und
schließlich entsprach den größeren Anlagen auch ein größeres Belastungs-
moment $M_{l0}$ bzw. ein größeres $F_0$ .


## 7.7 Qualitative Betrachtung linearer Systeme

Zum Abschluß dieses Kapitels soll noch ein kurzer Einblick in die Methoden zur qualitativen Untersuchung dynamischer Systeme gewährt werden, die
für lineare, vor allen Dingen aber für nichtlineare Systeme entwickelt
worden sind und die heute zunehmend an Bedeutung gewinnen. Die Betrachtungen beschränken sich dabei auf lineare Systeme zweiter Ordnung, da
hier eine besonders anschauliche Deutung in der Zustandsebene möglich
ist.

### 7.7.1  Betrachtung in Normalkoordinaten

Betrachtet wird das lineare System

$$\left.\begin{aligned}\dot{x}_1 &= ax_1 + bx_2 \\[4pt] \dot{x}_2 &= cx_1 + dx_2\end{aligned}\right\} \; , \tag{7.61}$$

mit der Systemmatrix

$$A = \begin{bmatrix} a & b \\ c & d \end{bmatrix} \; . \tag{7.62}$$

Diesem System entspricht für $a = 0$ und $b = 1$ der klassische lineare
Schwinger. Die Gleichgewichtslagen (Ruhelagen, Singularitäten) bestimmt
man aus $\dot{x}_1 = \dot{x}_2 = 0$

$$\left.\begin{aligned}ax_1^0 + bx_2^0 &= 0 \\[4pt] cx_1^0 + dx_2^0 &= 0\end{aligned}\right\} \; . \tag{7.63}$$

Also entscheidet bekanntlich die Determinante von $A$

$$\Delta = \begin{vmatrix} a & b \\ c & d \end{vmatrix} \tag{7.64}$$

über die Gleichgewichtslagen von (7.61) (vgl. Kap. 7.1).

Ist $\Delta \neq 0$ , so ist $x_1^0 = x_2^0 = 0$ die einzige, isolierte Gleichgewichtslage.
Ist $\Delta = 0$ , so füllen die Gleichgewichtslagen die Gerade $ax_1^0 + bx_2^0 = 0$ .

Die charakteristische Gleichung lautet

$$s^2 - (a+d)s + ad - bc = 0$$

bzw.

$$s^2 - \sigma s + \Delta = 0 \; , \tag{7.65}$$

und damit sind die Eigenwerte

$$s_{1,2} = \frac{\sigma}{2} \pm \sqrt{\frac{\sigma^2}{4} - \Delta} \; . \tag{7.66}$$

Hierbei ist (vgl. Gl. (7.7), (7.8))

$$\left.\begin{aligned}
\sigma &= s_1 + s_2 = a + d = \mathrm{Sp}A \\
\Delta &= s_1 \cdot s_2 = ad - bc = \det A
\end{aligned}\right\} . \tag{7.67}$$

Da bei einer linearen Transformation die charakteristische Gleichung –
und damit die Eigenwerte – erhalten bleiben, stehen die *physikalischen
Eigenschaften* des Systems *nicht in der Systemmatrix* $A$ , sondern in den
*invarianten Größen* $\sigma, \Delta$ *bzw.* $s_1, s_2$ (vgl. Kap. 6.3.1)! Daher soll das
System (7.61) durch eine Ähnlichkeitstransformation

$$\underline{y} = L\underline{x} \tag{7.68}$$

auf Normalform gebracht werden. Diese Transformation entspricht einer
gleichzeitigen Drehung und Streckung, ohne die topologische Struktur von
(7.61) zu ändern. In den Normalkoordinaten $y_1, y_2$ lassen sich – abhängig von den Eigenwerten $s_1, s_2$ – verschiedene Fälle unterscheiden und
die zugehörigen Zustandskurven in den entsprechenden *Phasenportraits*
darstellen.

Fall I: Reelle Eigenwerte $s_1, s_2$; $s_1 \neq s_2$ :
In Normalkoordinaten hat das System (7.61) mit der transformierten Systemmatrix

$$L^{-1}AL = \begin{bmatrix} s_1 & 0 \\ 0 & s_2 \end{bmatrix} \tag{7.69}$$

die Gestalt

$$\left.\begin{aligned}
\dot{y}_1 &= s_1 y_1 \\
\dot{y}_2 &= s_2 y_2
\end{aligned}\right\} . \tag{7.70}$$

Für die Zustandskurven (Trajektorien) folgt aus (7.70) die Differentialgleichung

$$\frac{dy_2}{dy_1} = \frac{s_2 y_2}{s_1 y_1} \tag{7.71}$$

und daraus die Gleichung der Zustandskurven

$$y_2 = C y_1^{\frac{s_2}{s_1}} \tag{7.72}$$

Nach den Vorzeichen von $s_1$ und $s_2$ sind zwei Unterfälle zu unterscheiden:

**Fall Ia:** $s_1 s_2 > 0$ :

Die Zustandskurven sind Parabeln, die topologische Bezeichnung für die Gleichgewichtslage heißt *Knoten*. Das Phasenportrait zeigt Bild 7.3a. Ist $s_1 < 0$, $s_2 < 0$ , so ist die Gleichgewichtslage asymptotisch stabil, und man spricht von einem *stabilen Knoten*. Falls $s_1 > 0$, $s_2 > 0$ , so ist die Gleichgewichtslage instabil, und man spricht von einem *instabilen Knoten*.

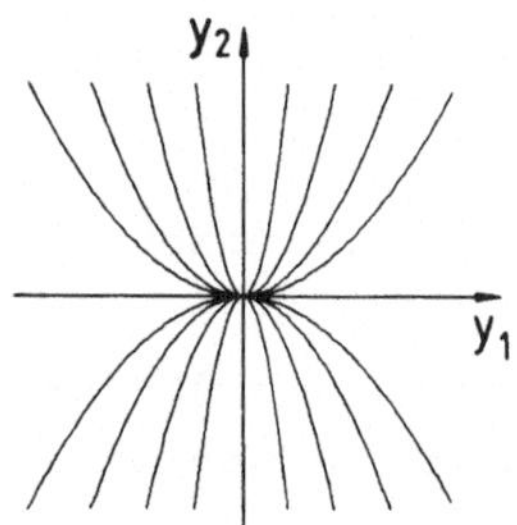


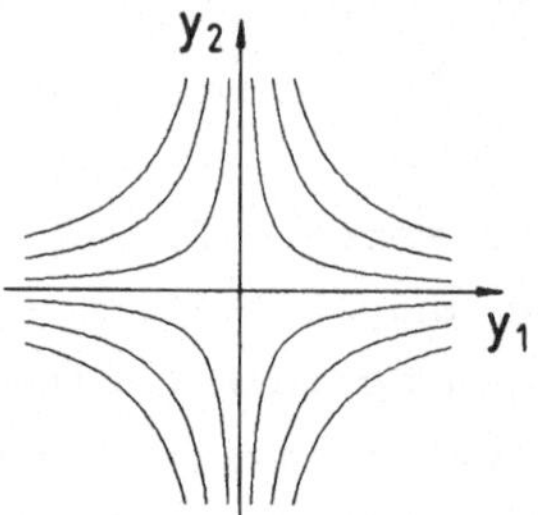


a) $s_1 s_2 > 0$ : Knoten          b) $s_1 s_2 < 0$ : Sattel

Bild 7.3   Phasenportraits in Normalkoordinaten

**Fall Ib:** $s_1 s_2 < 0$ :

Die Zustandskurven sind Hyperbeln und die - immer instabile - Gleichgewichtslage heißt *Sattel* (Bild 7.3b). (Der Sonderfall $s_1 s_2 = 0$ wird in Kap. 7.7.2 besprochen.)

**Fall II: Reelle Eigenwerte $s_1$, $s_2$; $s_1 = s_2 = s$ :**

Aufgrund des doppelten Eigenwertes gibt es für die Gestalt der Systemmatrix $L^{-1}AL$ zwei Möglichkeiten:

$$L^{-1}AL = \begin{bmatrix} s & 0 \\ 0 & s \end{bmatrix} , \qquad (7.73)$$

$$L^{-1}AL = \begin{bmatrix} s & 1 \\ 0 & s \end{bmatrix} . \qquad (7.74)$$

Die zu (7.73) gehörenden Zustandskurven sind Geraden, während aufgrund der Ordnung $l = 2$ des Elementarteilers in (7.74) und der dadurch bedingten teilweisen Koppelung der Differentialgleichungen die hierzu gehörenden Zustandskurven einen komplizierteren Aufbau haben (vgl. Kap. 6.3.4). In beiden Fällen bezeichnet man die Gleichgewichtslage als *entarteten Knoten*. Die Phasenportraits sind in Bild 7.4 dargestellt. Je nachdem, ob  s < 0  oder  s > 0  gilt, ist der entartete Knoten asymptotisch stabil oder instabil. (Der Sonderfall  s = 0  wird in Kap. 7.7.2 besprochen.)

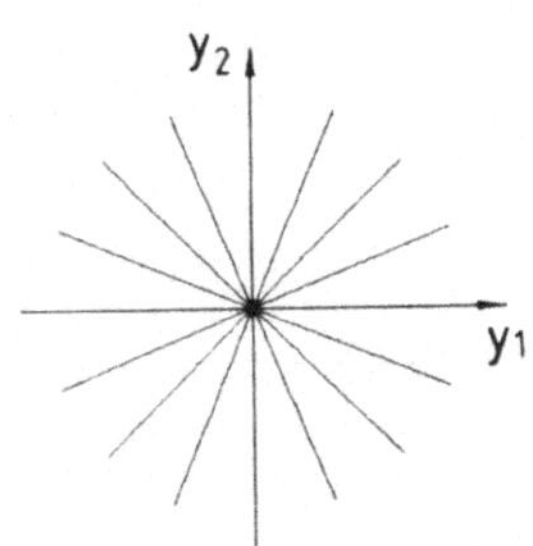

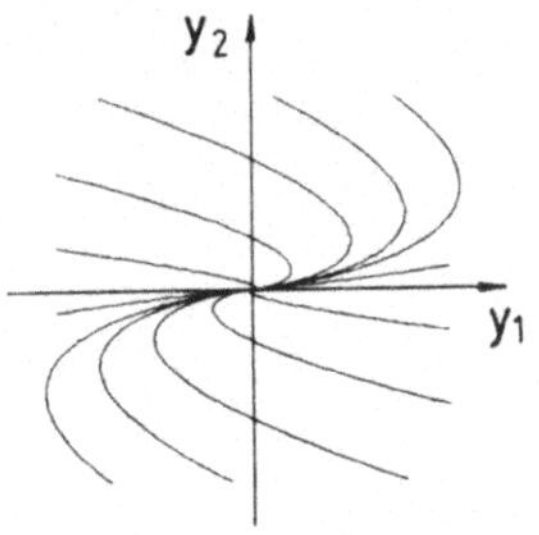

a) entarteter Knoten (7.73)          b) entarteter Knoten (7.74)

Bild 7.4   Phasenportraits in Normalkoordinaten: $s_1 = s_2$ , reell


**Fall III: Konjugiert komplexe Eigenwerte   $s_{1,2} = \alpha \pm i\beta,\ \beta \neq 0$**

Die Normalform von (7.61) ist dann

$$\left.\begin{aligned}
\dot{y}_1 &= \alpha y_1 - \beta y_2 \\[2mm]
\dot{y}_2 &= \beta y_1 + \alpha y_2
\end{aligned}\right\}$$

wegen

$$L^{-1}AL = \begin{bmatrix} \alpha & -\beta \\ \beta & \alpha \end{bmatrix} \ .$$

Nach Transformation auf Polarkoordinaten  $r, \phi$  ergibt sich offenbar für die Zustandskurven

$$\left.\begin{aligned}
\phi &= \beta t + \phi_0 \\[2mm]
r &= r_0 e^{\frac{\alpha}{\beta}(\phi - \phi_0)}
\end{aligned}\right\} \ .$$

Für  $\alpha \neq 0$  sind die Zustandskurven logarithmische Spiralen, die Gleichgewichtslage wird als *Strudel* bezeichnet, und der Strudel ist für  $\alpha < 0$

(asymptotisch) *stabil* bzw. für $\alpha > 0$ *instabil*. Schließlich werden aus
den Spiralen für $\alpha = 0$ konzentrische Kreise und man bezeichnet die (stabile) Gleichgewichtslage als *Wirbel* (Bild 7.5).

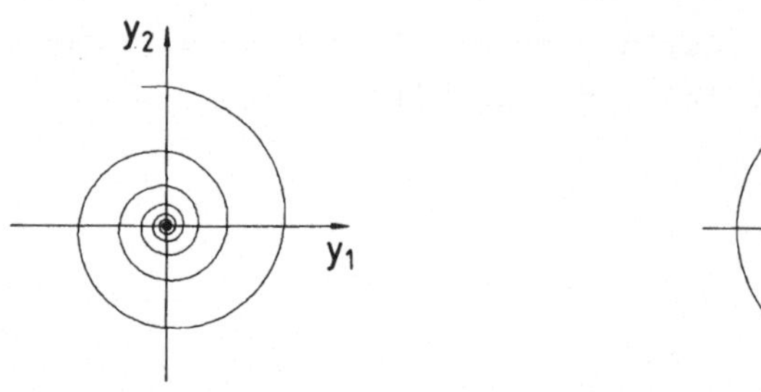
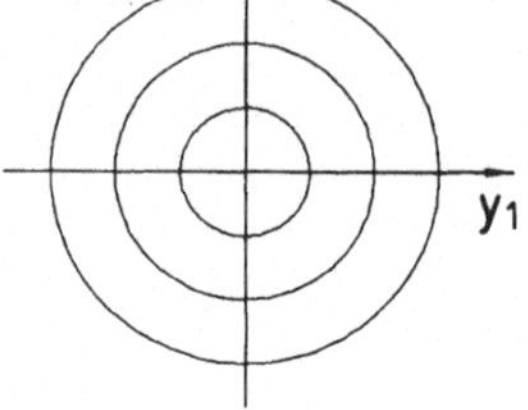

a) $\alpha \neq 0$ : Strudel                 b) $\alpha = 0$ : Wirbel

Bild 7.5  Phasenportraits in Normalkoordinaten: $s_1$, $s_2$ komplex


## 7.7.2  Klassifikation linearer Systeme zweiter Ordnung

Mit den Betrachtungen in Normalkoordinaten sind die Voraussetzungen geschaffen, eine vollständige Klassifizierung linearer Systeme zweiter Ordnung hinsichtlich ihrer Struktur vorzunehmen, da bei der Rücktransformation auf die ursprünglichen Koordinaten $x_1$, $x_2$ die topologische Struktur der Zustandskurven nicht verändert wird: sie werden lediglich einer
gleichzeitigen Streckung und Drehung unterworfen. Gegenüber dem vorhergehen-
henden Abschnitt sollen die Fallunterscheidungen noch etwas verfeinert
werden. Gleichzeitig mit den Zustandskurven, deren Durchlaufsinn mit ein-
gezeichnet ist, wird die Lage der Eigenwerte in der komplexen Ebene angegeben. Sämtliche Abbildungen sind tabellarisch in Bild 7.6 zusammengestellt.

### Reelle Eigenwerte $s_1$, $s_2$

① $s_1 s_2 \geq 0$, $s_1 \neq s_2$, $s_2 > s_1$, $(\Delta > 0, \sigma^2 > 4\Delta)$: Für $s_1 < 0$, $s_2 < 0$
ist die Gleichgewichtslage ein asymptotisch stabiler Knoten; für $s_1 > 0$,
$s_2 > 0$ ein instabiler Knoten (Fall Ia in Normalkoordinaten).


② $s_1 s_2 \geq 0$, $s_1 = s_2$, $(\Delta > 0, \sigma^2 = 4\Delta)$: Für $s_1 < 0$ ist die Gleichgewichtslage ein asymptotisch stabiler entarteter Knoten, für $s_1 > 0$ ein
instabiler entarteter Knoten (Fall II in Normalkoordinaten).


③ $s_1 s_2 \leq 0$, $s_2 \geq s_1$, $(\Delta < 0, \sigma^2 > 4\Delta)$: Die Gleichgewichtslage ist ein -
instabiler - Sattel (Fall Ib in Normalkoordinaten).

④ $s_1 s_2 = 0$ , ($\Delta = 0$): Hier existieren die drei Möglichkeiten

a) $s_1 < 0$ , $s_2 = 0$ ,

b) $s_1 = 0$ , $s_2 > 0$ ,

c) $s_1 = s_2 = 0$ ,

| Fall | Eigenwerte | Phasenportrait | Bezeichnung |
|---|---|---|---|
| ① | 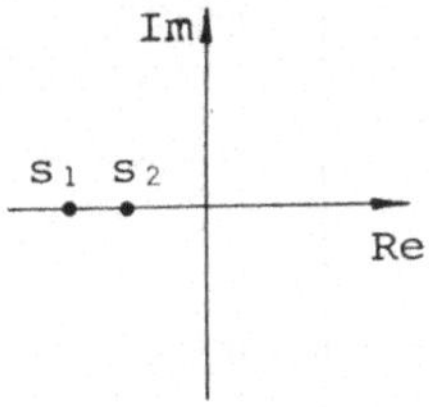  | 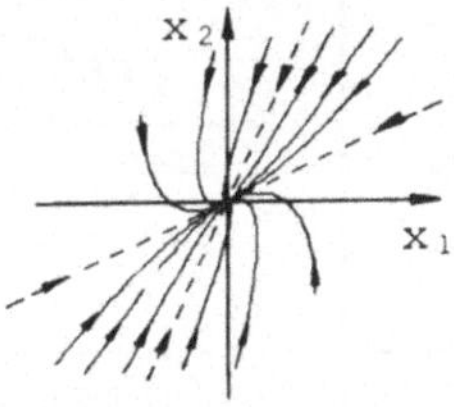  | stabiler Knoten |
| | 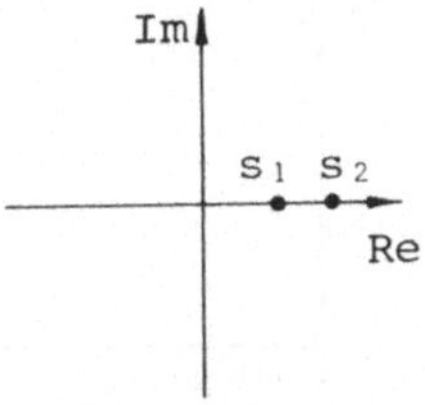  | 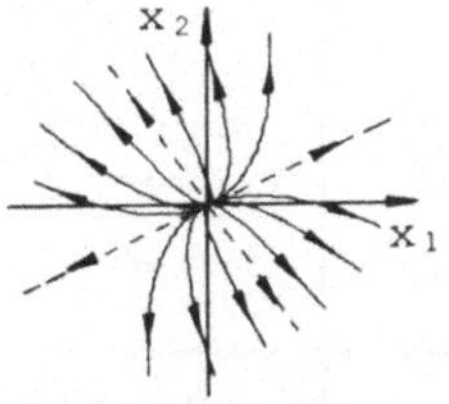  | instabiler Knoten |
| ② | 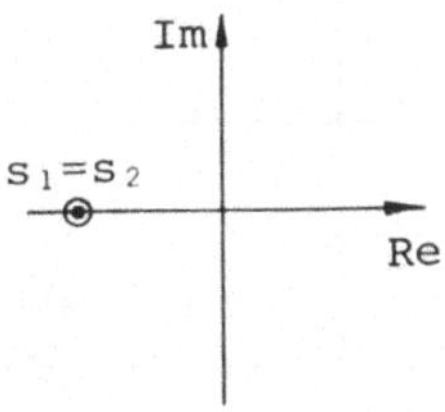  | 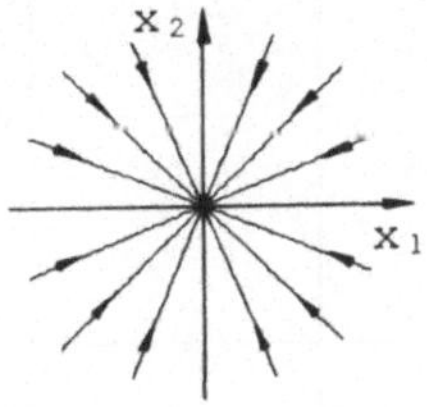  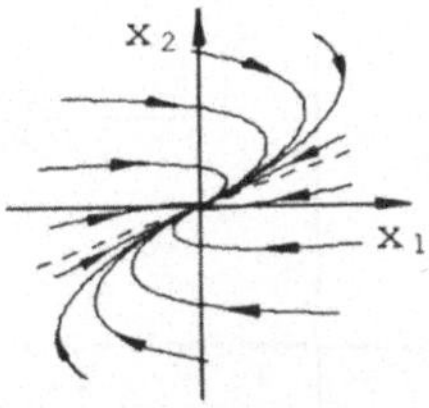  | entartete stabile Knoten |
| ③ | 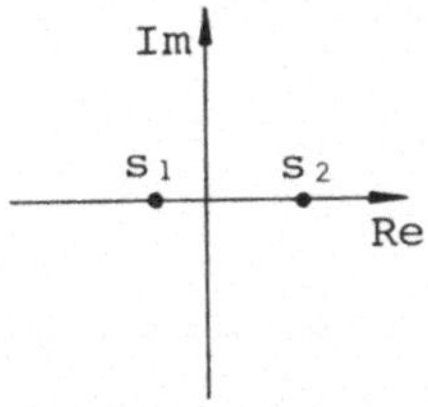  | 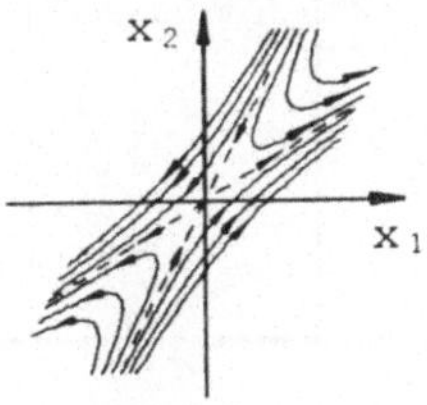  | Sattel |

Bild 7.6 Klassifizierung linearer Systeme zweiter Ordnung

<table>
<tr><th>Fall</th><th>Eigenwerte</th><th>Phasenprotrait</th><th>Bezeichnung</th></tr>
<tr><td rowspan="3">4</td><td>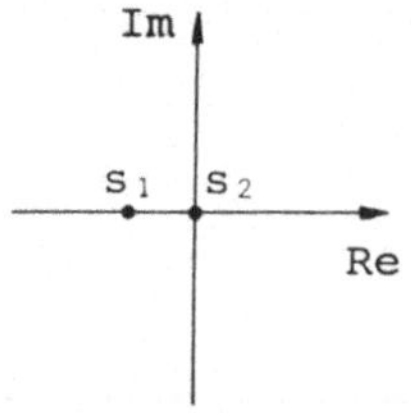</td><td>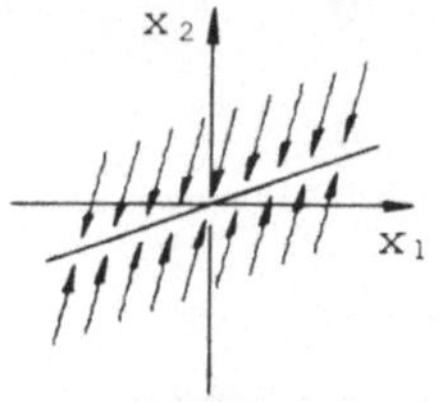</td><td rowspan="3">nicht isolierte Gleichgewichts-lagen</td></tr>
<tr><td>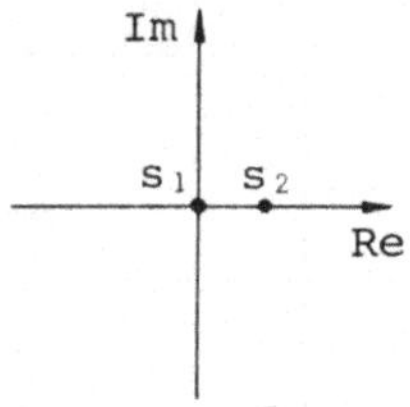</td><td>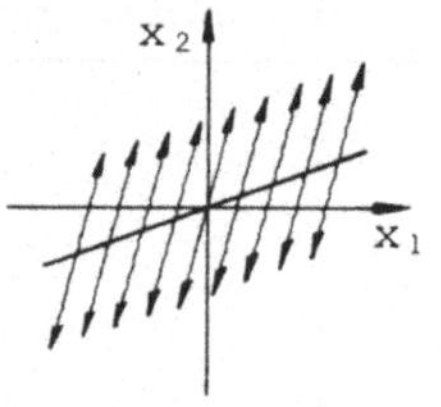</td></tr>
<tr><td>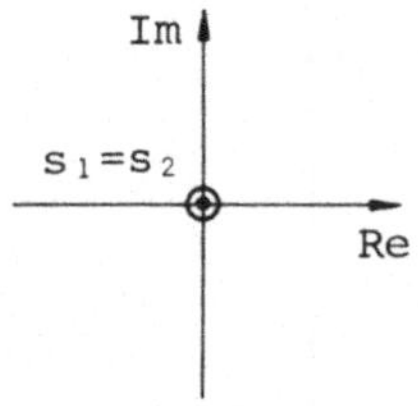</td><td>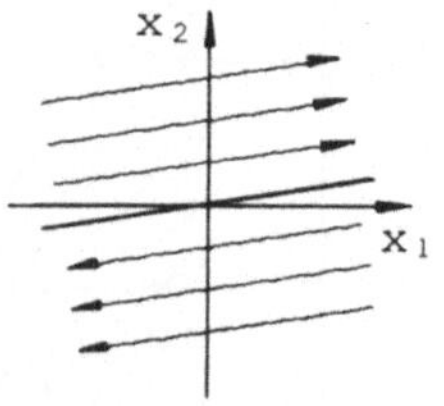</td></tr>
<tr><td rowspan="2">5</td><td>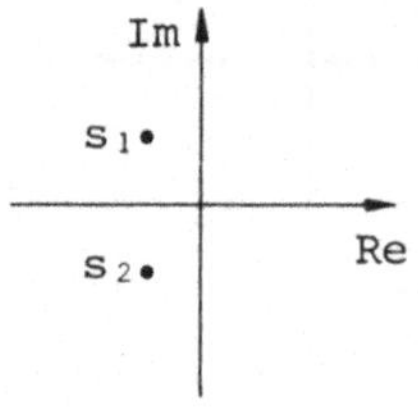</td><td>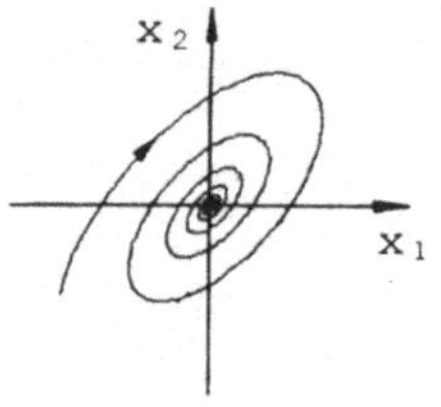</td><td>stabiler Strudel</td></tr>
<tr><td>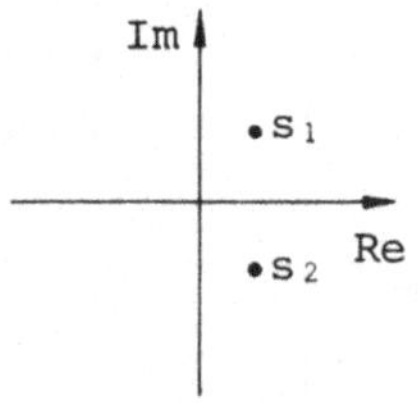</td><td>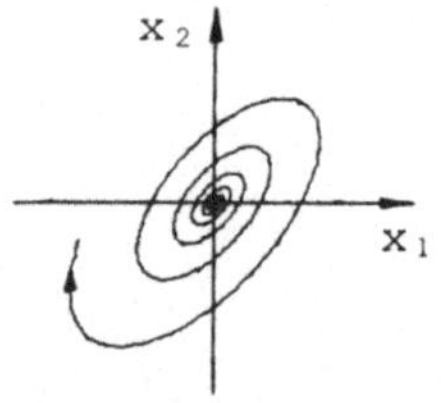</td><td>instabiler Strudel</td></tr>
<tr><td>6</td><td>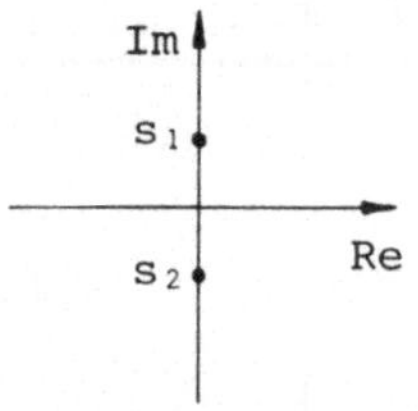</td><td>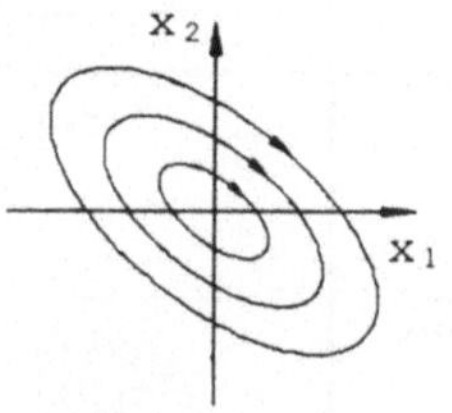</td><td>Wirbel</td></tr>
</table>

Bild 7.6 (Fortsetzung)

mit der gemeinsamen Eigenschaft, daß diese Systeme jeweils nicht mehr
eine einzelne, sogenannte *isolierte Gleichgewichtslage* besitzen, sondern
unendlich viele, sogenannte *nicht isolierte Gleichgewichtslagen*.

In den Fällen a) und b) füllen die Gleichgewichtslagen eine Gerade, und
die Zustandskurven sind ebenfalls Geraden. Im Fall a) sind die Gleichgewichtslagen stabil, im Fall b) instabil. Im Fall c) entscheidet wieder
die Ordnung $l$ der Elementarteiler weiter. Für $l = 1$ füllen die
Gleichgewichtslagen die gesamte Zustandsebene, während für $l = 2$ die
Gleichgewichtslagen eine Gerade füllen und die Zustandskurven dazu pa-
rallele Geraden sind.

<u>Konjugiert komplexe Eigenwerte</u>  $s_{1,2} = \alpha \pm i\beta,\ \beta \neq 0$

⑤ $\alpha \neq 0,\ (\Delta > 0,\ \sigma^2 < 4\Delta)$ : Für $\alpha < 0$ ist die Gleichgewichtslage ein
asymptotisch stabiler Strudel, für $\alpha > 0$ ein instabiler Strudel (Fall
III in Normalkoordinaten).

⑥ $\alpha = 0,\ s_{1,2} = \pm i\beta,\ (\Delta > 0,\ \sigma = 0)$ : Die Gleichgewichtslage ist ein
stabiler Wirbel. Die Zustandskurven hierzu sind konzentrische Ellipsen
(Fall III in Normalkoordinaten).

Als typische Eigenschaft für das lineare System zweiter Ordnung bleibt
festzuhalten: Für ein fest gegebenes System sind alle Zustandskurven vom
selben Typ. Sie werden in derselben Richtung durchlaufen und füllen die
gesamte Zustandsebene. Es gibt also entweder nur im Uhrzeigersinn durchlaufene Ellipsen oder nur einlaufende Spiralen oder nur im Gegenuhrzeiger-
sinn durchlaufene Ellipsen, usw..

### 7.7.3  <u>Strukturstabilität linearer Systeme zweiter Ordnung</u>

Die im vorangehenden Abschnitt gewonnenen Aussagen lassen sich in der von
den beiden Invarianten $\Delta$ und $\sigma$ aufgespannten Ebene veranschaulichen.
Jeder Punkt $(\Delta, \sigma)$ repräsentiert ein lineares dynamisches System (bis
auf eine Ähnlichkeitstransformation) und die oben diskutierten sechs Fälle spiegeln sich in der $\Delta, \sigma$-Ebene als Gebiete bzw. als Kurven wieder,
die verschieden zu interpretieren sind (Bild 7.7):

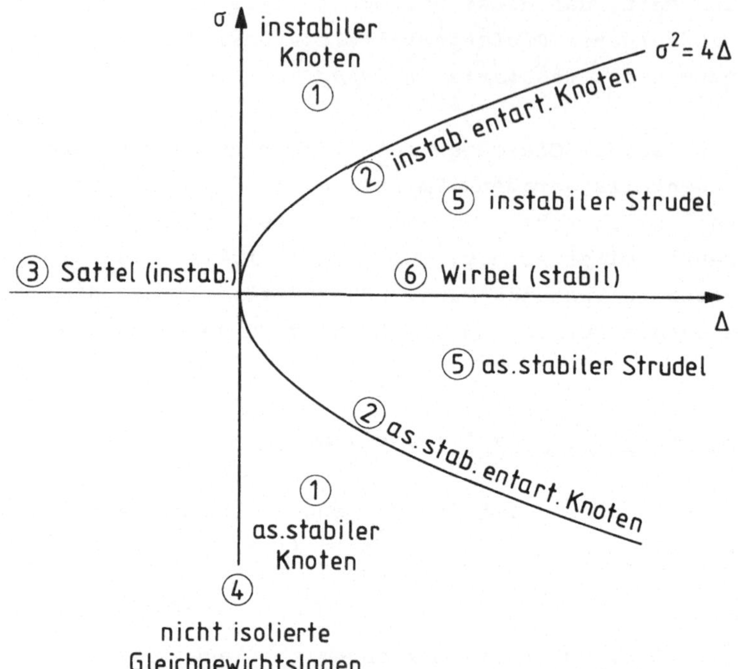


Bild 7.7  Deutung der Strukturstabilität in der $\Delta\sigma$-Ebene

1. Die Fälle ① , ③ , ⑤ , d.h. Knoten, Sattel, Strudel überdecken
   ganze Gebiete. Kleine Änderungen der Parameter a, b, c, d des Systems (7.61), denen kleine Änderungen der Invarianten $\Delta$, $\sigma$ und
   damit der Eigenwerte $s_1$, $s_2$ entsprechen, ändern das Bewegungsverhalten des Systems nicht: Knoten bleibt Knoten, Sattel bleibt Sattel, Strudel bleibt Strudel.

2. Die Fälle ② , ④ , ⑥ , d.h. entartete Knoten, nicht isolierte
   Gleichgewichtslagen, Wirbel füllen Kurven. Bei kleinen Änderungen
   der Parameter a, b, c, d werden diese Kurven verlassen und das
   Bewegungsverhalten geht in die Fälle ① , ③ , ⑤ - also Knoten,
   Sattel, Strudel - über.

Diese Übergänge sind unterschiedlich zu bewerten und in Bild 7.8 auszugs-
weise dargestellt.

| Übergang | Stabilitätsverhalten |
| --- | --- |
| ② ⟶ ① / ⑤ | asymptotisch stabil (bleibt erhalten) |
| ② ⟶ ① / ⑤ | instabil (bleibt erhalten) |
| ④ ⟶ ③ | stabil → instabil |
| ④ ⟶ ① | stabil → asympt.stabil |
| ④ ⟶ ③ | instabil → instabil |
| ④ ⟶ ① | instabil → instabil |
| ⑥ ⟶ ⑤ | stabil → asympt.stabil |
| ⑥ ⟶ ⑤ | stabil → instabil |

Bild 7.8  Übergänge im Stabilitätsverhalten

② → ①, ⑤ : Der entartete Knoten ② kann entweder in einen Knoten ① oder in einen Strudel ⑤ übergehen, wobei beim Übergang das Stabilitätsverhalten der Bewegung nicht verändert wird: für $\sigma < 0$ bleibt die Bewegung stabil, für $\sigma > 0$ instabil. Da die Systeme keine grundsätzliche Änderung des Verhaltens erfahren, ist *die Struktur der Zustandsebene von* ①, ②, ⑤ *topologisch dieselbe.*

④ → ③, ① : Die nicht isolierte Gleichgewichtslage ④ kann entweder in einen Sattel ③ oder in einen Knoten ① übergehen. Dabei kann eine grundlegende Änderung des Bewegungsverhaltens erfolgen. Für $\sigma < 0$ geht die stabile Bewegung bei ④ entweder in die instabile Bewegung bei ③ oder in die asymptotisch stabile Bewegung bei ① über; für $\sigma > 0$ können die Übergänge von instabil bei ④ in instabil bei ③ oder in instabil bei ① erfolgen. Bei diesen Übergängen kann also eine grundsätzliche Änderung des Verhaltens erfolgen, d.h. *die Struktur der Zustandsebene von* ①, ③, ④ *ist topologisch unterschiedlich.*

⑥ → ⑤ : Der stabile Wirbel ⑥ kann entweder in einen asymptotisch stabilen Strudel ⑤ ($\sigma<0$) oder in einen instabilen Strudel ⑤ ($\sigma>0$) übergehen, so daß auch hier eine grundsätzliche Änderung des Bewegungsverhaltens erfolgt und damit *die Struktur der Zustandsebene von* ⑤ *und* ⑥ *topologisch unterschiedlich* ist.

Damit kann man folgende Unterteilung der Systeme und Gleichgewichtslagen vornehmen:

Knoten ①, entartete Knoten ②, Sattel ③, Strudel ⑤ heißen *strukturstabil,*

nicht isolierte Gleichgewichtslagen ④, Wirbel ⑥ heißen *strukturinstabil.*

Strukturstabile lineare Systeme haben nur isolierte Gleichgewichtslagen. Sie haben keine Gleichgewichtslagen mit rein imaginären Eigenwerten oder mit Eigenwert null.

Bei den Übergängen

$$
\begin{array}{ll}
④ \nearrow ③ & ⑥ \nearrow ⑤ \quad \text{(asymptotisch stabil)} \\
\phantom{④} \searrow ① & \phantom{⑥} \searrow ⑤ \quad \text{(instabil)}
\end{array}
$$

findet eine *Verzweigung* oder *Bifurkation* der Lösung statt.

Nur für lineare zeitinvariante Systeme ist es möglich, das Stabilitäts-
problem auf das einfache Schema "asymptotisch stabil - fraglich - instabil" zu reduzieren. Bei nichtlinearen Systemen zwingt die sehr viel größere Anzahl der Möglichkeiten zu sehr viel schärferen Definitionen und zu
sehr viel komplizierteren Verfahren.

# 8 Lösung und Stabilität linearer holonomer Systeme

In den Kapiteln 6 und 7 wurden Verfahren zur Lösung und Stabilitätsprüfung allgemeiner linearer zeitinvarianter Systeme behandelt. Es ist selbstverständlich, daß für spezielle Systemklassen andere - weniger allgemein gültige - Verfahren sich als geeigneter erweisen können. Zu solchen speziellen Methoden gehört insbesondere die Methode der klassischen Theorie der kleinen Schwingungen holonomer mechanischer Systeme. Daneben existieren etwa die Frequenzverfahren der Theorie der linearen Übertragungssysteme, die in der Regelungstechnik verwendet werden, die aber hier nicht behandelt werden sollen.

Die Theorie der kleinen Schwingungen war in ihren Ansätzen bereits LAGRANGE bekannt. Ihre wesentlichsten Ergebnisse stammen aus der zweiten Hälfte des vorigen Jahrhunderts. Die Matrizenschreibweise wurde erstmals in den dreißiger Jahren von DUNCAN eingeführt.

## 8.1 Kleine Schwingungen konservativer Systeme

### 8.1.1 Bewegungsgleichungen

Ein konservatives System wurde in Kapitel 3.6 als skleronomes System im stationären Potentialfeld vorgestellt. Der Vektor der verallgemeinerten Koordinaten, der das System beschreibt, sei

$$
\underline{q} = \begin{bmatrix} q_1 \\ \vdots \\ q_n \end{bmatrix} , \tag{8.1}
$$

das System habe die Gleichgewichtslage

$$
\underline{q} = \underline{0} . \tag{8.2}
$$

Die kinetische Energie eines konservativen Systems ist eine quadratische
Form und kann nach Gl. (3.84) angeschrieben werden als

$$T = \frac{1}{2}\dot{\underline{q}}^{*} A(\underline{q})\,\dot{\underline{q}} \quad . \tag{8.3}$$

Entwickelt man die Koeffizientenmatrix  $A(\underline{q})$  (vgl. Gl. (3.82)) in der Umgebung der Gleichgewichtslage  $\underline{q} = \underline{0}$  in eine Potenzreihe

$$A(\underline{q}) = A(\underline{0}) + \left.\frac{\partial A}{\partial \underline{q}}\right|_{\underline{q}=\underline{0}} \underline{q} + \dots \quad , \tag{8.4}$$

so kann diese Reihe bereits nach dem ersten Glied abgebrochen werden, da
die folgenden Glieder in der kinetischen Energie zu Termen dritter und
höherer Ordnung in  $\underline{q}$, $\dot{\underline{q}}$  führen, während für die linearisierten Bewegungsgleichungen nur Terme bis zur zweiten Ordnung zu berücksichtigen
sind. Damit wird

$$T = \frac{1}{2}\dot{\underline{q}}^{*} M\dot{\underline{q}} \quad , \tag{8.5}$$

wobei

$$M = A(\underline{0}) \tag{8.6}$$

die sogenannte *Massenmatrix* oder *Trägheitsmatrix* ist mit folgenden Eigenschaften:  M  ist konstant, symmetrisch  $(M=M^{*})$  und positiv-definit. So-
mit ist die kinetische Energie für kleine Auslenkungen  $\underline{q}$, $\dot{\underline{q}}$  eine positiv-definite quadratische Form in den verallgemeinerten Geschwindigkeiten
$\dot{\underline{q}}$  (vgl. Gl. (3.85)).

Die potentielle Energie eines konservativen Systems hängt nur von  $\underline{q}$  ab,
so daß auch hier eine Potenzreihenentwicklung in der Umgebung von  $\underline{q} = \underline{0}$
angesetzt werden kann:

$$U = U(\underline{q}) = U(\underline{0}) + \left.\frac{\partial U}{\partial \underline{q}}\right|_{\underline{q}=\underline{0}} \underline{q} + \frac{1}{2}\underline{q}^{*} \left.\frac{\partial^{2} U}{\partial \underline{q}^{2}}\right|_{\underline{q}=\underline{0}} \underline{q} + \dots \quad . \tag{8.7}$$

Die Reihe kann aus denselben Gründen wie oben nach dem dritten Glied abgebrochen werden. Das erste Glied kann durch entsprechende Wahl des Null-
niveaus der potentiellen Energie gleich null gesetzt werden. Im zweiten
Glied entspricht der Ausdruck  $\left.\frac{\partial U}{\partial \underline{q}}\right|_{\underline{q}=\underline{0}}$  den verallgemeinerten Kräften in
der Ruhelage; nach den Gleichgewichtsbedingungen gilt aber gerade:

$$\left.\frac{\partial U}{\partial \underline{q}}\right|_{\underline{q}=\underline{0}} = -\underline{Q}(\underline{0}) = 0 \quad . \tag{8.8}$$

Im verbleibenden dritten Glied ist

$$\left.\frac{\partial^2 U}{\partial \underline{q}^2}\right|_{\underline{q}=\underline{0}} = P \tag{8.9}$$

die sogenannte *Steifigkeitsmatrix*, *Rückstellmatrix* oder *Fesselungsmatrix*.
Damit gilt:

$$U = \frac{1}{2}\underline{q}^{*} P \underline{q} \quad . \tag{8.10}$$

Die Matrix  P  hat folgende Eigenschaften: sie ist konstant und symmetrisch  $(P=P^{*})$ . Wegen (8.8) ist die potentielle Energie  U  in der
Gleichgewichtslage  $\underline{q} = \underline{0}$  extremal. Dabei hat  U  ein strenges Minimum,
wenn die Matrix  P  positiv-definit ist;  U  hat ein strenges Maximum,
falls  P  negativ-definit ist. Mit Hilfe der LAGRANGE-Funktion

$$L = T - U = \frac{1}{2}\underline{\dot{q}}^{*} M \underline{\dot{q}} - \frac{1}{2}\underline{q}^{*} P \underline{q} \tag{8.11}$$

erhält man schließlich die linearisierten Bewegungsgleichungen eines
konservativen Systems (vgl. hierzu auch Gl. (3.88)) als

$$M\underline{\ddot{q}} + P\underline{q} = \underline{0} \quad . \tag{8.12}$$

<u>Beispiel 8.1:</u> Zwei gleiche homogene Stabpendel (Länge  a , Masse  3m )
sind über gleiche Federn (Federkonstante  c ) mit der Achse eines Rades
verbunden, das auf einer horizontalen Unterlage rollt. Das Rad ist homo-
gen (Radius  r , Masse  m ), und auf seiner Lauffläche ist zusätzlich
eine  Punktmasse  m  befestigt (Bild 8.1). Das konservative System läßt
sich dann offenbar durch die verallgemeinerten Koordinaten

$$\underline{q} = \begin{bmatrix} \phi \\ \psi \\ \theta \end{bmatrix} \tag{8.13}$$

beschreiben. In der Gleichgewichtslage  $\underline{q} = \underline{0}$  liegen die beiden Federn
gerade horizontal.

Für die kinetische Energie gilt allgemein

$$T = \frac{1}{2}ma^2\dot{\phi}^2 + \frac{1}{2}ma^2\dot{\psi}^2 + \frac{1}{2}mr^2(\frac{7}{2}+2\cos\theta)\dot{\theta}^2$$

und in der Umgebung der Gleichgewichtslage mit  $\cos\theta \approx 1$ :

$$T = \frac{1}{2}ma^2\dot{\phi} + \frac{1}{2}ma^2\dot{\psi}^2 + \frac{11}{4}mr^2\dot{\theta}^2 = \frac{1}{2}\underline{\dot{q}}^{*} M \underline{\dot{q}} \quad . \tag{8.14}$$

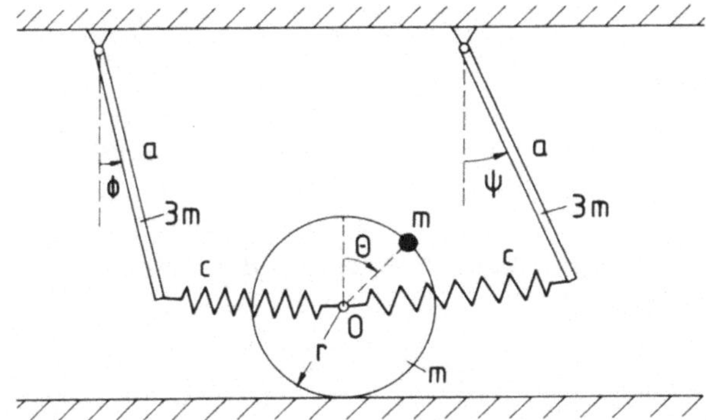


Bild 8.1  Holonomes System mit drei Freiheitsgraden


Damit folgt sofort für die Massenmatrix:

$$M = \begin{bmatrix} ma^2 & 0 & 0 \\ 0 & ma^2 & 0 \\ 0 & 0 & \frac{11}{2}mr^2 \end{bmatrix} \quad . \tag{8.15}$$

Für die potentielle Energie ergibt sich – unter der Annahme, daß die Federn näherungsweise horizontal bleiben

$$U = \frac{3}{2}mga(2-\cos\phi-\cos\psi) + mgr(\cos\theta-1) + \frac{1}{2}c\left[(r\theta-a\phi)^2 + (a\psi-r\theta)^2\right] \quad .$$

Mit der Näherung $\cos x \approx 1 - \frac{1}{2}x^2$ läßt sich daraus die Steifigkeitsmatrix $P$ bilden:

$$P = \left.\frac{\partial^2 U}{\partial \underline{q}^2}\right|_{\underline{q}=\underline{0}} = \begin{bmatrix} \frac{3}{2}mga+ca^2 & 0 & -car \\ 0 & \frac{3}{2}mga+ca^2 & -car \\ -car & -car & 2cr^2-mgr \end{bmatrix} \quad . \tag{8.16}$$

Die linearisierten Bewegungsgleichungen haben damit nach Gl. (8.12) die Gestalt

$$\begin{bmatrix} ma^2 & 0 & 0 \\ 0 & ma^2 & 0 \\ 0 & 0 & \frac{11}{2}mr^2 \end{bmatrix}\begin{bmatrix} \ddot\phi \\ \ddot\psi \\ \ddot\theta \end{bmatrix} + \begin{bmatrix} \frac{3}{2}mga+ca^2 & 0 & -car \\ 0 & \frac{3}{2}mga+ca^2 & -car \\ -car & -car & 2cr^2-mgr \end{bmatrix}\begin{bmatrix} \phi \\ \psi \\ \theta \end{bmatrix} = \underline{0} \quad . \tag{8.17}$$


## 8.1.2  <u>Lösung der Bewegungsgleichungen</u>

Die Lösung von (8.12) sucht man mit dem Ansatz

$$\underline{q} = \underline{a}\sin(\omega t+\phi) \quad , \tag{8.18}$$

wo  $\omega$  und  $\phi$  skalar sind und

$$\underline{a} = \begin{bmatrix} a_1 \\ \vdots \\ a_n \end{bmatrix} \qquad\qquad (8.19)$$

der sogenannte *Amplitudenvektor* ist (vgl. Kap. 6.1). Mit dem Ansatz
(8.18) folgt aus (8.12) wegen  $\sin(\omega t+\phi) \neq 0$

$$(M\omega^2 - P)\underline{a} = \underline{0} \quad . \qquad\qquad (8.20)$$

Das ist ein lineares homogenes Gleichungssystem für die Komponenten  $a_k$
von  $\underline{a}$ . Eine nichttriviale Lösung  $\underline{a} \neq \underline{0}$  existiert nur dann, wenn die
Systemdeterminante verschwindet:

$$\det(M\omega^2 - P) = 0 \quad . \qquad\qquad (8.21)$$

Die Gl. (8.21) heißt *Frequenzgleichung*, und jeder Lösung  $\omega_k^2$  entspricht
als Lösung von (8.20) ein Amplitudenvektor  $\underline{a}$ . Um allgemeine Aussagen
über die möglichen Lösungen von (8.21) zu erhalten, multipliziert man
(8.20) von links mit  $\underline{a}^*$

$$\underline{a}^*(M\omega^2 - P)\underline{a} = 0$$

und bekommt hieraus

$$\omega^2 = \frac{\underline{a}^* P \underline{a}}{\underline{a}^* M \underline{a}} \quad . \qquad\qquad (8.22)$$

Da die Matrizen  M, P  sowie der Amplitudenvektor  $\underline{a}$  reell sind, folgt:
*Alle Lösungen  $\omega^2$  der Frequenzgleichung (8.21) sind reell.* Weiterhin ist
der Nenner von (8.22) positiv, da die Matrix  M  positiv-definit ist. Damit entscheidet der Zähler von (8.22) über das Vorzeichen von  $\omega^2$ . Zwei
Fälle sind möglich, wie bereits im vorigen Abschnitt angedeutet wurde:

    a)  Die potentielle Energie  U  hat in der Gleichgewichtslage
        $\underline{q} = \underline{0}$  ein strenges Minimum.

    b)  Die potentielle Energie  U  hat in  $\underline{q} = \underline{0}$  kein strenges Mini-
        mum.

In diesem Abschnitt wird nur der Fall  a)  behandelt. Der Fall  b)  wird
in Kapitel 8.1.3 näher untersucht.

Im Fall  a)  ist die Steifigkeitsmatrix  P  positiv-definit, und somit
sind Nenner und Zähler von (8.22) positiv. Daraus folgt: *Hat die poten-
tielle Energie  U  in der Gleichgewichtslage  $\underline{q} = \underline{0}$  ein strenges Minimum, so sind alle Wurzeln  $\omega_k^2$  der Frequenzgleichung (8.21) reell und
positiv.*

Da die Gleichung (8.21) in  $\omega^2$  von  n-ter  Ordnung ist, besitzt sie  n
Lösungen  $\omega_k^2$ . Jeder Lösung  $\omega_k^2$  entspricht als Lösung von Gl. (8.20)
ein Amplitudenvektor  $\overset{k}{\underline{a}}$  und laut (8.18) eine partikuläre Lösung von
(8.12):

$$\overset{k}{\underline{q}} = \overset{k}{\underline{a}}\sin(\omega_k t+\phi_k) \quad . \tag{8.23}$$

Da die Bewegungsgleichungen (8.12) linear sind, ist auch jede Linearkombination der partikulären Lösungen

$$\underline{q}(t) = \sum_{k=1}^{n} c_k\overset{k}{\underline{a}}\sin(\omega_k t+\phi_k) \tag{8.24}$$

eine Lösung von (8.12). Es soll nun gezeigt werden, daß (8.24) die allgemeine Lösung von (8.12) ist, falls (8.21)  n  verschiedene Wurzeln  $\omega_k^2$
hat.

Man zeigt zunächst, daß die Amplitudenvektoren einer gewissen Orthogona-
litätsbedingung genügen. Nach (8.20) gilt für zwei Wurzeln  $\omega_k^2 \neq \omega_1^2$

$$M\omega_k^2\overset{k}{\underline{a}} = P\overset{k}{\underline{a}} \quad ,$$
$$M\omega_1^2\overset{1}{\underline{a}} = P\overset{1}{\underline{a}} \quad . \tag{8.25}$$

Multipliziert man die Gln. (8.25) von links mit  $\overset{1}{\underline{a}}{}^*$  bzw.  $\overset{k}{\underline{a}}{}^*$ , so ergibt sich:

$$\left(\overset{1}{\underline{a}}{}^*M\overset{k}{\underline{a}}\right)\omega_k^2 = \overset{1}{\underline{a}}{}^*P\overset{k}{\underline{a}} \quad ,$$
$$\left(\overset{k}{\underline{a}}{}^*M\overset{1}{\underline{a}}\right)\omega_1^2 = \overset{k}{\underline{a}}{}^*P\overset{1}{\underline{a}} \quad . \tag{8.26}$$

Wegen

$$\overset{1}{\underline{a}}{}^*M\overset{k}{\underline{a}} = \overset{k}{\underline{a}}{}^*M\overset{1}{\underline{a}} \quad ,$$
$$\overset{1}{\underline{a}}{}^*P\overset{k}{\underline{a}} = \overset{k}{\underline{a}}{}^*P\overset{1}{\underline{a}} \quad , \tag{8.27}$$

bedeutet dies

$$\overset{1}{\underline{a}}{}^{*}M\overset{k}{\underline{a}}\,(\omega_k^2-\omega_1^2) = 0 \quad . \tag{8.28}$$

Da laut Voraussetzung $\omega_k^2 \neq \omega_1^2$ ist, folgt aus (8.28) sofort allgemein

$$\overset{1}{\underline{a}}{}^{*}M\overset{k}{\underline{a}} = 0 \quad , \quad k,l = 1,\ldots,n \quad , \quad k \neq l \quad . \tag{8.29}$$

Man sagt: *Die Amplitudenvektoren* $\overset{k}{\underline{a}}$ *und* $\overset{l}{\underline{a}}$ *sind in der Metrik* M *orthogonal.*

Weiterhin läßt sich zeigen, daß die Vektoren $\overset{1}{\underline{a}},\ldots,\overset{n}{\underline{a}}$ linear unabhängig sind, d.h. eine Beziehung

$$c_1\overset{1}{\underline{a}} + \ldots + c_n\overset{n}{\underline{a}} = \underline{0} \tag{8.30}$$

nur dann möglich ist, wenn alle $c_k = 0$ sind. Multipliziert man (8.30) von links mit $\overset{k}{\underline{a}}{}^{*}M$ , so bleibt wegen (8.29) nur

$$c_k\overset{k}{\underline{a}}{}^{*}M\overset{k}{\underline{a}} = 0 \tag{8.31}$$

übrig. Da die Matrix M positiv-definit ist, folgt daraus allgemein

$$c_k = 0 \quad , \quad k = 1,\ldots,n \quad , \tag{8.32}$$

und damit die Richtigkeit der obigen Aussage.

Schließlich betrachtet man die Lösung (8.24) für die Anfangsbedingungen

$$\left. \begin{aligned} \underline{q}_0 &= \underline{q}(0) \\[2mm] \underline{\dot{q}}_0 &= \underline{\dot{q}}(0) \end{aligned} \right\} \quad . \tag{8.33}$$

Die (8.33) entsprechenden Integrationskonstanten $C_k, \phi_k$ in (8.24) müssen bestimmt werden aus den linearen Gleichungssystemen

$$\left. \begin{aligned} C_1\overset{1}{a}_1\sin\phi_1 + C_2\overset{2}{a}_1\sin\phi_2 + \ldots + C_n\overset{n}{a}_1\sin\phi_n &= q_{01} \\ \vdots \qquad\qquad \vdots \qquad\qquad\qquad \vdots \qquad\qquad \vdots \\ C_1\overset{1}{a}_n\sin\phi_1 + C_2\overset{2}{a}_n\sin\phi_2 + \ldots + C_n\overset{n}{a}_n\sin\phi_n &= q_{0n} \end{aligned} \right\} \quad , \tag{8.34}$$

$$\left.\begin{array}{l} C_1 \overset{1}{a}_1 \omega_1 \cos\phi_1 + C_2 \overset{2}{a}_1 \omega_2 \cos\phi_2 + \ldots + C_n \overset{n}{a}_1 \omega_n \cos\phi_n = \dot{q}_{o1} \\[4pt] \quad\vdots \qquad\qquad \vdots \qquad\qquad\qquad \vdots \qquad\quad \vdots \\[4pt] C_1 \overset{1}{a}_n \omega_1 \cos\phi_1 + C_2 \overset{2}{a}_n \omega_2 \cos\phi_2 + \ldots + C_n \overset{n}{a}_n \omega_n \cos\phi_n = \dot{q}_{on} \end{array}\right\} \quad (8.35)$$

Die Systemmatrix von (8.34) besteht aber gerade aus den Amplitudenvektoren $\overset{1}{\underline{a}}, \ldots, \overset{n}{\underline{a}}$ ; die Systemdeterminante ist also

$$D_1 \equiv \begin{vmatrix} \overset{1}{a}_1 & \overset{2}{a}_1 & \cdots & \cdots & \overset{n}{a}_1 \\ \overset{1}{a}_2 & \cdot & & & \cdot \\ \cdot & & \cdot & & \cdot \\ \cdot & & & \cdot & \cdot \\ \overset{1}{a}_n & \cdots & \cdots & \cdot & \overset{n}{a}_n \end{vmatrix} \quad , \qquad\qquad (8.36)$$

während für die Systemdeterminante von (8.35) damit gilt

$$D_2 = \omega_1 \omega_2 \ldots \omega_n D_1 \quad . \qquad\qquad (8.37)$$

Wegen der linearen Unabhängigkeit von $\overset{1}{\underline{a}}, \ldots, \overset{n}{\underline{a}}$ ist aber

$$\left.\begin{array}{l} D_1 \neq 0 \\[12pt] D_2 \neq 0 \end{array}\right\} \quad , \qquad\qquad (8.38)$$

so daß die Systeme (8.34), (8.35) eindeutig nach $C_k \sin\phi_k$ bzw. $C_k \cos\phi_k$ aufgelöst werden können. Damit sind aber auch $C_k$ und $\phi_k$ eindeutig bestimmt, so daß Gl. (8.24) tatsächlich die allgemeine Lösung von (8.12) verkörpert.

Die den einzelnen Frequenzen $\omega_k$ entsprechenden partikulären Lösungen (8.23)

$$\overset{k}{\underline{q}} = \overset{k}{\underline{a}} \sin(\omega_k t + \phi_k)$$

werden in der Mechanik als *Hauptschwingungen* bezeichnet. Das bedeutet, daß jede Komponente von $\overset{k}{\underline{q}}$ mit derselben Frequenz $\omega_k$ schwingt.

Beispiel 8.2: Man approximiert eine an beiden Enden fest eingespannte homogene Saite durch $N$ - in der Ruhelage äquidistante - Massenpunkte $m$ mit den Durchbiegungen $q_k$ . Die Verlängerung des $i$-ten Saitenabschnittes ist dann (Bild 8.2)

$$(\Delta L)_i = \frac{L}{N+1} \left[ \sqrt{1 + \frac{(N+1)^2}{L^2}(q_{i+1}-q_i)^2} - 1 \right] \quad . \qquad\qquad (8.39)$$

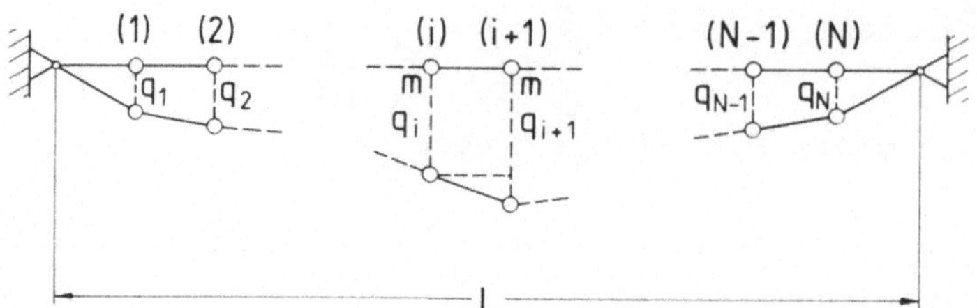

Bild 8.2   Approximation einer Saite durch ein System von
           N Massenpunkten


Beschränkt man sich auf kleine Auslenkungen  $q_k$ , so erhält man bei Vernachlässigung von Gliedern vierter und höherer Ordnung

$$(\Delta L)_i = \frac{N+1}{2L}(q_{i+1}-q_i)^2 \quad . \tag{8.40}$$

Wenn  F  die - bei kleinen Auslenkungen konstante - Spannkraft der Saite
ist und man von der Schwerkraft absieht, dann gilt für die potentielle
Energie der Saite

$$U = \frac{c}{2} \sum_{i=0}^{N} (q_{i+1}-q_i)^2 \tag{8.41}$$

mit

$$c = \frac{F(N+1)}{L} \tag{8.42}$$

und

$$q_0 = q_{N+1} = 0 \quad . \tag{8.43}$$

Der Vergleich von (8.41) mit (8.10) zeigt, daß die Steifigkeitsmatrix
die Gestalt hat

$$P = c \begin{bmatrix}
2 & -1 & 0 & 0 & . & . & . & . & . & 0 \\
-1 & 2 & -1 & 0 & . & . & . & . & . & 0 \\
0 & -1 & 2 & -1 & . & . & . & . & . & 0 \\
. & . & . & . & & & & & . \\
. & . & . & . & & & & & . \\
. & . & . & . & & & & & . \\
0 & 0 & 0 & 0 & . & . & . & 2 & -1 \\
0 & 0 & 0 & 0 & . & . & . & -1 & 2
\end{bmatrix} \quad , \tag{8.44}$$

während die Massenmatrix Diagonalform besitzt

$$M = \mathrm{diag}(m,m,\dots,) \quad . \tag{8.45}$$

Hierbei ist

$$m = \frac{\rho L}{N+1} \tag{8.46}$$

und $\rho$ die Masse pro Längeneinheit.

Nachdem die Massenmatrix und die Steifigkeitsmatrix des diskreten Ersatzsystems bekannt sind, kann man die Bewegung dieses Systems - und damit näherungsweise die Bewegungen der Saite - durch die Gln. (8.12) beschreiben. Soll das diskrete Modell (8.12) die Schwingungen der Saite gut beschreiben, so muß die Ordnung des Systems $(n=N)$ möglichst groß sein. Für große $n$ läßt sich jedoch die Frequenzgleichung (8.21) explizit nicht lösen. Um diese Schwierigkeit zu meistern, bedient man sich eines Tricks: Das System (8.20) lautet mit (8.44) und (8.45) ausgeschrieben

$$\begin{bmatrix} m\omega^2-2c & c & 0 & 0 & \ldots & & & 0 \\ c & m\omega^2-2c & c & 0 & \ldots & & & 0 \\ 0 & c & m\omega^2-2c & c & \ldots & & & 0 \\ \cdot & \cdot & \cdot & \cdot & & & \cdot & \cdot \\ \cdot & \cdot & \cdot & \cdot & & & \cdot & \cdot \\ \cdot & \cdot & \cdot & \cdot & & & \cdot & \cdot \\ 0 & 0 & 0 & 0 & \ldots & m\omega^2-2c & c & \\ 0 & 0 & 0 & 0 & \ldots & c & m\omega^2-2c \end{bmatrix} \begin{bmatrix} a_1 \\ a_2 \\ a_3 \\ \cdot \\ \cdot \\ \cdot \\ a_{n-1} \\ a_n \end{bmatrix} = \underline{0} \quad . \tag{8.47}$$

Dieses System ist aber äquivalent dem skalaren System

$$a_{j-1} - 2a_j\cos\theta + a_{j+1} = 0 \quad , \qquad j = 1,\ldots,n \quad , \tag{8.48}$$

mit den Randbedingungen

$$a_0 = a_{n+1} = 0 \tag{8.49}$$

und der Abkürzung

$$\cos\theta = 1 - \frac{m}{2c}\omega^2 \quad . \tag{8.50}$$

Durch Einsetzen überprüft man, daß (8.48) die Lösung

$$a_j = \sin j\theta \tag{8.51}$$

besitzt, wobei die Randbedingung $a_0 = 0$ automatisch erfüllt ist, während die Randbedingung $a_{n+1} = 0$ die Forderung liefert

$$\sin(n+1)\theta = 0 \quad . \tag{8.52}$$

Hieraus folgt

$$\theta_k = \frac{k\pi}{n+1} \quad , \qquad\qquad k = 1,\ldots,n \quad , \tag{8.53}$$

und damit aus (8.50)

$$\omega_k = 2\sqrt{\frac{c}{m}} \sin\frac{k\pi}{2(n+1)} \quad , \qquad\qquad k = 1,\ldots,n \quad . \tag{8.54}$$

Die Komponenten der Amplitudenvektoren $\overset{k}{\underline{a}}$ erhält man aus (8.51):

$$\overset{k}{a}_j = \sin \frac{jk\pi}{n+1} \quad , \qquad\qquad j,k = 1,\ldots,n \quad . \qquad\qquad (8.55)$$

Man stellt leicht fest:

1. Alle $\omega_k$ sind verschieden mit

$$\omega_1 < \omega_2 < \ldots < \omega_n \quad . \qquad\qquad (8.56)$$

2. Alle Amplituden der Grundschwingung $(k=1)$ , d.h. $\overset{1}{a}_1, \overset{1}{a}_2, \ldots, \overset{1}{a}_n$ haben das gleiche Vorzeichen.

3. Die der Frequenz $\omega_k$ entsprechenden Amplituden $\overset{k}{a}_1, \overset{k}{a}_2, \ldots, \overset{k}{a}_n$ haben $(k-1)$ Vorzeichenwechsel.

In Bild 8.3 sind die Hauptschwingungen der Saite für $k = 1,2,3$ dargestellt. Eine beliebige Schwingung ergibt sich dann als Linearkombination der Hauptschwingungen.

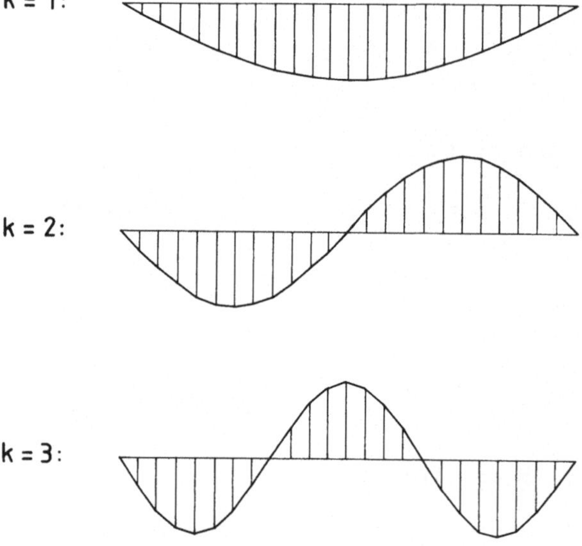


Bild 8.3  Hauptschwingungen für $k = 1, 2, 3$

Von Interesse sind jetzt noch die Aussagen, die man für den Grenzwert $N \to \infty$ gewinnen kann: Mit (8.42) und (8.46) läßt sich nämlich (8.54) darstellen als

$$\omega_k = 2\frac{N+1}{L} \sqrt{\frac{F}{\rho}} \; \frac{\sin\frac{k\pi}{2(N+1)}}{\frac{k\pi}{2(N+1)}} \; \frac{k\pi}{2(N+1)} \quad , \quad k = 1,\ldots,n = N \quad . \qquad (8.57)$$

Daraus wird aber für $N \to \infty$

$$\omega_k = k\frac{\pi}{L}\sqrt{\frac{F}{\rho}} \quad , \qquad\qquad k = 1,2,3,\ldots \quad , \qquad (8.58)$$

d.h. alle Frequenzen der Saite sind Vielfache der Grundfrequenz $\omega_1$ .
Dieses Ergebnis war bereits MERSENNE (1588-1648) bekannt und wird manch-
mal als das *Gesetz von MERSENNE* bezeichnet.

Auch in (8.55) läßt sich der Grenzübergang für $N \to \infty$ durchführen, wenn
man längs der Saite die Koordinate

$$x = \frac{jL}{N+1} \qquad\qquad\qquad (8.59)$$

einführt. Dann ist mit $n = N$

$$\frac{jk\pi}{n+1} = \frac{k\pi x}{L} \quad , \qquad\qquad\qquad (8.60)$$

und (8.55) liefert

$$\overset{k}{a}(x) = \sin\frac{k\pi x}{L} \quad . \qquad\qquad\qquad (8.61)$$

Die allgemeine Lösung von (8.12) ist dann

$$q(t,x) = \sum_k C_k \sin\frac{k\pi x}{L} \sin(\frac{k\pi}{L}\sqrt{\frac{F}{\rho}}\, t + \phi_k) \quad . \qquad (8.62)$$

Die Lösung ist aber identisch mit der Lösung der strengen Saitenglei-
chung

$$\frac{\partial^2 q}{\partial t^2} = \alpha^2 \frac{\partial^2 q}{\partial x^2} \quad ; \qquad \alpha^2 = \frac{F}{\rho} \quad . \qquad\qquad (8.63)$$

Somit ist es in diesem Fall sogar gelungen, durch Grenzübergang aus der
Lösung des diskreten Modells die Lösung des kontinuierlichen Modells zu
erhalten. ∎


## 8.1.3  Normalkoordinaten

Die allgemeine Lösung (8.24) der Bewegungsgleichungen (8.12) wurde unter
der Annahme gewonnen, daß die potentielle Energie $U$ in der Gleichgewichtslage $\underline{q} = \underline{0}$ ein strenges Minimum hat und daß alle $n$ Wurzeln der
Frequenzgleichung (8.21) verschieden und somit einfach sind. Die Berech-
tigung der ersten Annahme ist bei vielen mechanischen Systemen leicht
einzusehen (z.B. Schwerependel). Schwieriger zu beurteilen ist die zweite Annahme, denn physikalische Erwägungen geben keinerlei Aufschluß dar-
über, ob die Frequenzgleichung mehrfache Wurzeln hat oder nicht. Treten
aber mehrfache Wurzeln auf, so ist die Anzahl der verschiedenen Wurzeln
kleiner als $n$ und somit die Anzahl der Konstanten $C_k$, $\phi_k$ in (8.24)
kleiner als $2n$ , d.h. man kann die $2n$ Anfangsbedingungen (8.33) nicht

mehr befriedigen. Noch LAGRANGE war der Meinung, daß in diesem Fall die Konstanten $C_k$ durch Polynome $C_k(t)$ zu ersetzen sind und somit in der allgemeinen Lösung Säkularglieder auftreten. Erst WEIERSTRASS (1815-1897) hat gezeigt, daß das nicht der Fall ist und daß die allgemeine Lösung auch bei mehrfachen Wurzeln von (8.21) die Gestalt (8.24) behält. In diesem Abschnitt werden die Überlegungen von WEIERSTRASS geschildert und gleichzeitig der Fall besprochen, bei dem U in $\underline{q} = \underline{O}$ kein strenges Minimum hat (vgl. Kap. 8.1.2).

Aus der Theorie der quadratischen Formen ist bekannt: Wenn von zwei quadratischen Formen mindestens eine positiv-definit ist, dann existiert stets eine nichtsinguläre lineare Transformation, welche die positiv-definite Form in eine Summe von Quadraten und gleichzeitig die zweite Form in eine Linearkombination von Quadraten verwandelt.

Im vorliegenden Fall ist mindestens die kinetische Energie positiv-definit. Damit gibt es eine Transformation

$$\left. \begin{array}{l} \underline{q} = L\underline{p} \\[2mm] \underline{\dot{q}} = L\underline{\dot{p}} \end{array} \right\} \tag{8.64}$$

auf neue Koordinaten $\underline{p}$ mit $\det L \neq O$ . In diesen sogenannten *Normalkoordinaten* hat folglich die kinetische Energie die Form

$$T = \frac{1}{2}(\dot{p}_1^2 + \dot{p}_2^2 + \ldots + \dot{p}_n^2) = \frac{1}{2}\underline{\dot{p}}^* I \underline{\dot{p}} = \frac{1}{2}\underline{\dot{p}}^* \underline{\dot{p}} \quad , \tag{8.65}$$

während sich die potentielle Energie darstellen läßt als

$$U = \frac{1}{2}(\lambda_1 p_1^2 + \lambda_2 p_2^2 + \ldots + \lambda_n p_n^2) = \frac{1}{2}\underline{p}^* \Lambda \underline{p} \tag{8.66}$$

mit der Diagonalmatrix

$$\Lambda = \text{diag}(\lambda_1, \lambda_2, \ldots, \lambda_n) \quad . \tag{8.67}$$

In den Normalkoordinaten $\underline{p}$ verwandeln sich also die Matrizen M und P in die Diagonalmatrizen I und $\Lambda$ . Demnach lauten die Bewegungsgleichungen (8.12) in Normalkoordinaten

$$I\underline{\ddot{p}} + \Lambda\underline{p} = \underline{O} \quad , \tag{8.68}$$

bzw. skalar angeschrieben

$$\left.\begin{array}{l}
\ddot{p}_1 + \lambda_1 p_1 = 0 \\
\ddot{p}_2 + \lambda_2 p_2 = 0 \\
\cdot \ \cdot \ \cdot \ \cdot \ \cdot \ \cdot \ \cdot \\
\ddot{p}_n + \lambda_n p_n = 0
\end{array}\right\} \ . \tag{8.69}$$

Wenn  U  in der Ruhelage  $\underline{q} = \underline{p} = \underline{0}$  ein strenges Minimum hat, ist die Matrix  $\Lambda$  positiv definit, d.h. alle  $\lambda_k$  sind positiv. Mit der Bezeichnung

$$\lambda_k = \omega_k^2 \tag{8.70}$$

lassen sich dann die Lösungen von (8.69) wie folgt anschreiben:

$$p_k = C_k \sin(\omega_k t + \phi_k) \ , \qquad\qquad k = 1, \ldots, n \ . \tag{8.71}$$

Man sieht, daß in Normalkoordinaten jeder Frequenz  $\omega_k$  die Schwingung jeweils einer einzigen Komponente des Lösungsvektors entspricht. Für die Lösung in den ursprünglichen Koordinaten  $\underline{q}$  folgt aus (8.64)

$$\underline{q} = \underline{L}\,\underline{p} = \begin{bmatrix}
\displaystyle\sum_{k=1}^{n} C_k l_{1k} \sin(\omega_k t + \phi_k) \\[2ex]
\displaystyle\sum_{k=1}^{n} C_k l_{2k} \sin(\omega_k t + \phi_k) \\
\cdot \\
\cdot \\
\cdot \\
\displaystyle\sum_{k=1}^{n} C_k l_{nk} \sin(\omega_k t + \phi_k)
\end{bmatrix} \ . \tag{8.72}$$

Faßt man die Spalten der Matrix  $L$  zu den Vektoren

$$\underset{a}{\overset{k}{\phantom{a}}} = \begin{bmatrix} l_{1k} \\ \cdot \\ \cdot \\ l_{nk} \end{bmatrix} \ , \qquad\qquad k = 1, \ldots, n \ , \tag{8.73}$$

zusammen, so wird aus (8.72)

$$\underline{q}(t) = \sum_{k=1}^{n} C_k \underset{a}{\overset{k}{\phantom{a}}} \sin(\omega_k t + \phi_k) \ . \tag{8.74}$$

Äußerlich ist diese Lösung mit der Lösung (8.24) identisch; in Wirklichkeit ist sie jedoch viel allgemeiner, denn bei der Herleitung brauchte

nicht vorausgesetzt zu werden, daß alle Wurzeln $\omega_k$ der Frequenzgleichung verschieden sind. In (8.74) kann durchaus $\omega_k = \omega_l$ sein. Die entsprechenden Amplitudenvektoren $\underline{a}^k$ und $\underline{a}^l$ sind aber verschieden, denn
wegen $\det L \neq O$ kann die Transformationsmatrix $L$ keine zueinander
proportionale Spalten besitzen. Im Falle mehrfacher Wurzeln der Frequenzgleichung treten also keine Säkulärglieder in der Lösung auf, vielmehr
entsprechen den mehrfachen Wurzeln mehrere linear unabhängige Amplitudenvektoren (vgl. auch Kap. 6.3.5).

Ist die Matrix $P$ nicht positiv-definit, so muß es in (8.66) Werte $\lambda_k$
geben, die verschwinden bzw. negativ sind. Den ersten entsprechen laut
(8.69) Bewegungsgleichungen vom Typ

$$\ddot{p}_k = O \quad , \tag{8.75}$$

den zweiten Bewegungsgleichungen vom Typ

$$\ddot{p}_k - |\lambda_k| p_k = O \quad . \tag{8.76}$$

Die Bewegung ist somit in beiden Fällen im allgemeinen instabil.

Erinnert man sich daran, daß die Bewegungsgleichungen (8.12) bzw. (8.68)
im allgemeinen das Ergebnis einer Linearisierung sind und somit nur für
kleine Auslenkungen gelten, so sieht man, daß die Lösungen (8.74) einerseits und die Lösungen von (8.75), (8.76) andererseits sehr verschiedenes
Gewicht haben. Die Ausdrücke (8.74) beschreiben bei hinreichend kleinen
Anfangsbedingungen aber für beliebige Zeitpunkte $t$ nicht nur das Verhalten der linearen Systeme (8.12) und (8.68), sondern auch das Verhalten
des ursprünglichen nichtlinearen Systems. Dagegen gelten die Lösungen von
(8.75), (8.76) nur, solange sie klein sind, d.h. nur für sehr kurze Zeit.
Die praktische Bedeutung dieser Lösungen besteht somit lediglich darin,
daß ihr Auftreten die Instabilität der Ruhelage $\underline{q} = \underline{O}$ anzeigt.

Beispiel 8.3: Als Sympathische Pendel bezeichnet man zwei gleiche Pendel
(Massen $m_1 = m_2 = m$ , Längen $l_1 = l_2 = l$ ), die in gleicher Höhe auf-
gehängt und durch eine masselose Feder (Federkonstante $c$ ) so verbunden
sind, daß diese in der Ruhelage $\psi_1 = \psi_2 = O$ nicht gespannt ist (Bild 8.4)
Die Berechnung der Pendelschwingungen läßt sich in verallgemeinerten Koordinaten und in Normalkoordinaten durchführen.

Lösung_in_verallgemeinerten_Koordinaten:
Aus der kinetischen Energie

$$T = \frac{1}{2}ml^2(\dot{\psi}_1^2 + \dot{\psi}_2^2) \tag{8.77}$$

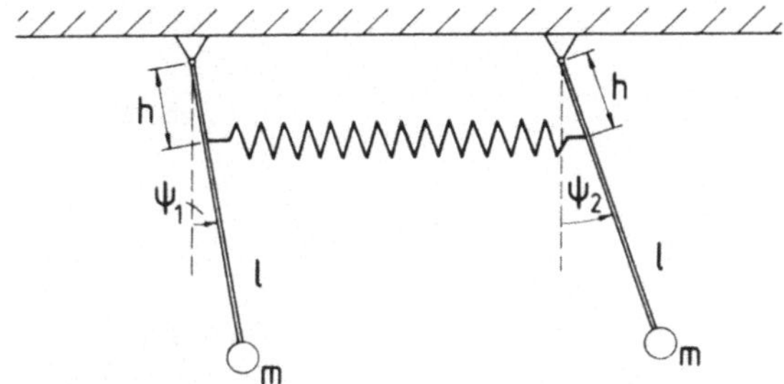


Bild 8.4  Sympathische Pendel


folgt sofort die Massenmatrix

$$M = \begin{bmatrix} ml^2 & O \\ O & ml^2 \end{bmatrix} \tag{8.78}$$

und entsprechend aus der potentiellen Energie

$$U = mgl(1-\cos\Psi_1) + mgl(1-\cos\Psi_2) + \tfrac{1}{2}ch^2(\sin\Psi_1-\sin\Psi_2)^2$$

$$\simeq \tfrac{1}{2}\Big[(mgl+ch^2)\Psi_1^2 - 2ch^2\Psi_1\Psi_2 + (mgl+ch^2)\Psi_2^2\Big] \tag{8.79}$$

die Steifigkeitsmatrix

$$P = \begin{bmatrix} mgl+ch^2 & -ch^2 \\ -ch^2 & mgl+ch^2 \end{bmatrix} . \tag{8.80}$$

Die Frequenzgleichung (8.21) hat offenbar die beiden Lösungen

$$\left.\begin{aligned} \omega_1^2 &= \frac{g}{l} \\ \omega_2^2 &= \frac{g}{l} + 2\frac{c}{m}\Big(\frac{h}{l}\Big)^2 \end{aligned}\right\} . \tag{8.81}$$

Der zu $\omega_1$ gehörende Amplitudenvektor $\overset{1}{\underline{a}}$ hat die Komponenten

$$\overset{1}{a}_1 = \overset{1}{a}_2 = C_1 , \tag{8.82}$$

und die entsprechende Partikulärlösung ist

$$\overset{1}{\underline{q}} = \begin{bmatrix} \overset{1}{\Psi}_1 \\ \overset{1}{\Psi}_2 \end{bmatrix} = \begin{bmatrix} C_1\sin(\omega_1 t+D_1) \\ C_1\sin(\omega_1 t+D_1) \end{bmatrix} . \tag{8.83}$$

In der *ersten Hauptschwingung* ist also $\Psi_1 = \Psi_2$, und die Pendel schwingen wie *ein* starrer Körper mit der Frequenz $\omega_1$ .

Für $\omega = \omega_2$ wird

$$\overset{2}{a}_1 = -\overset{2}{a}_2 = C_2 \tag{8.84}$$

und folglich

$$\overset{2}{\underline{q}} = \begin{bmatrix} \overset{2}{\Psi}_1 \\ \overset{2}{\Psi}_2 \end{bmatrix} = \begin{bmatrix} C_2\sin(\omega_2 t + D_2) \\ -C_2\sin(\omega_2 t + D_2) \end{bmatrix} . \tag{8.85}$$

Die *zweite Hauptschwingung* ist somit eine *gegenphasige* Bewegung $(\Psi_1 = -\Psi_2)$, und die allgemeine Bewegung ist eine Linearkombination aus gleich- und gegenphasiger Bewegung.

L̲ö̲s̲u̲n̲g̲_i̲n̲ N̲o̲r̲m̲a̲l̲k̲o̲o̲r̲d̲i̲n̲a̲t̲e̲n̲:
Mit der Transformation (8.64)

$$\underline{q} = L\underline{p}$$

verwandeln sich die Matrizen $M$ und $P$ in Diagonalmatrizen, die den folgenden Bedingungen genügen müssen:

$$L^*ML = I \quad , \tag{8.86}$$

$$L^*PL = \Lambda = \mathrm{diag}(\lambda_1, \lambda_2) \quad . \tag{8.87}$$

Für das transformierte System (8.68)

$$\begin{bmatrix} 1 & 0 \\ 0 & 1 \end{bmatrix}\begin{bmatrix} \ddot{p}_1 \\ \ddot{p}_2 \end{bmatrix} + \begin{bmatrix} \lambda_1 & 0 \\ 0 & \lambda_2 \end{bmatrix}\begin{bmatrix} p_1 \\ p_2 \end{bmatrix} = \underline{0} \tag{8.88}$$

erhält man über den Ansatz

$$\underline{p} = \underline{a}\sin(\omega t + D) \tag{8.89}$$

die Frequenzgleichung

$$\det(I\omega^2 - \Lambda) = 0 \quad . \tag{8.90}$$

Aus deren Lösung

$$\left. \begin{aligned} \omega_1^2 &= \lambda_1 \\ \omega_2^2 &= \lambda_2 \end{aligned} \right\} \tag{8.91}$$

ergeben sich sofort die beiden Partikulärlösungen

$$\overset{1}{\underline{p}} = \begin{bmatrix} \overset{1}{p}_1 \\ \overset{1}{p}_2 \end{bmatrix} = \begin{bmatrix} \tilde{C}_1\sin(\omega_1 t + \tilde{D}_1) \\ 0 \end{bmatrix} , \tag{8.92}$$

$$\overset{2}{\underline{p}} = \begin{bmatrix} \overset{2}{p}_1 \\ \overset{2}{p}_2 \end{bmatrix} = \begin{bmatrix} 0 \\ \tilde{C}_2\sin(\omega_2 t + \tilde{D}_2) \end{bmatrix} . \tag{8.93}$$

Damit entspricht in Normalkoordinaten jeder Eigenfrequenz die Schwingung einer einzigen Koordinaten. Für die Rücktransformation müssen noch die Elemente der Matrix L bestimmt werden. Aus den Bedingungen (8.86), (8.87) folgt offenbar

$$L = \begin{bmatrix} l_{11} & l_{12} \\ l_{21} & l_{22} \end{bmatrix} = \frac{1}{\sqrt{2ml^2}} \begin{bmatrix} 1 & -1 \\ 1 & 1 \end{bmatrix} \quad . \tag{8.94}$$

Die physikalische Deutung der Normalkoordinaten erhält man durch die Rücktransformation

$$\underline{p} = L^{-1} \underline{q} \quad . \tag{8.95}$$

Es ergibt sich:

$$\left. \begin{aligned} p_1 &= \sqrt{\frac{ml^2}{2}}(\psi_1 + \psi_2) \\ p_2 &= \sqrt{\frac{ml^2}{2}}(-\psi_1 + \psi_2) \end{aligned} \right\} \quad . \tag{8.96}$$

Damit ist - bis auf einen Faktor - $p_1$ die Summe und $p_2$ die Differenz der tatsächlichen Ausschläge. Eine solch klare und einfache physikalische Deutung gelingt allerdings nur recht selten. ∎

## 8.1.4 Einige klassische Ergebnisse

Das System (8.12) mit der positiv-definiten Steifigkeitsmatrix P habe die Eigenfrequenzen

$$\omega_1 \leq \omega_2 \leq \dots \leq \omega_n \quad . \tag{8.97}$$

Aus (8.22) kann dann gefolgert werden, daß

$$\left. \begin{aligned} \omega_1^2 &= \min \frac{\underline{a}^* P \underline{a}}{\underline{a}^* M \underline{a}} \\ \omega_n^2 &= \max \frac{\underline{a}^* P \underline{a}}{\underline{a}^* M \underline{a}} \end{aligned} \right\} \tag{8.98}$$

ist. Ferner kann man zeigen: Werden dem System (8.12) zusätzlich m unabhängige lineare Bindungen

$$l_{k1} q_1 + l_{k2} q_2 + \dots + l_{kn} q_n = 0 \quad , \qquad k = 1,\dots,m \tag{8.99}$$

auferlegt, so werden die (m-n) verbleibenden Frequenzen größer. Dabei gilt für die neuen Frequenzen $\tilde{\omega}_h$ :

$$\omega_h \leq \tilde{\omega}_h \leq \omega_{h+m} \quad , \qquad\qquad h = 1,\dots,n-m \quad . \tag{8.100}$$

In engem Zusammenhang mit dieser Feststellung steht der

---

<u>Satz von RAYLEIGH</u>:

Betrachtet man zwei konservative Systeme mit den Matrizen $M$, $P$ bzw. $\tilde{M}$, $\tilde{P}$, und hat das zweite System die größere Steifigkeit bei gleicher Trägheit

$$\underline{q}^*\tilde{P}\underline{q} > \underline{q}^*P\underline{q} \quad , \qquad \underline{q}^*\tilde{M}\underline{q} = \underline{q}^*M\underline{q} \quad , \tag{8.101}$$

bzw. die kleinere Trägheit bei gleicher Steifigkeit

$$\underline{q}^*\tilde{P}\underline{q} = \underline{q}^*P\underline{q} \quad , \qquad \underline{q}^*\tilde{M}\underline{q} < \underline{q}^*M\underline{q} \quad , \tag{8.102}$$

so hat es auch die höheren Frequenzen, d.h. eine Vergrößerung der Steifigkeit bzw. eine Verringerung der Trägheit erhöht die Frequenzen.

---

Als Beispiel vergleiche man ein Trinkglas mit Sprung mit einem Trinkglas ohne Sprung. Das zweite Glas besitzt mehr Bindungen bzw. eine höhere Steifigkeit und deshalb auch die höheren Frequenzen, was sich durch eine Klangprobe überprüfen läßt.

Die Lösung (8.74) von (8.12) beschreibt eine ungedämpfte Schwingung um die Gleichgewichtslage. Das System bleibt also für alle Zeiten in einer gewissen Umgebung der Gleichgewichtslage, so daß diese im Sinne von (7.19) als stabil bezeichnet werden kann. Da die Lösung (8.74) unter der Voraussetzung erhalten wurde, daß die potentielle Energie in der Gleichgewichtslage ein strenges Minimum hat, folgt daraus der

---

<u>Satz von LAGRANGE</u>:

Hat die potentielle Energie $U$ eines konservativen Systems in der Gleichgewichtslage $\underline{q} = \underline{0}$ ein strenges Minimum, so ist die Gleichgewichtslage stabil.

---

Die explizite Lösung (8.74) ist ein Beweis dafür, daß dieser Satz für das lineare System (8.12) sicherlich richtig ist. LAGRANGE hat geglaubt, daß man hieraus auch auf die Stabilität des ursprünglichen nichtlinearen Systems schließen kann. Es ist heute jedoch bekannt, daß eine solche Schlußfolgerung unzulässig ist, da im vorliegenden Fall die Eigenwerte auf der imaginären Achse liegen (vgl. Kap. 7.7). Erst DIRICHLET (1805-1859) erbrachte den strengen Beweis des Satzes für beliebige konservative Systeme. Deswegen wird heute meist vom *Satz von LAGRANGE-DIRICHLET* gesprochen. Es ist bemerkenswert, daß für Bewegungen konservativer Systeme im Schwerefeld dieser Satz bereits TORRICELLI (1608-1647) bekannt war (Prinzip von TORRICELLI).

## 8.2  Skleronome Systeme

### 8.2.1  Bewegungsgleichungen

Betrachtet man ein holonomes, skleronomes System, so sind seine Bewegungsgleichungen über die LAGRANGEschen Gleichungen zweiter Art in der Form (3.20) gegeben. Mit der Gleichgewichtslage $\underline{q} = \underline{O}$ gilt

$$\frac{d}{dt}\left(\frac{\partial T}{\partial \underline{\dot{q}}}\right) - \frac{\partial T}{\partial \underline{q}} = \underline{Q}(\underline{q},\underline{\dot{q}}) \quad . \tag{8.103}$$

In der Umgebung der Gleichgewichtslage ist die kinetische Energie  T  wieder durch (8.5) gegeben, während sich der Zeilenvektor der verallgemeinerten Kräfte näherungsweise darstellen läßt durch

$$\underline{Q}(\underline{q},\underline{\dot{q}}) = \underline{Q}(\underline{O},\underline{O}) + \underline{q}^*\frac{\partial \underline{Q}}{\partial \underline{q}}\bigg|_{\underline{q}=\underline{O}} + \underline{\dot{q}}^*\frac{\partial \underline{Q}}{\partial \underline{\dot{q}}}\bigg|_{\underline{\dot{q}}=\underline{O}} \quad . \tag{8.104}$$

Dabei ist  $\underline{Q}(\underline{O},\underline{O}) = \underline{O}$ , da die verallgemeinerten Kräfte in der Gleichgewichtslage verschwinden.

Mit den Bezeichnungen

$$B^* = -\frac{\partial \underline{Q}}{\partial \underline{q}}\bigg|_{\underline{q}=\underline{O}} \quad , \tag{8.105}$$

$$C^* = -\frac{\partial \underline{Q}}{\partial \underline{\dot{q}}}\bigg|_{\underline{\dot{q}}=\underline{O}} \tag{8.106}$$

erhält man mit (8.104) und (8.5) aus (8.103) die Bewegungsgleichungen

$$M\underline{\ddot{q}} + B\underline{\dot{q}} + C\underline{q} = \underline{O} \quad . \tag{8.107}$$

Die Beziehung (8.107) beschreibt kleine Bewegungen eines skleronomen Systems in der Nähe der Gleichgewichtslage $\underline{q} = \underline{O}$ . Die Lösung von (8.107) sucht man mit dem Ansatz

$$\underline{q} = \underline{a}e^{st} \quad . \tag{8.108}$$

Nach Einsetzen von (8.108) ist (8.107) erhält man wegen $e^{st} \neq 0$

$$(Ms^2+Bs+C)\underline{a} = \underline{0} \quad .\tag{8.109}$$

Damit dieses lineare homogene Gleichungssystem für die Komponenten $a_k$ des Vektors $\underline{a}$ eine nichttriviale Lösung besitzt, muß

$$\det(Ms^2+Bs+C) = 0 \tag{8.110}$$

sein. Aus der Beziehung (8.110) erhält man die Eigenwerte des Systems. Sie ist von der Ordnung 2n und wird in der Mechanik als *Säkulargleichung* bezeichnet. Die Frequenzgleichung (8.21) ist offenbar ein Sonderfall von (8.110). Es läßt sich leicht zeigen, daß (Gl. (8.110) die charak·teristische Gleichung (vgl. Kap. 6.1) des dem System (8.107) äquivalenten Systems erster Ordnung ist:

$$\begin{bmatrix} \dot{\underline{q}} \\ \hline \dot{\underline{v}} \end{bmatrix} = \begin{bmatrix} O & I \\ \hline -M^{-1}C & -M^{-1}B \end{bmatrix} \begin{bmatrix} \underline{q} \\ \hline \underline{v} \end{bmatrix} \quad .\tag{8.111}$$

Jeder Lösung $s_k$ der Säkulargleichung (8.110) entspricht eine Lösung $\overset{k}{\underline{a}}$ von (8.109) und somit eine partikuläre Lösung

$$\overset{k}{\underline{q}} = \overset{k}{\underline{a}}e^{s_k t} \tag{8.112}$$

von (8.107). Sind alle Eigenwerte $s_k$ einfach, so ergibt sich die allgemeine Lösung durch Superposition

$$\underline{q}(t) = \sum_{k=1}^{2n} C_k\overset{k}{\underline{a}}e^{s_k t} \quad .\tag{8.113}$$

Die 2n Integrationskonstanten $C_k$ lassen sich aus den 2n Anfangsbedingungen

$$\left.\begin{array}{l} \underline{q}_0 = \underline{q}(0) \\[2ex] \dot{\underline{q}}_0 = \dot{\underline{q}}(0) \end{array}\right\} \tag{8.114}$$

bestimmen (vgl. hierzu auch Kap. 6.3.2, Gln. (6.84), (6.85)).

8.2.2  <u>Stabilitätskriterien</u>

Im folgenden Abschnitt sollen einige Stabilitätsaussagen für konservative Systeme (8.12) bzw. skleronome Systeme (8.107) formuliert und zusammengestellt werden. Sie lassen sich auf rein algebraische Weise bestimmen und erfordern nur die Kenntnis der die Systeme charakterisierenden
Matrizen. Im Gegensatz zu den Systemen erster Ordnung (vgl. Kap. 7) kann
bei der Stabilitätsprüfung die Aufstellung der charakteristischen Gleichung, sowie - wie im Falle des HURWITZ-Kriteriums - das Anschreiben und
Auswerten der HURWITZ-Determinanten vermieden werden. Unter Beschränkung
auf lineare Systeme läßt der Stabilitätssatz von LAGRANGE (vgl. Kap.
8.1.4) auch folgende Formulierung zu:

<u>Satz 8.1:</u>

Für die Stabilität der Gleichgewichtslage  $\underline{q} = \underline{0}$  des konservativen Systems

$$M\ddot{\underline{q}} + P\underline{q} = \underline{0} \qquad\qquad (8.12)$$

mit der positiv-definiten Matrix  $M$  ist es notwendig und hinreichend, daß die Matrix  $P$  positiv-definit ist.

Ähnliche einfache Stabilitätsaussagen sind auch im Fall der skleronomen
Systeme (8.107) möglich. Um diese Aussagen formulieren zu können, ist es
zweckmäßig, die Matrizen  B  und  C  in ihre symmetrische und schiefsymmetrische Teile aufzuspalten. Man bildet zu diesem Zweck

$$\left. \begin{aligned} B &= D + G \\ C &= F + E \end{aligned} \right\} \qquad\qquad (8.115)$$

mit

$$\left. \begin{aligned} D &= D^* \\ F &= F^* \end{aligned} \right\} \text{ symmetrisch} \qquad , \qquad (8.116)$$

$$\left. \begin{aligned} G &= - G^* \\ E &= - E^* \end{aligned} \right\} \text{ schiefsymmetrisch.} \qquad (8.117)$$

Die Bewegungsgleichungen (8.107) lauten dann

$$M\underline{\ddot{q}} + D\underline{\dot{q}} + G\underline{\dot{q}} + F\underline{q} + E\underline{q} = \underline{0} \quad , \tag{8.118}$$

wobei die einzelnen Summanden eine einfache physikalische Deutung zulassen:

$M\underline{\ddot{q}}$ sind die *Trägheitskräfte*,

$-D\underline{\dot{q}}$ sind die *Dämpfungs-* bzw. *Anfachungskräfte*. Ebenso wie sich die Potentialkräfte aus der potentiellen Energie ableiten lassen, kann man die Kräfte $-D\underline{\dot{q}}$ aus der sogenannten *RAYLEIGH-Funktion*

$$R = \tfrac{1}{2}\underline{\dot{q}}^{*}D\underline{\dot{q}} \tag{8.119}$$

herleiten,

$-G\underline{\dot{q}}$ sind die *Kreiselkräfte*,

$-F\underline{q}$ sind die von einem Potential ableitbaren *Rückstell-* oder *Fesselungskräfte*,

$-E\underline{q}$ sind die von einem Potential nicht ableitbaren Rückstell- oder Fesselungskräfte (sogenannte *zirkulatorische Kräfte*).

Um eine Vorstellung davon zu erhalten, welche Stabilitätsaussagen für Systeme (8.118) möglich sind, soll zunächst in einem Beispiel die Stabilität eines Systems mit zwei Freiheitsgraden untersucht werden.

<u>Beispiel 8.4:</u> Man betrachtet das System

$$\left.\begin{array}{l} \ddot{q}_1 + d_{11}\dot{q}_1 + d_{12}\dot{q}_2 + g\dot{q}_2 + \omega_1^2 q_1 = 0 \\[4pt] \ddot{q}_2 + d_{12}\dot{q}_1 + d_{22}\dot{q}_2 - g\dot{q}_1 + \omega_2^2 q_2 = 0 \end{array}\right\} \quad , \tag{8.120}$$

bzw. in der Form (8.118)

$$\underbrace{\begin{bmatrix} 1 & 0 \\ 0 & 1 \end{bmatrix}}_{M}\begin{bmatrix} \ddot{q}_1 \\ \ddot{q}_2 \end{bmatrix} + \underbrace{\begin{bmatrix} d_{11} & d_{12} \\ d_{12} & d_{22} \end{bmatrix}}_{D}\begin{bmatrix} \dot{q}_1 \\ \dot{q}_2 \end{bmatrix} + \underbrace{\begin{bmatrix} 0 & g \\ -g & 0 \end{bmatrix}}_{G}\begin{bmatrix} \dot{q}_1 \\ \dot{q}_2 \end{bmatrix} + \underbrace{\begin{bmatrix} \omega_1^2 & 0 \\ 0 & \omega_2^2 \end{bmatrix}}_{F}\begin{bmatrix} q_1 \\ q_2 \end{bmatrix} = 0 \quad . \tag{8.121}$$

$$(E=0)$$

Die Säkulargleichung oder charakteristische Gleichung ist

$$s^4+(d_{11}+d_{22})s^3+(\omega_1^2+\omega_2^2+d_{11}d_{22}-d_{12}^2+g^2)s^2+(\omega_1^2 d_{22}+\omega_2^2 d_{11})s+\omega_1^2\omega_2^2=0 \quad . \tag{8.122}$$

Die HURWITZ-Bedingungen (7.28) für die asymptotische Stabilität sind

$$
\left.\begin{array}{l}
d_{11} + d_{22} > 0 \\[4pt]
\omega_1^2 + \omega_2^2 + d_{11}d_{22} - d_{12}^2 + g^2 > 0 \\[4pt]
\omega_1^2 d_{22} + \omega_2^2 d_{11} > 0 \\[4pt]
\omega_1^2 \omega_2^2 > 0 \\[4pt]
d_{11}d_{22}(\omega_1^2-\omega_2^2)^2 + \left[d_{11}d_{22}-d_{12}^2+g^2\right]\left[\omega_1^2 d_{22}^2 + \omega_2^2 d_{11}^2 + d_{11}d_{22}(\omega_1^2+\omega_2^2)\right] > 0
\end{array}\right\} .(8.123)
$$

Ist die Matrix  F  positiv-definit, so ist  $\omega_1^2 > 0$, $\omega_2^2 > 0$ . Ist die Matrix  D  positiv-definit, so ist  $d_{11} + d_{22} > 0$, $d_{11}d_{22} - d_{12}^2 > 0$ . In diesem Fall sind aber alle Bedingungen (8.123) erfüllt, d.h. es gilt folgende Aussage: *Sind die Matrizen M, D und F positiv-definit, so liegt asymptotische Stabilität vor, unabhängig davon, ob Kreiselkräfte (Matrix G ) auftreten oder nicht.*

Ist  $D \equiv 0$, $G \equiv 0$  und  F  positiv-definit, so liegt (gewöhnliche) Stabilität vor (Satz 8.1). Diese wird durch das Auftreten von Kreiselkräften nicht gestört, denn die Säkulargleichung lautet dann

$$
s^4 + (\omega_1^2+\omega_2^2+g^2)s^2 + \omega_1^2\omega_2^2 = 0 \quad . \tag{8.124}
$$

Man überprüft leicht, daß sie nach wie vor zwei negative Wurzeln  $s^2$  besitzt. Also gilt: *Sind  M, F  positiv-definit und  $D \equiv 0$ , so liegt (gewöhnliche) Stabilität vor, unabhängig davon, ob  G  auftritt oder nicht.*

Wesentlich komplizierter ist der Einfluß der Dämpfungsglieder, wenn  $D \not\equiv 0$  *und nicht positiv-definit ist.* Zwei Fälle seien betrachtet:

<u>Fall I:</u>  $d_{11} > 0$,   $d_{12} = d_{22} = 0$  :
Die Stabilitätsbedingungen (8.123) lauten dann:

$$
\left.\begin{array}{l}
d_{11} > 0 \\[4pt]
\omega_1^2 + \omega_2^2 + g^2 > 0 \\[4pt]
\omega_2^2 d_{11} > 0 \\[4pt]
\omega_1^2 \omega_2^2 > 0 \\[4pt]
g^2 d_{11}^2 \omega_2^2 > 0
\end{array}\right\} \quad . \tag{8.125}
$$

Alle Bedingungen der asymptotischen Stabilität sind also erfüllt, falls Kreiselkräfte vorhanden sind. Ist dagegen  g = 0  bzw.  $G \equiv 0$ , so ist die letzte HURWITZ-Bedingung verletzt, und es liegt nur noch (gewöhnliche) Stabilität vor. *Kreiselkräfte können hier also stabilisierend wirken.*

__Fall II:__  $d_{11} > 0$,  $d_{12} \neq 0$,  $d_{22} = 0$  :

Die Stabilitätsbedingungen (8.123) lauten dann:

$$
\left.
\begin{aligned}
& d_{11} > 0 \\
& \omega_1^2 + \omega_2^2 - d_{12}^2 + g^2 > 0 \\
& \omega_2^2 d_{11} > 0 \\
& \omega_1^2 \omega_2^2 > 0 \\
& \left[ -d_{12}^2 + g^2 \right] \omega_2^2 d_{11}^2 > 0
\end{aligned}
\right\} \quad .
\qquad (8.126)
$$

Nun ist offenbar alles möglich: *In Abhängigkeit von  $d_{12}$  kann das System asymptotisch stabil, stabil oder instabil sein.* ■

Schon dieses einfache Beispiel läßt ahnen, wie groß die Anzahl der Möglichkeiten beim allgemeinen System (8.118) ist. Um die Vielfalt der möglichen Stabilitätsaussagen besser überblicken zu können, wurde von MAGNUS
eine Klassifikation der Systeme (8.118) nach den tatsächlich auftretenden
Matrizen vorgeschlagen. Da der Trägheitsterm  $M\ddot{\underline{q}}$  stets vorhanden ist,
richtet sich die Klassifikation nach den vier Matrizen  D, G, F, E , und
es sind somit 16 Fälle möglich (Bild 8.5).

|  |  | G = O | | G ≠ O | |
| --- | --- | --- | --- | --- | --- |
|  |  | D = O | D ≠ O | D = O | D ≠ O |
| F=O | E=O | M | MD | MG | MDG |
|  | E≠O | ME | MDE | MGE | MDGE |
| F≠O | E=O | MF | MDF | MGF | MDGF |
|  | E≠O | MFE | MDFE | MGFE | MDGFE |

Bild 8.5   Klassifikation der Systeme   $M\ddot{\underline{q}} + D\dot{\underline{q}} + G\dot{\underline{q}} + F\underline{q} + E\underline{q} = \underline{O}$

Die in der ersten und zweiten Zeile bei Bild 8.5 stehenden Systeme entsprechen den ungefesselten, die in der dritten und vierten Zeile stehenden den gefesselten Systemen. Die dritte und vierte Spalte enthalten die
Kreiselsysteme, die zweite und vierte Spalte die gedämpften bzw. ange-

fachten Systeme. Es sei daran erinnert, daß  M  stets symmetrisch und
positiv-definit,  D, F  stets symmetrisch und  G, E  stets schiefsymme-
trisch sind.

Von den zahlreichen möglichen - und besonders auf MAGNUS und MÜLLER zu-
rückgehenden - Stabilitätsaussagen seien im folgenden einige wesentliche
zusammengestellt:

> **Satz 8.2:** Das  MDF-System ist asymptotisch stabil, wenn die Ma-
> trizen  D  und  F  positiv-definit sind.
>
> **Satz 8.3:** Das  MG-System ist dann und nur dann stabil, wenn
> detG $\neq$ O  ist (d.h. stets instabil, wenn  n  ungerade ist, denn
> dann ist  detG = O !).
>
> **Satz 8.4:** Das  MDG-System ist stabil, wenn die Matrix  D  posi-
> tiv-definit ist.
>
> **Satz 8.5:** Das  MDGFE-System ist bei beliebigen Matrizen  G,F,E
> instabil, wenn  SpD < O  und  M = I  ist.
>
> **Satz 8.6:** Das  MDGF-System mit positiv-definiten Matrizen  D
> und  F  ist bei beliebiger schiefsymmetrischer Matrix  G  asymp-
> totisch stabil.
>
> **Satz 8.7:** Ein konservatives System mit stabiler Gleichgewichts-
> lage kann durch Hinzufügen von Kreiselkräften (Matrix  G ) nicht
> instabil gemacht werden.

### 8.2.3  Gesteuerte Systeme

Die Lösung des gesteuerten Systems

$$M\ddot{\underline{q}} + B\dot{\underline{q}} + C\underline{q} = \underline{u}(t) \tag{8.127}$$

setzt sich zusammen aus der allgemeinen Lösung des homogenen Systems
(8.107) und aus einer partikulären Lösung von (8.127) (vgl. Kap. 6.2.4).
Die allgemeine Lösung von (8.107) ist über (8.113) gegeben. Im folgenden
sollen daher einige Überlegungen zur Bestimmung der partikulären Lösung
von (8.127) geschildert werden.

Zunächst sei die Eingangsfunktion auf der rechten Seite von (8.127) gegeben in der Form

$$\underline{u}(t) = \underline{u}^+(t) = \underline{c}e^{i\Omega t} \quad , \tag{8.128}$$

wobei $\underline{c}$ und $\Omega$ konstant und bekannt sind. Die partikuläre Lösung sucht
man mit dem Ansatz

$$\underline{q}(t) = \underline{b}e^{i\Omega t} \quad . \tag{8.129}$$

Für die Bestimmung der Komponenten $b_k$ von $\underline{b}$ erhält man aus (8.127)
das inhomogene lineare Gleichungssystem

$$\left[M(i\Omega)^2 + B(i\Omega) + C\right]\underline{b} = \underline{c} \quad . \tag{8.130}$$

Falls keine Resonanz vorliegt, ist das System invertierbar und es folgt

$$\underline{b} = \left[M(i\Omega)^2 + B(i\Omega) + C\right]^{-1}\underline{c} = R^+\underline{c} \quad . \tag{8.131}$$

Die Elemente der Matrix $R^+$ sind komplex und hängen von $\Omega$ ab. Also
lassen sie die Darstellung zu

$$R^+_{kj} = r_{kj}(\Omega)e^{i\psi_{kj}(\Omega)} \quad , \tag{8.132}$$

wobei $r_{kj}$ und $\psi_{kj}$ reelle Funktionen von $\Omega$ sind.

Mit (8.131) und (8.132) folgt für die partikuläre Lösung (8.129)

$$\underline{q}^+(t) = R^+\underline{u}^+(t) = \begin{bmatrix} r_{11}e^{i\psi_{11}} & \cdots\cdots & r_{1n}e^{i\psi_{1n}} \\ \vdots & \ddots & \vdots \\ r_{n1}e^{i\psi_{n1}} & \cdots\cdots & r_{nn}e^{i\psi_{nn}} \end{bmatrix}\underline{u}^+(t) \quad . \tag{8.133}$$

In ähnlicher Weise findet man sofort, daß einer Eingangsfunktion

$$\underline{u}(t) = \underline{u}^-(t) = \underline{c}e^{-i\Omega t} \tag{8.134}$$

## 8.2 Skleronome Systeme

die partikuläre Lösung entspricht

$$\underline{q}^-(t) = R^-\underline{u}^-(t) = \begin{bmatrix} r_{11}e^{-i\psi_{11}} & \cdots\cdots & r_{1n}e^{-i\psi_{1n}} \\ \vdots & \ddots & \vdots \\ r_{n1}e^{-i\psi_{n1}} & \cdots\cdots & r_{nn}e^{-i\psi_{nn}} \end{bmatrix} \underline{u}^-(t) \quad . \tag{8.135}$$

Ist die Eingangsfunktion eine periodische Erregung, so läßt sich diese aus (8.128) und (8.134) bilden als

$$\underline{u}(t) = \underline{c}\sin\Omega t = \frac{1}{2i}(\underline{u}^+(t)+\underline{u}^-(t)) \quad . \tag{8.136}$$

Ihr entspricht dann wegen der Linearität von (8.127) die partikuläre Lösung

$$\underline{q}(t) = \frac{1}{2i}(\underline{q}^+(t)+\underline{q}^-(t)) \quad . \tag{8.137}$$

Für die Komponente $q_m(t)$ folgt hieraus als Antwort die Sinusschwingung

$$q_m(t) = \frac{1}{2i}\left[\sum_{j=1}^{n} r_{mj}e^{i\psi_{mj}}c_j e^{i\Omega t} + \sum_{j=1}^{n} r_{mj}e^{-i\psi_{mj}}c_j e^{-i\Omega t}\right] \tag{8.138}$$

$$= \sum_{j=1}^{n} r_{mj}(\Omega)c_j\sin(\Omega t+\psi_{mj}(\Omega)) \quad .$$

In gleicher Weise erhält man bei einer Erregung

$$\underline{u}(t) = \underline{c}\cos\Omega t \tag{8.139}$$

die Antwort

$$q_m(t) = \sum_{j=1}^{n} r_{mj}(\Omega)c_j\cos(\Omega t+\psi_{mj}(\Omega)) \quad . \tag{8.140}$$

Für eine beliebige periodische Erregung mit der FOURIER-Zerlegung

$$\underline{u}(t) = \sum_{l=1}^{\infty} (\underline{c}_1^l\cos l\Omega t+\underline{c}_2^l\sin l\Omega t) \tag{8.141}$$

lautet dann die Komponente $q_m(t)$ der Partikulärlösung

$$q_m(t) = \sum_{l=1}^{\infty}\sum_{j=1}^{n}\left\{r_{mj}(\Omega)\left[c_{1j}^l\cos(l\Omega t+\psi_{mj}(\Omega))+c_{2j}^l\sin(l\Omega t+\psi_{mj}(\Omega))\right]\right\} . \tag{8.142}$$

Mit Hilfe des FOURIER-Integrals läßt sich auf diese Weise auch die partikuläre Lösung bei beliebiger Erregung  $\underline{u}(t)$  konstruieren.


## 8.3  Schlußbemerkung

Die in diesem Kapitel geschilderten Verfahren sind weniger allgemein als
die in den Kapiteln 6 und 7 vorgestellten. Sie haben aber den großen Vorteil der Anschaulichkeit und der leichteren physikalischen Deutbarkeit.
Deswegen sind diese speziellen Verfahren bei der Untersuchung den Systemen (8.12) und (8.107) im allgemeinen vorzuziehen. Bei der Untersuchung
gesteuerter Systeme (8.127) erweisen sich diese Verfahren - wie man den
Ausführungen von Kapitel 8.2.3 entnehmen kann - als schwerfällig und un-
übersichtlich. Für bestimmte Klassen gesteuerter Systeme sind deshalb
die - hier nicht besprochenen - Frequenzverfahren der Theorie linearer
Übertragungssysteme vorzuziehen.

# Anhang



A 1. <u>Anhang zu Kapitel 3</u>

A 1.1 <u>Vektorschreibweise</u>

Für die Vektorschreibweise werden folgende Beziehungen verwendet:

$$\underline{x} = \begin{bmatrix} x_1 \\ \vdots \\ x_n \end{bmatrix} \quad , \qquad \text{(Spaltenvektor)} \tag{A1}$$

$$\underline{x}^* = (x_1, \ldots, x_n) \quad , \quad \text{(Zeilenvektor)} \quad . \tag{A2}$$

Mit dieser Schreibweise wird üblicherweise vereinbart:

1. Die Ableitung einer skalaren Funktion $F(x_1, \ldots, x_n)$ nach dem Spaltenvektor $\underline{x}$ ist ein *Zeilenvektor*

$$\frac{\partial F}{\partial \underline{x}} = \left( \frac{\partial F}{\partial x_1}, \ldots, \frac{\partial F}{\partial x_n} \right) \quad , \tag{A3}$$

die Ableitung nach dem Zeilenvektor $\underline{x}^*$ ist ein *Spaltenvektor*

$$\frac{\partial F}{\partial \underline{x}^*} = \begin{bmatrix} \frac{\partial F}{\partial x_1} \\ \vdots \\ \frac{\partial F}{\partial x_n} \end{bmatrix} \quad . \tag{A4}$$

2. Ist insbesondere $F = \underline{a}^* \underline{x}$ eine *lineare Form* in $\underline{x}$ , so gilt

$$\frac{\partial F}{\partial \underline{x}} = \underline{a}^* \quad . \tag{A5}$$

3. Ist insbesondere $F^{\tilde{}} = \underline{x}^{*}A\underline{x}$ eine *quadratische Form* in $\underline{x}$ , so gilt

$$\frac{\partial F}{\partial \underline{x}} = 2\underline{x}^{*}A \quad . \tag{A6}$$

4. Die verallgemeinerten Kräfte $Q_j$ bilden einen *Zeilenvektor*

$$\underline{Q} = (Q_1,\ldots,Q_n) \quad . \tag{A7}$$

Damit verwandeln sich die in Kap. 3.3 skalar angeschriebenen Beziehungen (3.20), (3.25), (3.28) wie folgt:

$$\frac{d}{dt}\left(\frac{\partial T}{\partial \dot{q}_j}\right) - \frac{\partial T}{\partial q_j} = Q_j \quad , \quad j = 1,\ldots,n \longrightarrow \frac{d}{dt}\left(\frac{\partial T}{\partial \dot{\underline{q}}}\right) - \frac{\partial T}{\partial \underline{q}} = \underline{Q} \quad , \tag{A8}$$

$$Q_j = -\frac{\partial U}{\partial q_j} \quad , \quad j = 1,\ldots,n \longrightarrow \underline{Q} = -\frac{\partial U}{\partial \underline{q}} \quad , \tag{A9}$$

$$\frac{d}{dt}\left(\frac{\partial L}{\partial \dot{q}_j}\right) - \frac{\partial L}{\partial q_j} = 0 \quad , \quad j = 1,\ldots,n \longrightarrow \frac{d}{dt}\left(\frac{\partial L}{\partial \dot{\underline{q}}}\right) - \frac{\partial L}{\partial \underline{q}} = \underline{0} \quad . \tag{A10}$$

Es ist zu beachten, daß die sich ergebenden Vektorgleichungen Zeilenform haben.


## A 1.2  Quadratische Formen

Gegeben sei eine $(n \times n)$-Matrix $M$ , die in ihren symmetrischen und in ihren schiefsymmetrischen Teil zerlegt werden soll:

$$M = A + B \tag{A11}$$

mit

$$A = \frac{1}{2}(M+M^{*}) = A^{*} \quad , \quad \text{(symmetrisch)} \quad , \tag{A12}$$

$$B = \frac{1}{2}(M-M^{*}) = -B^{*} \quad , \quad \text{(schiefsymmetrisch)} \quad . \tag{A13}$$

Bildet man mit der Matrix $M$ eine quadratische Form, so kommt dabei nur der symmetrische Teil von $M$ zum Tragen, während der schiefsymmetrische Teil verschwindet. Also gilt:

$$\underline{x}^{*}M\underline{x} = \underline{x}^{*}A\underline{x} \quad , \quad A = A^{*} \quad . \tag{A14}$$

Damit lassen sich folgende Aussagen formulieren.

Gegeben sei die quadratische Form

$$F(\underline{x}) = \underline{x}^* A \underline{x} \quad , \quad A = A^* \tag{A15}$$

im Gebiet $G \subseteq \mathbb{R}^n$ . Der Punkt $\underline{x} = \underline{0}$ sei innerer Punkt von $G$ . Dann heißt:

1. Die quadratische Form $F(\underline{x})$ bzw. die Matrix $A$ *positiv-definit* in $G$ , wenn

$$\left. \begin{array}{l} F(\underline{x}) > 0 \quad \text{für} \quad \underline{x} \neq 0 \ , \quad \underline{x} \in G \\[2mm] F(\underline{x}) = 0 \quad \text{für} \quad \underline{x} = \underline{0} \end{array} \right\} \ . \tag{A16}$$

2. Die quadratische Form $F(\underline{x})$ bzw. die Matrix $A$ *negativ-definit* in $G$ , wenn

$$\left. \begin{array}{l} F(\underline{x}) < 0 \quad \text{für} \quad \underline{x} \neq \underline{0} \\[2mm] F(\underline{x}) = 0 \quad \text{für} \quad \underline{x} = \underline{0} \end{array} \right\} \ . \tag{A17}$$

3. Die quadratische Form $F(\underline{x})$ bzw. die Matrix $A$ *positiv-semidefinit* in $G$ , wenn

$$\left. \begin{array}{l} F(\underline{x}) \geq 0 \quad \text{für} \quad \underline{x} \neq \underline{0} \\[2mm] F(\underline{x}) = 0 \quad \text{nicht nur für} \quad \underline{x} = \underline{0} \end{array} \right\} \ . \tag{A18}$$

4. Die quadratische Form $F(\underline{x})$ bzw. die Matrix $A$ *negativ-semidefinit* in $G$ , wenn

$$\left. \begin{array}{l} F(\underline{x}) \leq 0 \quad \text{für} \quad \underline{x} \neq 0 \\[2mm] F(\underline{x}) = 0 \quad \text{nicht nur für} \quad \underline{x} = \underline{0} \end{array} \right\} \ . \tag{A19}$$

5. Die quadratische Form $F(\underline{x})$ bzw. die Matrix $A$ *indefinit* in $G$ , wenn

$$F(\underline{x}) \gtrless 0 \ . \tag{A20}$$

<u>Satz von SYLVESTER:</u>

Die quadratische Form $\underline{x}^{*}A\underline{x}$ bzw. die Matrix  A  ist dann und
nur dann positiv-definit, wenn alle Hauptminoren der Determi-
nanten der Matrix

$$A = \begin{bmatrix} a_{11} & \cdots\cdots & a_{1n} \\ \vdots & \ddots & \vdots \\ a_{n1} & \cdots\cdots & a_{nn} \end{bmatrix}$$

positiv sind, d.h. wenn gilt

$$a_{11} > 0 \;, \quad \begin{vmatrix} a_{11} & a_{12} \\ a_{21} & a_{22} \end{vmatrix} > 0 \;, \quad \ldots \;, \quad \begin{vmatrix} a_{11} & \cdots\cdots & a_{1n} \\ \vdots & \ddots & \vdots \\ a_{n1} & \cdots\cdots & a_{nn} \end{vmatrix} > 0 \;. \quad (A21)$$


A 2.  <u>Anhang zu Kapitel 6</u>

A 2.1  <u>Berechnung der Matrix</u>  $e^{At}$

Zur Berechnung der Matrix

$$e^{At} = I + At + \frac{1}{2!}A^2 t^2 + \ldots + \frac{1}{j!}A^j t^j + \ldots \tag{A22}$$

nützt man die Tatsache aus, daß sich diese unendliche Potenzreihe durch
eine Linearkombination der ersten  (n-1)  Potenzen der Matrix  A  ersetzen läßt. Zur Darstellung von  $e^{At}$  als endliche Summe soll (A22) in der
Form geschrieben werden:

$$e^{At} = I + tA + \frac{t^2}{2!}A^2 + \ldots + \frac{t^{n-1}}{(n-1)!}A^{n-1} + \sum_{j=n}^{\infty} \frac{t^j}{j!}A^j \;. \tag{A23}$$

In der gleichen Weise läßt sich für jeden Skalar  s  - insbesondere für
jeden Eigenwert  $s_i$  - die Exponentialfunktion anschreiben als

$$e^{st} = 1 + ts + \frac{t^2}{2!}s^2 + \ldots + \frac{t^{n-1}}{(n-1)!}s^{n-1} + \sum_{j=n}^{\infty} \frac{t^j}{j!}s^j \;. \tag{A24}$$

Nun folgt aus

$$A^n = - a_n I - a_{n-1} A - \ldots - a_1 A^{n-1} \tag{A25}$$

die Beziehung

$$A^n = c_0^n I + c_1^n A + \ldots + c_{n-1}^n A^{n-1} \tag{A26}$$

und entsprechend aus

$$s^n = - a_n - a_{n-1} s - \ldots - a_1 s^{n-1} \tag{A27}$$

für jeden Eigenwert $s_i$ die Beziehung

$$s^n = c_0^n + c_1^n s + \ldots + c_{n-1}^n s^{n-1} \quad , \tag{A28}$$

wobei $c_j^n$ neue – für das Folgende günstig gewählte – Bezeichnungen der alten Konstanten sind; es ist nämlich

$$c_j^n = - a_{n-j} \quad . \tag{A29}$$

Multipliziert man (A26) mit $A$ bzw. (A28) mit $s_i$ und wendet man auf das Ergebnis noch einmal die Formeln (A26) bzw. (A28) an, so erhält man mit den neuen Konstanten $c_j^{n+1}$ die Darstellungen

$$A^{n+1} = c_0^{n+1} I + c_1^{n+1} A + \ldots + c_{n-1}^{n+1} A^{n-1} \tag{A30}$$

bzw.

$$s^{n+1} = c_0^{n+1} + c_1^{n+1} s + \ldots + c_{n-1}^{n+1} s^{n-1} \quad . \tag{A31}$$

Fährt man in dieser Weise fort, so bekommt man für jedes $A^j$ und $s^j$ , wobei $j \geq n$ ist, die Darstellungen

$$A^j = c_0^j I + c_1^j A + \ldots + c_{n-1}^j A^{n-1} \quad , \tag{A32}$$

$$s^j = c_0^j + c_1^j s + \ldots + c_{n-1}^j s^{n-1} \quad . \tag{A33}$$

Setzt man (A32) in (A33) ein, so erhält man

$$e^{At} = I + \ldots + \frac{t^{n-1}}{(n-1)!} A^{n-1} + \sum_{j=n}^{\infty} \frac{t^j}{j!} \left( c_0^j I + c_1^j A + \ldots + c_{n-1}^j A^{n-1} \right)$$

$$= \left( I + \sum_{j=n}^{\infty} \frac{t^j}{j!} c_0^j I \right) + \left( tA + \sum_{j=n}^{\infty} \frac{t^j}{j!} c_1^j A \right) + \ldots + \left( \frac{t^{n-1}}{(n-1)!} A^{n-1} + \sum_{j=n}^{\infty} \frac{t^j}{j!} c_{n-1}^j A^{n-1} \right)$$

$$= \left( 1 + \sum_{j=n}^{\infty} \frac{t^j}{j!} c_0^j \right) I + \left( t + \sum_{j=n}^{\infty} \frac{t^j}{j!} c_1^j \right) A + \ldots + \left( \frac{t^{n-1}}{(n-1)!} + \sum_{j=n}^{\infty} \frac{t^j}{j!} c_{n-1}^j \right) A^{n-1} \quad . \tag{A34}$$

In gleicher Weise bekommt man durch Einsetzen von (A33) in (A24)

$$e^{st} = \left(1+\sum_{j=n}^{\infty}\frac{t^j}{j!}c_0\right)+\left(t+\sum_{j=n}^{\infty}\frac{t^j}{j!}c_1\right)s+\ldots+\left(\frac{t^{n-1}}{(n-1)!}+\sum_{j=n}^{\infty}\frac{t^j}{j!}c_{n-1}\right)s^{n-1} \quad . \quad \text{(A35)}$$

Mit den Bezeichnungen

$$\mu_k = \frac{t^k}{k!} + \sum_{j=n}^{\infty}\frac{t^j}{j!}c_k \quad , \qquad k = 0,\ldots,n-1 \tag{A36}$$

erhält man also die Darstellungen (6.15) bzw. (6.16):

$$e^{At} = \mu_0 I + \mu_1 A + \ldots + \mu_{n-1}A^{n-1} \quad ,$$

$$e^{st} = \mu_0 + \mu_1 s + \ldots + \mu_{n-1}s^{n-1} \quad .$$


## A 2.2   Eigenschaften der Matrix $e^{At}$

Es kann gezeigt werden, daß die Reihe (A22) für jedes endliche $t$ absolut und auf jedem endlichen Intervall gleichmäßig konvergiert. Hieraus folgt, daß die Reihe (A22) gliedweise differenzierbar ist:

$$\frac{d}{dt}\left(e^{At}\right) = A + A^2 t + \ldots + \frac{1}{(j-1)!}A^j t^{j-1} + \ldots$$

$$= A\left(I + At + \ldots + \frac{1}{(j-1)!}A^{j-1}t^{j-1} + \ldots\right) = Ae^{At}$$

Es gilt also die wichtige Beziehung:

$$\frac{d}{dt}\left(e^{At}\right) = Ae^{At} \quad . \tag{A37}$$

Ferner kann gezeigt werden, daß

$$\det\left(e^{At}\right) = e^{\alpha t} \quad , \tag{A38}$$

wo

$$\alpha = \text{Sp}A = \sum_{i=1}^{n} a_{ii} \tag{A39}$$

ist. Hieraus folgt, daß die Matrix $e^{At}$ immer regulär ist, d.h.

$$\det\left(e^{At}\right) \neq 0 \quad . \tag{A40}$$

Weitere wichtige Eigenschaften sind

$$e^{At_1}e^{At_2} = e^{A(t_1+t_2)} \quad , \tag{A41}$$

aber

$$e^{At}e^{Bt} = e^{(A+B)t} \quad , \tag{A42}$$

nur wenn die Matrizen  A  und  B  kommutieren, d.h.

$$AB = BA \quad . \tag{A43}$$

Da

$$A(-A) = (-A)A = -I \quad , \tag{A44}$$

folgt aus (A42)

$$e^{At}e^{-At} = I \tag{A45}$$

und daraus wiederum durch Multiplikation von (A45) von links mit $\left(e^{At}\right)^{-1}$

$$\left(e^{At}\right)^{-1}e^{At}e^{-At} = \left(e^{At}\right)^{-1} \quad ,$$

also

$$e^{-At} = \left(e^{At}\right)^{-1} \quad . \tag{A46}$$

# Literaturverzeichnis


1.  AISERMANN, M.A.; GANTMACHER, F.R.: Die absolute Stabilität von Regelsystemen. München: R. Oldenbourg 1965

2.  ANDRONOV, A.A.; LEONTOVICH, E.A.; GORDON, I.I.; MAIER, A.G.: Theory of Bifurcations of Dynamic Systems on a Plane. New York: John Wiley & Sons 1973

3.  ANDRONOV, A.A.; LEONTOVICH, E.A.; GORDON, I.I.; MAIER, A.G.: Qualitative Theorie of Second Order Dynamic Systems. New York: John Wiley & Sons 1973

4.  ARNOLD, V.I.: Gewöhnliche Differentialgleichungen. Berlin-Heidelberg-New York: Springer-Verlag 1980

5.  ARNOLD, V.I.: Mathematical Methods of Classical Mechanics. New York-Heidelberg-Berlin: Springer-Verlag 1978

6.  BUDO, A.: Theoretische Mechanik. Berlin: VEB Deutscher Verlag der Wissenschaften 1956

7.  CHEN, C.T.: Introduction to Linear System Theory. New York: Holt, Rinehart and Winston 1970

8.  CHETAYEV, N.G.: Stability of Motion. New York: Pergamon Press 1961

9.  CRANDALL, S.H.; KARNOPP, D.C.; KURTZ, E.F.; PRIDMORE-BROWN, D.C.: Dynamics of Mechanical and Electromechanical Systems. New York: McGraw-Hill 1968

10.  DESLODGE, E.A.: Classical Mechanics, Volume I und II. New York: John Wiley & Sons 1982

11.  FISCHER, U.; STEPHAN, W.: Prinzipien und Methoden der Dynamik. Leipzig: VEB Fachbuchverlag 1972

12.   FRAZER, R.A.; DUNCAN, W.J.; COLLAR, A.R.: Elementary Matrices. Cam-
      bridge: University Press 1938

13.   GANTMACHER, F.R.: Lectures in Analytical Mechanics. Moskau: Mir Pub-
      lishers 1975

14.   GANTMACHER, F.R.: Matrizenrechnung I und II. Berlin: VEB Deutscher
      Verlag der Wissenschaften 1958

15.   GANTMACHER, F.R.; KREIN, M.G.: Oszillationsmatrizen, Oszillations-
      kerne und kleine Schwingungen mechanischer Systeme. Berlin: Akademie-
      Verlag 1960

16.   GOLDSTEIN, H.: Klassische Mechanik. Frankfurt: Akademische Verlags-
      gesellschaft 1965

17.   HAHN, W.: Stability of Motion. Berlin-Heidelberg-New York: Springer-
      Verlag 1967

18.   HAMEL, G.: Theoretische Mechanik. Berlin-Heidelberg-New York: Sprin-
      ger-Verlag 1967

19.   HARTMANN, I.: Lineare Systeme. Berlin-Heidelberg-New York: Springer-
      Verlag 1976

20.   HEMPEL, R.; TSCHAUNER, J.: Astronautica Acta 10 (1964) 221-237 und
      296-307; 11 (1965) 104-109

21.   KAUDERER, H.: Nichtlineare Mechanik. Berlin-Göttingen-Heidelberg:
      Springer-Verlag 1958

22.   KLOTTER, K.: Technische Schwingungslehre, Teil A: Lineare Schwingun-
      gen, Teil B: Nichtlineare Schwingungen. Berlin-Heidelberg-New York
      Springer-Verlag 1978, 1980

23.   LANCZOS, C.: Variational Principles of Mechanics. Toronto: Univer-
      sity Press 1970

24.   LEIPHOLZ, H.: Stabilitätstheorie. Stuttgart: Teubner 1968

25.   LURJE, A.I.: Einige nichtlineare Probleme aus der Theorie der
      selbsttätigen Regelung. Berlin: Akademie-Verlag 1957

26.   MAGNUS, K.: Schwingungen. Stuttgart: Teubner 1976

27.  MAGNUS, K.: Kreisel – Theorie und Anwendungen. Berlin-Heidelberg-
     New York: Springer-Verlag 1971

28.  MALKIN, I.G.: Theorie der Stabilität einer Bewegung. München: R. Ol-
     denbourg 1959

29.  MEIROVITCH, L.: Methods of Analytical Dynamics. New York: McGraw-
     Hill 1970

30.  MÜLLER, P.C.: Stabilität und Matrizen. Berlin-Heidelberg-New York:
     Springer-Verlag 1977

31.  MÜLLER, P.C.; SCHIEHLEN, W.O.: Lineare Schwingungen. Wiesbaden: Aka-
     demische Verlagsgesellschaft 1976

32.  NEIMARK, J.I.; FUFAEV, N.A.: Dynamics of Nonholonomic Systems.
     Providence, Rhode Island: American Mathematical Society 1972

33.  OGATA, K.: State Space Analysis of Control Systems. Englewood
     Cliffs: Prentice-Hall 1967

34.  OGATA, K.: System Dynamics. Englewood Cliffs: Prentice-Hall 1978

35.  PARS, L.A.: A Treatise on Analytical Dynamics. London: Heinemann 1968

36.  PESTEL, E.; LECKIE, F.: Matrix Methods in Elastomechanics. New York:
     McGraw-Hill 1965

37.  PONTRJAGIN, L.S.: Gewöhnliche Differentialgleichungen. Berlin: VEB
     Deutscher Verlag der Wissenschaften 1965

38.  POSTON, T.; STEWART, I.: Catastrophe Theory and its Applications.
     London-San Francisco-Melbourne: Pitman 1978

39.  ROSENBROCK, H.H.; STOREY, C.: Mathematik dynamischer Systeme. München:
     R. Oldenbourg 1971

40.  SAGIROW, P.: Satellitendynamik. Mannheim: Bibliographisches Institut
     1970

41.  SALETAN, E.J.; CROMER, A.H.: Theoretical Mechanics. New York: John
     Wiley & Sons 1971

42.  SAUNDERS, P.T.: An Introduction to Catastrophe Theory. Cambridge:
     University Press 1980

43.  SYNGE, J.L.; GRIFFITH, B.A.: Principles of Mechanics. New York:
     McGraw-Hill 1967

44.  SZABO, I.: Geschichte der mechanischen Prinzipien. Basel-Boston-
     Stuttgart: Birkhäuser-Verlag 1979

45.  TER HAAR, D.: Elements of Hamiltonian Mechanics. Amsterdam: North-
     Holland Publishing Company 1961

46.  UNBEHAUEN, R.: Systemtheorie. München: R. Oldenbourg 1972

47.  WELLS, D.A.: Lagrangian Dynamics, Schaum Outline Series. New York:
     McGraw-Hill 1967

48.  WHITTAKER, E.T.: A Treatise on the Analytical Dynamics of Particles
     and Rigid Bodies. Cambridge: University Press 1959

49.  WILLEMS, J.L.: Stabilität dynamischer Systeme. München: R. Olden-
     bourg 1973

50.  WITTENBURG, J.: Dynamics of Systems of Rigid Bodies. Stuttgart:
     Teubner 1977

51.  ZADEH, L.A.; DESOER, C.A.: Linear System Theory. New York: McGraw-
     Hill 1963

52.  ZADEH, L.A.; POLAK, E.: System Theory. New York: McGraw-Hill 1969

53.  ZURMÜHL, R.: Matrizen und ihre technischen Anwendungen. Berlin-
     Göttingen-Heidelberg: Springer-Verlag 1964

# Sachverzeichnis